DEIN COACH ZUM ERFOLG!



## Dein ActiveBook auf MySTARK:

Du kannst auf alle digitalen Inhalte (Prüfung 2022, interaktive Aufgaben, Videos) online zugreifen. Registriere dich dazu unter **www.stark-verlag.de/mystark** mit deinem **persönlichen Zugangscode:**

C03571-001151

*Die Inhalte dieser Auflage stehen bis Schuljahresende zur Verfügung.*

MySTARK

## *Das* ActiveBook *bietet dir:*

- Viele interaktive Übungsaufgaben zu prüfungsrelevanten Themenbereichen
- Sofortige Ergebnisauswertung
- Detailliertes Feedback
- Lernvideos zu zentralen Themen

# DEIN COACH ZUM ERFOLG!

## *So kannst du interaktiv lernen:*

### Interaktive Aufgaben

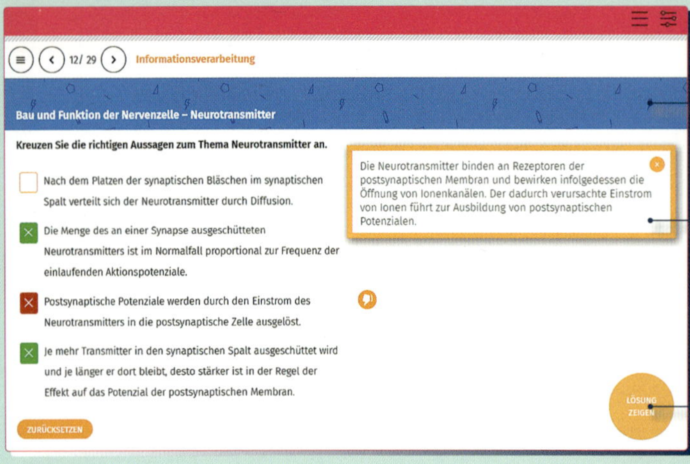


Prüfungsrelevante Themenbereiche

Hilfreiches Feedback bei falschen Antworten

Sofortige Ergebnisauswertung

### Lernvideos

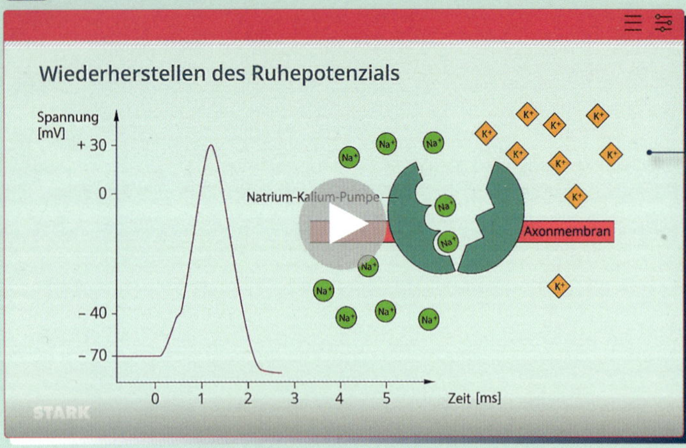


Lernvideos zu wichtigen Themen

**Systemvoraussetzungen:**

- Mindestens 1024×768 Pixel Bildschirmauflösung
- Chrome, Firefox oder ähnlicher Webbrowser
- Adobe Reader oder kompatibler anderer PDF-Reader
- Internetzugang

STARK

2023

# Abitur

Original-Prüfungsaufgaben mit Lösungen

Niedersachsen

## Biologie eA

STARK

17. ergänzte Auflage
www.stark-verlag.de

# Inhaltsverzeichnis

## Übungsaufgaben



## Musteraufgaben mit Experiment



## Original-Abituraufgaben

### Erhöhtes Anforderungsniveau 2016



### Erhöhtes Anforderungsniveau 2017



### Erhöhtes Anforderungsniveau 2018



### Erhöhtes Anforderungsniveau 2019

Sobald die Original-Prüfungsaufgaben 2022 freigegeben sind, können sie als PDF auf der Plattform MyStark heruntergeladen werden (Zugangscode vgl. Farbseiten zu Beginn des Buches).

**Autor*innen**

| | |
|---|---|
| Petra Aust | Übungsaufgabe 2 |
| Dr. Klaus Goedeke | Lösungen der Experiment-Musteraufgabe 2 und der Abituraufgaben 2016, 2018, 2019/II, 2020/II, 2021/A2, A4, B1 und 2022/A2 (mit Exp.), C1 |
| Angela Heßke | Lösungen der Experiment-Musteraufgabe 1 und der Abituraufgaben 2017, 2019/I, 2020/I, 2021/A1, A3, C1 und 2022/A1, A2, A3, B1 |
| Dr. Christiane Högermann | Übungsaufgabe 1 |

# Vorwort

Liebe Schülerinnen und Schüler,

das vorliegende Buch bietet Ihnen die Möglichkeit, sich adäquat auf die zentral gestellte **schriftliche Abiturprüfung** im **„Erhöhten Anforderungsniveau“** in Niedersachsen vorzubereiten. Anhand vielfältiger Materialien können Sie das im Unterricht Erlernte trainieren, biologische Sachverhalte in neuer Darstellung erfassen und unbekannte biologische Daten analysieren und beurteilen lernen.

Im ersten Kapitel erhalten Sie **„Hinweise und Tipps zum Zentralabitur“**. Sie geben Ihnen einen Überblick über die formalen Rahmenbedingungen für das Zentralabitur in Niedersachsen und die **2023 geltenden Bestimmungen**. Erläuterungen zu den Prüfungsanforderungen, zum Umgang mit den Operatoren und zu den vom Kultusministerium festgesetzten Inhalten lassen Sie die Prüfungssituation besser einschätzen. Die **„Tipps zum Umgang mit Prüfungsaufgaben“** zeigen Ihnen dann konkret, wie Sie erfolgreich an die Abituraufgaben herangehen können.

Neben zwei **Übungsaufgaben**, die an die Klausuren der Abiturprüfung angelehnt sind, und zwei Beispielaufgaben mit **experimenteller** Ausrichtung, wie sie Teil der Abiturprüfung sein können, enthält dieses Buch die **Original-Prüfungsaufgaben des Zentralabiturs** der letzten Jahre für das „Erhöhte Anforderungsniveau“. Die Aufgaben der **Prüfung 2022** können Sie auf der Plattform **MyStark** herunterladen, sobald sie freigegeben sind. Zu allen Aufgaben bieten wir Ihnen **ausführliche Lösungsvorschläge** mit **Hinweisen** zur Lösungsstrategie.
Diejenigen Aufgaben, deren Inhalte durch Inkrafttreten des **neuen Kerncurriculums** (KCGO) nicht mehr prüfungsrelevant sind, kennzeichnet ein Sternchen am Seitenrand.

Nutzen Sie auch das **ActiveBook**, um anhand interaktiver Aufgaben Ihr biologisches Fachwissen effektiv zu trainieren! Ebenfalls digital abrufbar sind **Lernvideos**, die zentrale Themen anschaulich erklären (vgl. Farbseiten zu Beginn des Buches).

Sollten nach Erscheinen dieses Bandes noch wichtige Änderungen in der Abiturprüfung 2023 vom Kultusministerium Niedersachsen bekannt gegeben werden, finden Sie aktuelle Informationen dazu online auf der Plattform MyStark.

Das Autor*innenteam wünscht Ihnen viel Erfolg in der Abiturprüfung!

# Stichwortverzeichnis 2016–2021

# HINWEISE UND TIPPS

# Hinweise und Tipps zur schriftlichen Abiturprüfung

## Die Anforderungen des Zentralabiturs im Fach Biologie

### 1 Rahmenbedingungen

In Niedersachsen findet die Abiturprüfung als Zentralabitur statt. Landesweit werden Ihnen als Prüfling im EA-Kurs Biologie zeitgleich dieselben Prüfungsaufgaben zur Auswahl vorgelegt. Für die **Abiturprüfung 2023** gelten (wie in den Prüfungen 2021 und 2022) aufgrund der pandemiebedingten unterrichtlichen Einschränkungen gegenüber den Vorjahren geänderte Bedingungen: In der Prüfung erhalten Sie fünf Aufgaben zur Auswahl, die jeweils konkreten Themen zugeordnet sind (siehe Punkt 3), und entscheiden sich innerhalb von 30 Minuten für drei Aufgaben zur Bearbeitung. Anschließend stehen Ihnen 270 Minuten Bearbeitungszeit zur Verfügung.
Bis zur Abiturprüfung 2020 wurden allen Prüflingen zwei themenübergreifende Prüfungsaufgaben vorgelegt; für die Auswahl einer der Aufgaben standen 20 Minuten zur Verfügung, für die Bearbeitung des gewählten Themas 300 Minuten.
Grundlagen für die Prüfungsaufgaben bilden die Einheitlichen Prüfungsanforderungen in der Abiturprüfung (EPA) der Kultusministerkonferenz (KMK) für Biologie von 2004 sowie das Kerncurriculum Biologie für die Gymnasiale Oberstufe in Niedersachsen (KCGO Biologie, Stand 2017). Für 2023 gibt es fachbezogene Hinweise (siehe Punkt 2). Wenn Sie sich für die vollständigen Erlasse interessieren, können Sie sich entweder im Internet unter *https://bildungsportal-niedersachsen.de/2023* informieren oder Ihre Lehrkräfte fragen.

### 2 Verbindliche Inhalte und Basiskonzepte

Während in den EPA die für das Abitur wesentlichen fachlichen Inhalte nach fachsystematischen Themenbereichen und Basiskonzepten grob aufgelistet sind, werden diese Vorgaben durch das KCGO Biologie in Niedersachsen konkretisiert. Dazu werden die inhalts- und prozessbezogenen Kompetenzen, die im Fach Biologie am Ende der Gymnasialen Oberstufe für die Abiturprüfung zur Verfügung stehen sollen (siehe

Punkt 4), sowie die fachlichen Inhalte, an denen diese Kompetenzen zu erarbeiten sind, angegeben. Es wird von Ihnen verlangt, dass Sie diese verbindlichen Inhalte im Kontext der Prüfungsaufgabe reproduzieren können. Die fachinhaltsbezogenen Kompetenzen sind nach acht Basiskonzepten gegliedert. Unter Basiskonzepten versteht man grundlegende, für biologische Systeme charakteristische Prinzipien (z. B. Struktur und Funktion, Stoff- und Energieumwandlung, Variabilität und Angepasstheit), mit deren Hilfe die nahezu unüberschaubare Zahl biologischer Phänomene anhand vergleichbarer Kriterien erschlossen, verglichen und miteinander vernetzt werden kann. Sie können ebenfalls Bestandteil von Prüfungsaufgaben sein, sodass Ihnen ihre jeweilige Bedeutung geläufig sein sollte.
Prinzipiell sind alle im KCGO aufgeführten Inhalte und Kompetenzen für die Abiturprüfung verbindlich, für 2023 gelten allerdings folgende spezielle Regelungen:

**Spezielle fachbezogene Hinweise für 2023**

Die folgenden **Kompetenzen** werden anhand der Ökosysteme **Wald** und **Moor** erarbeitet:
- Existenz der Kompartimentierung auf verschiedenen Systemebenen beschreiben
- physiologische und ökologische Potenzen unter Bezug auf biotische und abiotische Faktoren vergleichen
- energetische und stoffliche Beziehungen zwischen Organismen in einem Ökosystem darstellen
- Stoffkreisläufe auf der Ebene von Ökosystemen und der Biosphäre erläutern

Die folgenden **Experimente** sind verbindlich im Unterricht durchzuführen:
- 1: Mikroskopieren des Querschnitts durch ein bifaziales Laubblatt
- 2: Isolation und dünnschichtchromatografische Trennung von Blattfarbstoffen
- 3.1, 3.2, 3.3: Bodenanalysen
- 8: Nachweis von $NADH + H^+$ bei der Glykolyse

Nähere Informationen zu den verbindlichen Experimenten erhalten Sie unter Punkt 7 sowie unter *https://bildungsportal-niedersachsen.de/2023*.
Ideal zur Überprüfung Ihrer Fachkenntnisse und zum Aufdecken von Wissenslücken sind die im **ActiveBook** enthaltenen interaktiven Aufgaben. Hier finden Sie außerdem **Lernvideos** zu zentralen Themen (vgl. Farbseiten zu Beginn des Buches).

## 3 Aufbau und Auswahl der Prüfungsaufgaben

In der Abiturprüfung 2023 stellen Sie Ihre Prüfungsaufgabe aus fünf Aufgaben selbst zusammen. Die Ihnen vorgelegten Aufgaben, die jeweils in mehrere Teilaufgaben untergliedert sind, lassen sich jeweils einem der Themen A1–A3, B1 und C1 (gemäß der durch die EPA festgelegten Themenbereiche A, B und C) zuordnen:

- Themenbereich A: **A1** Assimilation, **A2** Dissimilation, **A3** Neurobiologie – jeweils mit Aspekten der Enzymatik, der Zellbiologie und/oder der Molekulargenetik
- Themenbereich B: **B1** Ökologie
- Themenbereich C: **C1** Evolution

Aus diesem Aufgabenpool müssen Sie drei Aufgaben zur Bearbeitung auswählen, wobei nicht alle aus dem Themenbereich A stammen dürfen. Abgesehen davon ist je-

de Aufgabenkombination möglich (z. B. A1/A3/C1 oder A3/B1/C1). Die Aufgaben, die Sie bearbeiten werden, stehen damit nicht in einem thematischen Gesamtkontext. Beachten Sie dabei, dass eine der vorgelegten Aufgaben die eigenständige und praktische Durchführung eines biologischen Experiments beinhalten kann. Für den Fall, dass an Ihrer Schule keine entsprechende labortechnische Ausstattung vorliegt oder die experimentelle Durchführung kurzfristig nicht umsetzbar ist, wird Ihnen eine Aufgabe ohne experimentellen Anteil vorgelegt. Nähere Informationen zu den Aufgaben mit experimentellem Anteil finden Sie unter Punkt 7 (S. VIII).
Da Sie aus fünf Aufgaben die drei für Sie am besten geeigneten auswählen müssen, sollten Sie sich zunächst anhand der Teilaufgaben und der Materialien im Anhang der Aufgabenstellung einen Überblick verschaffen, um die für Sie „richtigen" Themen auszuwählen. Sollten Sie aufgrund der unterrichtlichen Einschränkungen nicht alle Themen in gleichem Umfang behandelt haben, können Sie das bei Ihrer Prüfungsvorbereitung und Ihrer Aufgabenauswahl entsprechend berücksichtigen.

## 4 Kompetenzen

In der Abiturprüfung geht es einerseits um einen guten Überblick über das geforderte Basiswissen der Biologie, wie es in den Themenbereichen der EPA und in den inhaltsbezogenen Kompetenzvorgaben des KCGO skizziert ist. Andererseits ist es aber auch besonders wichtig, Strukturen, Inhalte und Kontexte neuer biologischer Aufgabenstellungen erfassen zu können, mit dem eigenen Wissen zu verknüpfen und zu angemessenen Lösungen zu kommen. Diese Fähigkeiten, die weit über reines, angelerntes Wissen hinausgehen, werden als prozessbezogene Kompetenzen bezeichnet. Daraus ergibt sich, dass der hauptsächliche Anspruch der Prüfungsaufgaben nicht im Wiedergeben von lückenlosem Detailwissen liegt, sondern in der Anwendung Ihres Fachwissens und im selbstständigen Umgang mit neuen, bisher unbekannten biologischen Sachverhalten. Diese werden Ihnen in den Materialien zur Prüfungsaufgabe z. B. in Form von Versuchsbeschreibungen, Diagrammen, Tabellen und Skizzen biologischer Objekte vorgelegt. Auch Materialien zur Anleitung und eigenständigen, praktischen Durchführung von Experimenten können Ihnen zur Auswahl vorgelegt werden. Sie sollen bei Ihrer Bearbeitung Kompetenzen in folgenden Bereichen nachweisen können:

### 4.1 Kompetenzbereich inhaltsbezogene Kompetenzen/Fachkenntnisse

In diesem Kompetenzbereich sind die meisten der verbindlichen Fachinhalte (Klammerangaben im KCGO) aufgeführt, die Sie als fachliches Basiswissen im Verlaufe der Gymnasialen Oberstufe zumindest erarbeitet haben sollten. Fachliches Basiswissen bedeutet hier aber nicht nur die bloße Verfügbarkeit von Fakten. Sie sollen vielmehr Ihre Kenntnisse in der Aufgabe zur Anwendung bringen können. Mithilfe der in den Materialien dargestellten biologischen Phänomene, Zusammenhänge und Modelle sollen Sie die relevanten Teile Ihres Wissens gezielt abrufen und in strukturierten Darstellungen und Erklärungen wiedergeben und umsetzen können.

### 4.2 Kompetenzbereich Erkenntnisgewinnung/Methoden

Unter „Methodenkompetenz“ versteht man, dass Sie biologische Systeme analysieren und deren Eigenschaften beschreiben und erklären können. Ebenso müssen Sie in der Lage sein, biologische Ergebnisse und Erkenntnisse in komplexere Zusammenhänge zu stellen. Dazu sollten Sie z. B.

- Informationsquellen erschließen und nutzen (also Texte analysieren und interpretieren und die Informationen daraus gezielt auswählen, die Kernaussagen erkennen und diese mit dem erworbenen Wissen verknüpfen).
- biologische Untersuchungen/Experimente planen (Fehlerquellen erkennen und beseitigen!), durchführen, protokollieren und auswerten können.
- Hypothesen entwickeln und überprüfen können.
- unterscheiden können, welche Fragestellungen sich naturwissenschaftlich untersuchen lassen und welche nicht.
- naturwissenschaftliche Modelle anwenden und deren Gültigkeitsbereiche prüfen, ggf. neue Modellvorstellungen entwickeln können.
- Definitionen, Regeln und Gesetzmäßigkeiten formulieren können.
- Sachverhalte mithilfe von Tabellen, Diagrammen, Grafiken, Skizzen o. Ä. veranschaulichen können.
- biologische Phänomene begrifflich präzise beschreiben, vergleichen und erklären können.
- zwischen funktionaler und kausaler Betrachtungsweise unterscheiden (d. h. den Zweck und die Ursache eines biologischen Phänomens auseinanderhalten) können.
- komplexe und dynamische Systeme wie Organismen und Ökosysteme untersuchen, analysieren und Zusammenhänge klären können.
- die Prinzipien bestimmter biologischer Arbeitstechniken (PCR, DNA-Microarray, Gelelektrophorese) beschreiben können.
- auch die Denkweisen und Erkenntnisse der anderen Naturwissenschaften sowie der Gesellschafts- oder Geisteswissenschaften mit einbeziehen können.

### 4.3 Kompetenzbereich Kommunikation

Dieser Bereich zielt auf Ihr Verständnis und Ihren Umgang mit den vielfältigen Materialien und deren sprachliche Verwertung ab. Sie sollen beweisen, dass Sie die relevanten Informationen aus den Materialien herausziehen und Ihre Darstellung der Aufgabenstellung angemessen und auftragsbezogen auf das Wesentliche reduzieren können. Wesentlich ist ebenfalls, dass Sie in der schriftlichen Prüfung einerseits die angemessene Fachsprache verwenden, um biologische Phänomene und Sachverhalte sowie naturwissenschaftliche Ergebnisse und Erkenntnisse darzustellen und zu diskutieren. Andererseits sollten Sie Ihre Aufzeichnungen aber auch allgemein verständlich, übersichtlich und strukturiert gestalten.

### 4.4 Kompetenzbereich Bewertung/Reflexion

Forschungsergebnisse der Biologie erhalten zunehmend stärkere Bedeutung z. B. in der medizinischen und umweltbezogenen Anwendung. Daher sollen Sie biologische

Ergebnisse und Erkenntnisse auch in fachübergreifenden Zusammenhängen analysieren und im Sinne einer moralischen Urteilsbildung nachvollziehbar bewerten können. Dabei ist es wichtig, Chancen und Risiken biologischer Anwendungsbezüge in Bereichen wie Gesundheit und Ernährung, Biotechnologie, Reproduktionsbiologie, Medizin und Umwelt argumentativ fundiert anhand nachvollziehbarer Kriterien kritisch reflektieren zu können.

## 5 Die Anforderungsbereiche

Die Prüfungsanforderungen gliedern sich in sog. **Anforderungsbereiche (AFB)** mit unterschiedlichen Niveaustufen, die dann zusammen mit der Komplexität der vorgelegten Materialien den Schwierigkeitsgrad einer Aufgabe bestimmen. Die Anforderungsbereiche unterscheiden sich vor allem im Grad der Selbstständigkeit bei der Bearbeitung der Aufgaben sowie in der Komplexität der gedanklichen Verarbeitungsprozesse.
Während die Reproduktion einfacher Inhalte zum AFB I gehört, wird die selbstständige Anwendung von Fachwissen und Fachmethoden am vorgelegten Material sowie die Herstellung neuer Zusammenhänge dem AFB II zugeordnet. Zum AFB III gehören relativ komplexe Anforderungen wie das fundierte Beurteilen und Bewerten des Materials, das Planen geeigneter Experimente zur Lösung biologischer Probleme oder das Entwickeln von aus dem Material oder dem eigenen Fachwissen sinnvoll begründeten Hypothesen.

Im Einzelnen bedeutet dies:
Der **Anforderungsbereich I** umfasst im Fach Biologie u. a.
- die Reproduktion von Basiswissen (Kenntnisse von Fakten, Zusammenhängen und Methoden),
- die Nutzung bekannter Methoden und Modelle in vergleichbaren Beispielen,
- die Entnahme von Informationen aus Fachtexten und Umsetzen der Informationen in einfache Schemata (Stammbäume, Flussdiagramme o. Ä.),
- die Darstellung von Daten, Tabellen, Diagrammen oder Abbildungen mithilfe der Fachsprache,
- die Beschreibung und Protokollierung von Experimenten,
- das Experimentieren nach Anleitung und die Erstellung mikroskopischer Präparate.

Der **Anforderungsbereich II** beinhaltet im Fach Biologie u. a.
- die Anwendung des Basiswissens in neuartigen Zusammenhängen,
- die Übertragung und Anpassung von Modellvorstellungen auf neue Beispiele,
- die sachgerechte und strukturierte Darstellung komplexer biologischer Abläufe im Zusammenhang einer Aufgabenstellung,
- die Auswahl bekannter Daten, Fakten und Methoden zur Herstellung neuer Zusammenhänge (z. B. bei der Planung einer experimentellen Versuchsreihe),
- die gezielte Entnahme von Informationen aus vielschichtigen Materialien oder einer wissenschaftlichen Veröffentlichung unter einem vorgegebenen Aspekt,

- die abstrahierende Darstellung biologischer Phänomene wie die zeichnerische Darstellung und Interpretation eines nicht bekannten mikroskopischen Präparats,
- die Anwendung bekannter Experimente und Untersuchungsmethoden in neuartigen Zusammenhängen,
- die Auswertung von unbekannten Untersuchungsergebnissen unter bekannten Aspekten,
- die Beurteilung und Bewertung eines bekannten biologischen Sachverhalts,
- die Unterscheidung von Alltagsvorstellung und wissenschaftlicher Erkenntnis.

Der **Anforderungsbereich III** umfasst im Fach Biologie u. a.
- die Entwicklung eines eigenständigen Zugangs zu einem biologischen Phänomen,
- die selbstständige, zusammenhängende Verarbeitung verschiedener Materialien unter einer selbstständig entwickelten Fragestellung,
- die Entwicklung eines komplexen gedanklichen Modells bzw. die eigenständige Modifizierung einer bestehenden Modellvorstellung,
- die Entwicklung fundierter Hypothesen auf der Basis verschiedener Fakten, experimenteller Ergebnisse, Materialien und Modelle,
- die Reflexion biologischer Sachverhalte in Bezug auf das Menschenbild,
- die materialbezogene und differenzierte Beurteilung und Bewertung biologischer Anwendungen,
- die Argumentation auf der Basis nicht eindeutiger Rohdaten: Aufbereitung der Daten, Fehleranalyse und Herstellung von Zusammenhängen,
- die kritische Reflexion biologischer Fachbegriffe vor dem Hintergrund komplexer und widersprüchlicher Informationen und Beobachtungen.

Der **Schwerpunkt aller Prüfungsaufgaben** liegt dabei immer auf dem **AFB II**, daneben werden der AFB I und – in deutlich geringerem Maße als der AFB I – der AFB III berücksichtigt. Das heißt, dass Sie nur durch reine Reproduktion keine ausreichende Leistung erzielen können.

## 6 Umgang mit Operatoren

Die in den einzelnen Arbeitsaufträgen zum Tragen kommenden Anforderungsbereiche können Sie oft schon anhand der Beschreibungen der jeweiligen Tätigkeiten, die von Ihnen verlangt werden, abschätzen. Solche Handlungsanweisungen, sogenannte **Operatoren**, signalisieren Ihnen z. B., was genau Sie mit den angebotenen Materialien machen sollen.
Während z. B. beim „Nennen" biologische Sachverhalte, Phänomene und Merkmale einfach wiedergegeben oder aufgezählt werden dürfen (AFB I), erfordert das „Bewerten" selbstständige Deutungen und Begründungen in Form strukturierter, zusammenhängender Texte unter Verwendung der komplexen Materialien (AFB III). Mit dem Arbeitsauftrag „Erläutern Sie" wird die verständliche, anschauliche Darstellung eines Sachverhalts unter Verwendung weiterer Informationen z. B. aus dem Material erwartet, sodass der Leser den Sachverhalt nachvollziehen kann (AFB II).

Die Operatoren sowie deren Beschreibung in der folgenden Tabelle sollten Sie daher sehr genau studieren, damit Sie exakt wissen, was von Ihnen verlangt wird. In der Aufgabensammlung finden Sie außerdem viele Beispiele zum Einsatz dieser Operatoren, an denen Sie den Umgang mit solchen Handlungsanweisungen üben können.

| Operator | Beschreibung der erwarteten Leistung |
|---|---|
| Analysieren | wichtige Bestandteile oder Eigenschaften auf eine bestimmte Fragestellung hin herausarbeiten |
| Anwenden | einen bekannten Sachverhalt oder eine bekannte Methode auf etwas Neues beziehen |
| Aufbauen eines Experiments | Objekte und Geräte zielgerichtet anordnen und kombinieren |
| Aufstellen einer Hypothese | eine begründete Vermutung auf der Grundlage von Beobachtungen, Untersuchungen, Experimenten oder Aussagen formulieren |
| Auswerten | Daten, Einzelergebnisse oder andere Elemente in einen Zusammenhang stellen und ggf. zu einer Gesamtaussage zusammenführen |
| Begründen | Sachverhalte auf Regeln und Gesetzmäßigkeiten bzw. kausale Beziehungen von Ursachen und Wirkung zurückführen |
| Beschreiben | Strukturen, Sachverhalte oder Zusammenhänge strukturiert und fachsprachlich richtig mit eigenen Worten wiedergeben |
| Bestätigen | Die Gültigkeit einer Aussage (z. B. einer Hypothese, einer Modellvorstellung, eines Naturgesetzes) zu einem Experiment, zu vorliegenden Daten oder zu Schlussfolgerungen feststellen. |
| Berechnen | numerische Ergebnisse von einem Ansatz ausgehend gewinnen |
| Beurteilen/ Stellung nehmen | zu einem Sachverhalt ein selbstständiges Urteil unter Verwendung von Fachwissen und Fachmethoden formulieren und begründen |
| Bewerten | einen Gegenstand an erkennbaren Wertkategorien oder an bekannten Beurteilungskriterien messen |
| Darstellen | Sachverhalte, Zusammenhänge, Methoden etc. strukturiert und ggf. fachsprachlich wiedergeben. |
| Deuten | Sachverhalte in einen Erklärungszusammenhang bringen |
| Diskutieren/ Erörtern | Argumente, Sachverhalte und Beispiele zu einer Aussage oder These einander gegenüberstellen und abwägen |
| Durchführen eines Experiments | An einer Experimentieranordnung zielgerichtete Messungen und Änderungen vornehmen oder eine Experimentieranleitung umsetzen |
| Entwickeln | Sachverhalte und Methoden zielgerichtet miteinander verknüpfen, eine Hypothese, eine Skizze, ein Experiment, ein Modell oder eine Theorie schrittweise weiterführen und ausbauen |
| Erklären | einen Sachverhalt nachvollziehbar und verständlich zum Ausdruck bringen mit Bezug auf Regeln, Gesetzmäßigkeiten und Ursachen |

| | |
|---|---|
| Erläutern | einen Sachverhalt durch zusätzliche Informationen veranschaulichen und verständlich machen |
| Ermitteln | einen Zusammenhang oder eine Lösung finden und das Ergebnis formulieren |
| Nennen | Elemente, Sachverhalte, Begriffe, Daten ohne Erläuterungen aufzählen |
| Ordnen | vorliegende Objekte oder Sachverhalte in Kategorien einordnen |
| Planen eines Experimentes | zu einem vorgegebenen Problem eine Experimentieranordnung finden oder zu einem vorgegebenen Problem eine Experimentieranleitung erstellen |
| Protokollieren | Beobachtungen oder die Durchführung von Experimenten detailgenau zeichnerisch einwandfrei bzw. fachsprachlich richtig wiedergeben |
| Skizzieren | Sachverhalte, Strukturen oder Ergebnisse auf das Wesentliche reduziert grafisch übersichtlich darstellen |
| Überprüfen bzw. Prüfen | Sachverhalte oder Aussagen an Fakten oder innerer Logik messen und eventuelle Widersprüche aufdecken |
| Verallgemeinern | aus einem erkannten Sachverhalt eine erweiterte Aussage formulieren |
| Vergleichen | Gemeinsamkeiten, Ähnlichkeiten und Unterschiede feststellen |
| Zeichnen | eine anschauliche und hinreichend exakte grafische Darstellung beobachtbarer oder gegebener Strukturen anfertigen |
| Zusammenfassen | das Wesentliche in konzentrierter Form herausstellen |

## 7 Hinweise zu Aufgaben mit experimentellem Anteil

In der Abiturprüfung 2023 kann auf erhöhtem Anforderungsniveau eine Aufgabe mit experimenteller Ausrichtung Teil der Aufgabenauswahl sein. Zur Vorbereitung darauf ist im Unterricht der Qualifikationsphase die praktische Durchführung der für die Prüfung 2023 verbindlichen Experimente (siehe Punkt 2) vorgesehen. Die Beschreibungen und Ergebnisse aller ministeriell vorgegebenen Experimente finden Sie unter *https://bildungsportal-niedersachsen.de/2023* („Anleitungen für Schüler- und Demonstrationsexperimente"). In dieser Datei erhalten Sie zu den experimentellen Untersuchungen auch Hinweise zur Zeiteinteilung bei der Bearbeitung. Gegenstand der Prüfungsaufgabe kann sowohl die Durchführung eines der verbindlich festgelegten Experimente als auch die Ausführung abgewandelter, ähnlicher oder neuer Experimente sein, wobei Sie dann durch zusätzliche Hinweise im Material unterstützt werden (siehe Musteraufgaben mit Experiment ab S. 29).
Die Aufgaben mit praktischem Anteil werden in der Regel aus zwei Teilaufgaben bestehen, die aufeinander bezogen sind. Wenn Sie sich in der Abiturprüfung für eine solche Aufgabe entscheiden, haben Sie bei Nichtgelingen die Möglichkeit, die zur Bearbeitung der gesamten Aufgabe notwendigen Teillösungen bei der Aufsicht führenden Lehrkraft zu erfragen. Handelt es sich um die Planung und Durchführung einer Versuchsreihe, können Sie die Planung des Experiments und die dabei zu erwartenden Beobachtungen (Ergebnisse) anfordern; Sie erhalten dann aber für diese Teil-

aufgaben keine Bewertungseinheiten. Wenn Sie die Ergebnisse erfragen, müssen Sie Ihre eigene Versuchsplanung bei der Lehrkraft abgeben, sodass Ihre Planung gewertet und nicht mehr nachträglich von Ihnen verändert werden kann. Analoges gilt für eine mikroskopische Untersuchung, falls Ihnen die eigenständige Herstellung eines Präparats oder die Anfertigung einer Skizze nicht gelingt. Anders verhält es sich, wenn Ihnen ein vorgelegtes Präparat nicht ausreichend erscheint. Sie können dann ein neues Präparat bei der Aufsicht führenden Lehrkraft anfordern, ohne dass Ihnen Bewertungseinheiten abgezogen werden.
Diese konkreten aufgabenspezifischen Hinweise sind immer auch im Materialteil der Experiment-Aufgabe enthalten (siehe S. 29 f.).

## 8 Bewertung der Abiturprüfung

Die Bewertung Ihrer Prüfungsarbeit wird von einer Fachprüfungskommission vorgenommen. Diese besteht aus Ihrem Kursleiter als Referent, der die Arbeit als erster durchsieht und bewertet, einer zweiten Lehrkraft als Korreferent, der die Arbeit ebenfalls genau durchsieht und gleichfalls eine Note festsetzt, und dem Fachprüfungsleiter. Der Fachprüfungsleiter überprüft die Bewertung vor allem auf formale Richtigkeit und gibt dann noch eine zusätzliche Stellungnahme ab, wenn sich die Noten von Referent und Korreferent unterscheiden. In einem solchen Fall entscheidet der Vorsitzende der Prüfungskommission an Ihrer Schule, das ist i. d. R. Ihr Schulleiter.
Als Grundlage für die Beurteilung erhalten die Schulen zusammen mit den Prüfungsaufgaben einen detaillierten **Bewertungsbogen**, in dem für jede einzelne Teilaufgabe der erwartete Inhalt und die möglichen Bewertungseinheiten aufgelistet sind. Eine Zuordnung der o. g. Anforderungsbereiche (AFB I–III) zu den erwarteten Teilleistungen ist ebenfalls enthalten. An diesem Bewertungsbogen muss sich die Fachprüfungskommission orientieren und kann nur in begründeten Fällen hiervon abweichen.
Bei der Bewertung werden alle von Ihnen in der Reinschrift erarbeiteten Teillösungen berücksichtigt. Falls Sie in zeitliche Probleme geraten sind, können auch noch Ihre Entwürfe herangezogen werden, wenn sie zusammenhängend konzipiert sind und Ihre Reinschrift etwa drei Viertel des angestrebten Umfangs umfasst. Neben der detaillierten Korrektur Ihrer Ausführungen in Form von Randbemerkungen werden zu jeder Teilaufgabe auch die Vorzüge und Mängel Ihres jeweiligen Lösungsansatzes zusammengefasst.
Dabei werden nicht nur die fachliche Richtigkeit und Vollständigkeit berücksichtigt sondern auch die Schlüssigkeit Ihrer Argumentation, die Qualität Ihrer Darstellung (klarer Aufbau und richtige Verwendung der Fachsprache) sowie gegebenenfalls die Kreativität und Eigenständigkeit bei Ihren Lösungen.

- Zur **Qualität** gehören u. a. das Erfassen der Aufgabe, die Genauigkeit der Kenntnisse und Einsichten, die Sicherheit in der Beherrschung der Methoden und der Fachsprache, Stimmigkeit und Differenziertheit der Aussage, Herausarbeitung des Wesentlichen, Anspruchsniveau der Problemerfassung, Fähigkeit zur kritischen Würdigung der Bedingtheit und Problematik eigener und fremder Auffassungen, Differenziertheit und Adäquatheit des Urteils.

- Zur **Quantität** gehören u. a. der Umfang der Kenntnisse und Einsichten, die Breite der Argumentationsbasis und Vielfalt der Aspekte und Bezüge.
- Die **Kommunikations- und Darstellungsfähigkeit** in der Prüfung erweist sich in dem Vermögen, die Aufgabenstellung zu erfassen, und in der Fähigkeit, sich in einer angemessenen Weise (u. a. durch Klarheit und Eindeutigkeit der Aussage, durch Übersichtlichkeit der Gliederung und der inhaltlichen Ordnung) verständlich zu machen.

Als Grundlage für die Einordnung der Qualität Ihrer Leistungen dienen die Angaben im Bewertungsbogen, mit dessen Hilfe Ihre Teilleistungen in Bewertungseinheiten umgesetzt werden. Auch zur Aufgabenstellung passende Lösungen, die im Bewertungsbogen nicht erfasst worden waren, fachlich aber richtig sind und schlüssig dargestellt wurden, werden angemessen berücksichtigt. (Das kann z. B. der Fall sein, wenn Sie einen biologischen Sachverhalt durch eine eigene Meinung beurteilen oder begründete Hypothesen aufstellen sollten.)
Ihre Arbeit kann mit ausreichend bewertet werden, wenn Sie annähernd die Hälfte der im Bewertungsbogen beschriebenen Bewertungseinheiten erreicht haben, d. h. hierfür müssen Sie mehr als nur reproduktive Leistungen des AFB I erbringen. Ein mit sehr gut beurteiltes Prüfungsergebnis erreichen Sie nur mit Leistungen auch aus dem AFB III.
Bei allem Bemühen um korrekte Inhalte dürfen Sie aber auch die äußere Form und die sprachliche Richtigkeit nicht vernachlässigen, denn schwerwiegende und gehäufte Verstöße gegen Grammatik, Rechtschreibung und Zeichensetzung oder gegen die äußere Form führen zu einem **Abzug von ein bis zwei Punkten bei der einfachen Wertung**. Unübersichtliche Textstellen werden u. U. erst gar nicht bewertet.
Die Bewertung mündet letztendlich in einer auf die Teilaufgaben bezogenen Aufstellung der erhaltenen Bewertungseinheiten und in einem Gutachten, in dem die Vorzüge und Mängel Ihrer Teilleistungen zusammengefasst werden und Ihre Arbeit insgesamt beurteilt wird. Dieses Gutachten, das mit einer Benotung abschließt, können Sie nach Abschluss der Abiturprüfung auf Ihren Antrag hineinsehen.

## Tipps zum Umgang mit Prüfungsaufgaben

Im Folgenden können wir Ihnen nur eine kurze Auflistung der wichtigsten Punkte geben, die Sie beim Bearbeiten der Aufgaben beachten sollten. Ebenso kann an dieser Stelle nur exemplarisch auf einige Aspekte der Analyse von Materialien eingegangen werden.

### 1 Zeiteinteilung bei der Prüfung

Für die Bearbeitung der Aufgaben stehen Ihnen 270 Minuten zur Verfügung. Auch die Auswahlzeit von 30 Minuten dürfen Sie bereits für die Bearbeitung verwenden. Jedoch sollte die Auswahl Ihrer Prüfungsaufgabe sorgfältig erfolgen. Wichtig ist hierbei, dass Sie sich zunächst einen Überblick über alle Aufgaben und Materialien verschaffen, auch wenn Sie aufgrund der thematischen Zuordnung schon eine Vorentscheidung gefällt haben. Vielleicht verbirgt sich in der Aufgabe ein „Haken", den Sie bei der schnellen Durchsicht nicht gesehen haben!
Für die weitere Bearbeitung der drei Aufgaben setzen Sie sich einen Zeitplan, damit Ihnen nicht am Ende die Zeit für die letzte Aufgabe oder das Korrekturlesen fehlt. Die Einzelschritte, die nachfolgend noch genauer erläutert werden, sollten sein:

*A – Lesen der Aufgaben (ca. 10 Minuten)*
*B – Analysieren der Teilaufgaben (ca. 50 Minuten)*
*C – Anfertigen einer Stoffsammlung (ca. 50 Minuten)*
*D – Erstellen einer Gliederung für die Einzelaufgaben (ca. 40 Minuten)*
*E – Überprüfen auf Vollständigkeit (ca. 20 Minuten)*
*F – Darstellen der Ergebnisse (ca. 90 Minuten)*

Bei Aufgaben mit experimentellem Anteil sollten Sie für die Planung/Vorbereitung und Durchführung je nach Arbeitsaufwand ca. 20–40 Minuten veranschlagen. Diese Zeit müssen Sie dann bei den mit B und C bezeichneten Einzelschritten einsparen.

Zum Schluss sollten Sie – sofern es möglich ist – etwa 10 Minuten einplanen, um Ihre Lösungen ein weiteres Mal zu lesen und eventuelle Fehler (Grammatik, Rechtschreibung, Zeichensetzung) zu berichtigen. Denken Sie daran, dass Ihnen für eine mangelhafte äußere Form bis zu zwei Notenpunkte abgezogen werden können! Eine lesbare Schrift und eine übersichtliche Gestaltung sind deshalb besonders wichtig. Zuletzt sollten Sie die Seiten vollständig durchnummerieren.

Wenn Sie die Prüfungsaufgaben im Buch bis einschließlich 2020 bearbeiten, können Sie für die Teilschritte jeweils geringfügig mehr Zeit aufwenden, da für diese Aufgaben eine etwas längere Bearbeitungszeit (300 Minuten) vorgesehen war.

### 2 Bearbeitung der Aufgaben

Nachdem Sie sich anhand der Teilaufgaben und Materialien einen Überblick über die in den Aufgaben angesprochenen thematischen Schwerpunkte geschaffen und die für Sie am besten geeigneten Aufgaben gewählt haben, müssen diese nun entsprechend der Kompetenzen, Anforderungsbereiche und Operatoren von Ihnen bearbeitet werden. Dabei erleichtern Ihnen einige systematische Arbeitsschritte das Erarbeiten der zu den Anforderungen jeder Teilaufgabe passenden Lösung. Berücksichtigen Sie bei der Bearbeitung einer schriftlichen Abituraufgabe die folgenden Gesichtspunkte:

*A – Lesen der Aufgaben*

Die zu bearbeitenden Aufgaben berühren unterschiedliche Themengebiete der Biologie. Ist ein kurzer Informationstext zur Einführung in die zu bearbeitenden Sachinhalte gegeben, können darin wichtige Informationen zur Bearbeitung der Aufgabe „versteckt" sein.
Das in der Aufgabenstellung zu bearbeitende Material ist den einzelnen Teilaufgaben zugeordnet, sodass sich diese weitgehend nacheinander „abarbeiten" lassen. Dennoch ist es sinnvoll, sich zunächst einen Überblick über die Aufgabe zu verschaffen.

*B – Analysieren der Teilaufgaben*

Nachdem Sie sich ein Bild von der zu bearbeitenden Thematik gemacht haben, sollten Sie sich gezielt mit den einzelnen Arbeitsaufträgen auseinandersetzen:

- Unterstreichen Sie die Arbeitsanweisungen/Operatoren unter Berücksichtigung der Organisationsebene (z. B. Zelle, Organismus, Ökosystem).
- Kennzeichnen Sie Informationen, die für den zu bearbeitenden Sachverhalt wichtig sein könnten.
- Gliedern Sie komplexe Aufgabenstellungen in Teilschritte.
- Kennzeichnen Sie am Material die Zuordnung zur Teilaufgabe.

*C – Anfertigen einer Stoffsammlung auf der Grundlage des Materials*

Wenn Sie Klarheit über die Arbeitsaufträge gewonnen haben, sollten Sie sich genauer mit den Materialien der einzelnen Aufgaben beschäftigen:

- Markieren Sie wichtige Begriffe bzw. Signalworte, die den zu bearbeitenden Sachverhalt betreffen, ggf. auch in den Einführungstexten.
- Versuchen Sie inhaltliche Schwerpunkte zu finden.
- Grenzen Sie diese voneinander ab und kennzeichnen Sie sie am Rand des Materials.
- Notieren Sie zu jedem Material gesondert wichtige Schlüsselbegriffe/Informationen auf einem Konzeptblatt.
- Vermeiden Sie an diesem Punkt zu ausführliche schriftliche Darstellungen (oft genügt ein Stichwort, um den Gedankengang wiederzufinden).

*D – Erstellen einer Gliederung für die Einzelaufgaben*

- Ordnen Sie die Stichworte übersichtlich vom Allgemeinen zum Detail.
- Behalten Sie auch bei der Auseinandersetzung mit dem Detail immer den Gesamtzusammenhang im Auge.
- Kennzeichnen Sie Zusammenhänge und/oder Beziehungen durch entsprechende Zeichen.
- Beschreiben Sie bei der Auswertung von Grafiken oder Tabellen zunächst kurz die dargestellten Gegebenheiten und erklären Sie diese erst danach.

- Stellen Sie komplexe Sachverhalte wenn möglich grafisch dar (Skizzen, Schaubilder, Fließdiagramme etc.).

*E – Überprüfen auf Vollständigkeit*

- Prüfen Sie, ob alle wesentlichen Inhalte berücksichtigt wurden.
- Kontrollieren Sie, ob Sie alle Bedingungen und Aspekte der Aufgabenstellung erfasst haben.
- Überprüfen Sie, ob das vorgegebene Material sinnvoll und angemessen ausgewertet wurde.

*F – Darstellen der Ergebnisse*

- Berücksichtigen Sie bei der Ausformulierung Ihrer Antworten nochmals die vorgegebenen Operatoren.
- Achten Sie auf sprachlich korrekte Formulierungen und eine klare, verständliche Ausdrucksweise. Kurze Sätze sind besser als in einander verschachtelte.
- Verwenden Sie sorgfältig die Fachsprache. Fachbegriffe müssen nur bei ausdrücklicher Aufforderung umschrieben werden (oder wenn Sie bei deren Verwendung unsicher sind).
- Konzentrieren Sie Ihre Aussagen auf das Thema und vermeiden Sie weitschweifige Ausarbeitungen. Dadurch geht der rote Faden verloren!
- Achten Sie auf eine angemessene äußere Form Ihrer Ausführungen.

## 3 Analyse von Grafiken und Tabellen

Ein wesentlicher Bestandteil biologischer Aufgabenstellungen ist die Analyse von Material in Form von Tabellen sowie Grafiken. Die umfassende Untersuchung der dargestellten Sachverhalte ist oft der Schlüssel zu einer erfolgreichen Lösung der Aufgabe.

Daten aus biologischen Experimenten werden häufig in Form von **Tabellen** zusammengefasst. Eine andere Art der Darstellung von Zahlenmaterial sind die zu den Grafiken zählenden **Diagramme**. Zur Auswertung einer Tabelle oder eines Diagramms gibt es einige Grundregeln, die sich auf fast alle Tabellen und Diagramme unterschiedlichen Aufbaus und Inhaltes anwenden lassen.

- Welche Größen sind in der Tabelle/dem Diagramm dargestellt? Achten Sie auf die Überschriften und den Begleittext.
- Was für ein Diagrammtyp liegt vor (z. B. Säulendiagramm, Optimumkurve)?
- Welche Größen sind gegeneinander aufgetragen? Welche ist die variable, welche die abhängige Größe? Vergessen Sie die Einheiten nicht.
- Was sind die Bezugsgrößen: Zahlenarten (absolute Zahlen, Prozentzahlen), Zahlenwerte (gerundet, geschätzt, vorläufig)?
- Welche Auffälligkeiten/Tendenzen sind zu erkennen?
- Was wurde mit welcher Methode untersucht?
- Welche Kategorien werden miteinander in Beziehung gesetzt (z. B. bei Tabellen in Kopfzeile, Spalten und Vorspalten)?

- Welche Besonderheiten weist das Material auf? Bestimmen Sie wesentliche Auffälligkeiten!
- Welche Hauptaussagen lassen sich formulieren (Trends/Tendenzen)?
- Welche Teilaussagen lassen sich machen (Minima, Maxima, Zunahme, Abnahme, Stagnation, Zahlensprünge, Anomalien, Gleichmäßigkeiten und regelhafte Verläufe, unterschiedliche Phasen, Wechselbeziehungen zwischen verschiedenen Variablen/Merkmalen ...)?
- Welcher Arbeitsauftrag ist mit dem Diagramm/der Tabelle verbunden? (Unabhängig davon sollten Sie Ihre Lösung damit beginnen, eine kurze Beschreibung der Darstellung auf der Basis der o. g. Fragestellungen zu geben.)
- Welche Antwort gibt die Tabelle/das Diagramm auf die Fragestellung? Zu welchen Teilbereichen lassen sich keine Aussagen treffen?
- Welche Aussagen werden durch die Daten nahegelegt?
- Welche neuen Fragen werden durch die Informationen der Tabelle/des Diagramms aufgeworfen?
- Was sind mögliche Ursachen für die der Tabelle/dem Diagramm entnommenen Sachverhalte?

**Abbildungen** in der Biologie zeigen meist entweder Strukturen (z. B. einen Blattquerschnitt) oder Prozesse (z. B. die Transformation einer Zelle). Der erste Schritt Ihrer Lösung sollte auch hier immer darin bestehen, die bildlich dargestellte Information in Worte zu fassen. Die weitere Analyse ist dann sehr stark von der Art der Abbildung und der damit verbundenen Fragestellung abhängig. Aber auch hier gibt es wieder einige Grundregeln, die zu beachten sind:
- Wie ist die Abbildung zustande gekommen? Ist es z. B. die Skizze eines mikroskopischen Bildes oder die schematische Darstellung eines Experimentes? (Beachten Sie dabei auch den vorangestellten Text, die Bildunterschrift und die angegebene Quelle.)
- Welchem Themengebiet ist die Abbildung zuzuordnen (z. B. Zellbiologie oder Gentechnik)?
- Was wissen Sie über die dargestellten Strukturen oder Abläufe? Welche Fachbegriffe können Sie zuordnen?
- Was sind die wichtigen Merkmale der dargestellten Objekte oder Sachverhalte? Vergleichen Sie Teilabbildungen miteinander. Formulieren Sie Kern- und Teilaussagen.
- Welche Arbeitsanweisung ist mit der Abbildung verknüpft? Sollen Sie z. B. die Abbildung zur Begründung oder Erläuterung eines Sachverhaltes verwenden oder wird von Ihnen eine Hypothese über den Ablauf eines dargestellten Experimentes erwartet?
- Welche für die Beantwortung der Fragestellung relevanten Informationen lassen sich aus den Darstellungen entnehmen und welche Fragen stellen sich?
- Welche Ursachen und Mechanismen könnten hinter den dargestellten Prozessen stecken? Wie sind auftretende Besonderheiten zu erklären?

## 4 Planung und Durchführung von Experimenten

Aufgaben mit experimentellem Anteil stellen an Sie zusätzliche methodische Anforderungen, die Sie aus der praktischen Durchführung von Experimenten im Unterricht kennen. Obwohl die Aufgaben in der Prüfung für Sie neue Aspekte enthalten können, haben Sie die notwendigen Grundlagen für eine erfolgreiche Bearbeitung, wenn Sie mit den Unterrichtsexperimenten gut vertraut sind (siehe S. VIII). Folgende Empfehlungen sind bei der Bearbeitung entsprechender Aufgaben u. a. beachtenswert:

- Befassen Sie sich zunächst genau mit den Materialien und den Anleitungen. Die verfügbaren Materialien liefern Ihnen oft bereits Hilfestellungen bei der konkreten Planung und Durchführung. Stellen Sie dabei, wenn möglich, auch einen Bezug zu Ihnen bekannten Experimenten her und nutzen Sie Ihre Kenntnisse zur Planung und Durchführung des Versuchs.
- Sowohl bei der Planung einer Versuchsreihe als auch bei der Durchführung und zur Protokollierung der Ergebnisse kann Ihnen eine tabellarische Übersicht die Arbeit erleichtern.
- Denken Sie daran, bei Experimenten, die dies erfordern (z. B. bei Versuchsreihen), einen Kontrollversuch einzuplanen und durchzuführen, um eine belastbare Aussage treffen zu können.
- Führen Sie die einzelnen Schritte des Experiments sorgfältig und ohne Hast aus und beachten Sie dabei die jeweils geltenden Sicherheitshinweise.
- Sollte eine (mikroskopische) Skizze eines Präparats gefordert sein, fertigen Sie diese ausreichend groß an und achten Sie auf eine saubere Strichführung.

## 5 Darstellung der Ergebnisse

Bei der Erstellung Ihrer Lösungen sollten Sie sich, neben der fachlichen Richtigkeit, um **sprachliche Richtigkeit und eine angemessene äußere Form** bemühen. Alle Antworten sollten Sie (sofern es nicht ausdrücklich anders verlangt ist, z. B. die Angabe als Tabelle oder Skizze) durchgehend in vollständigen Sätzen unter Verwendung der passenden **Fachbegriffe** formulieren.

Auch wenn zur Beantwortung der Aufgabe kein Fließtext gefordert wird, sollten die unkommentierte Aufzählung einzelner Schlagworte (Ausnahme: Operator „Nennen") sowie unbeschriftete Skizzen und Tabellen vermieden werden.

Bei allen Lösungen sollten Sie außerdem beachten,

- dass Sie sich bei der Bearbeitung der Aufgabe an den Operator halten, damit Sie die **Lösung im Sinne der Aufgabenstellung** erstellen. Sie sollten z. B. beim Operator „Nennen/Angeben" keine weiteren Erklärungen angeben, dies wäre auch nicht im Sinne einer sinnvollen Zeiteinteilung bei der Prüfung.
- dass die Darstellung **logischen und erkennbaren Ordnungsprinzipien** folgt. Für längere Teilantworten bietet sich die „klassische", aus dem Deutschunterricht bekannte Einteilung in eine kurze Einleitung (meist reichen hier 1–2 Sätze), einen in sinnvolle Absätze gegliederten Hauptteil und Schlusssatz an.
- dass die Ausführungen **eindeutig formuliert** sind und soweit sinnvoll auch mit anderen Teilen Ihrer Klausur verknüpft werden.

## Hinweise zur Benutzung dieses Buches

Dieses Buch enthält zwei **Übungsklausuren** auf erhöhtem Anforderungsniveau (EA) mit Arbeitsaufträgen, Materialien und ausgearbeiteten Lösungen. Außerdem finden Sie zwei offizielle Beispielaufgaben mit **experimenteller Ausrichtung**, wie sie auf erhöhtem Anforderungsniveau in der Abiturprüfung zur Auswahl stehen können. Den Hauptteil des Bands bilden die Original-**Prüfungsaufgaben des Zentralabiturs seit 2016** für den Kurs auf erhöhtem Anforderungsniveau mit Musterlösungen.
Vor jedem Lösungsvorschlag sind die in der Aufgabe thematisierten **Inhalte** bzw. die für die Lösung geforderten **Vorkenntnisse** aufgeführt. Darauf folgen die **Lösungsvorschläge**. Jeder Lösungsvorschlag ist zusätzlich mit **methodischen Hinweisen** versehen. Diese Hinweise erläutern – sofern nötig – kurz den Operator sowie die Herangehensweise an die Teilaufgabe und geben Ihnen konkrete Tipps, was bei der jeweiligen Aufgabe zu beachten ist.

* Diejenigen Teilaufgaben der Prüfungen 2016–2020, deren Inhalte seit Inkrafttreten des aktuellen KCGOs nicht oder nur mehr eingeschränkt prüfungsrelevant sind, kennzeichnet ein Sternchen am Seitenrand sowie ein entsprechender Hinweis im Lösungsvorschlag.

Sollten nach Erscheinen dieses Bandes noch wichtige Änderungen in der Abiturprüfung 2023 vom Kultusministerium Niedersachsen bekannt gegeben werden, finden Sie aktuelle Informationen dazu online auf der Plattform MyStark.

# ÜBUNGSAUFGABEN

## Niedersachsen Biologie ▪ Erhöhtes Anforderungsniveau
Übungsaufgabe 1 (Bearbeitungszeit: ca. 270 min)

### GENETISCHE UND STOFFWECHSELPHYSIOLOGISCHE AUSWIRKUNGEN VON SCHADSTOFFEN IM ZIGARETTENRAUCH

„Das genetische Material determiniert, die Umwelt realisiert." Dieses Zitat versucht, die Bedeutung und Verschränkung genetischer und umweltbedingter Faktoren bei der Ausprägung von Merkmalen, des Phänotyps, zu verdeutlichen. Während sich die genetische Forschung in vielfältigen Teildisziplinen vornehmlich mit der Basensequenz der DNA, ihrer Weitergabe sowie mit der Expression von Genen befasst – wobei verschiedene Methoden, u. a. die Sequenzierung und die gentechnologische Manipulation von Nukleinsäuren, zum Einsatz kommen –, untersuchen interdisziplinäre Forschungszweige den Einfluss von Umweltfaktoren auf genetisch bedingte Eigenschaften. Erklärungsmodelle und Hinweise liefert dabei unter anderem die noch relativ junge Wissenschaft der Epigenetik. So konnte gezeigt werden, dass Umweltgifte die Expression von Genen über epigenetische Mechanismen verändern können. Giftstoffe haben aber auch unmittelbare physiologische Auswirkungen, z. B. indem sie die Wirkung von Enzymen beeinflussen.
In den folgenden Aufgaben sollen Sie sich mit genetischen, stoffwechselbiologischen und evolutionsbiologischen Aspekten im Zusammenhang mit der Wirkung von Schadstoffen beschäftigen.

### 1 Grundlagen der Proteinbiosynthese und Mechanismen der Genregulation

**1.1** Definieren Sie anhand je eines Beispiels die Begriffe Modifikation und Mutation und zeigen Sie dabei jeweils den Zusammenhang zum genetischen Material auf.

**1.2** Beschreiben Sie die in der Abbildung in M 1 dargestellte Form der Genregulation und erklären Sie deren Bedeutung für den Organismus.

**1.3** Erläutern Sie in den wesentlichen Aspekten die Prozesse, die eine prä-mRNA bei Eukaryoten bis zur reifen mRNA durchläuft.

### 2 Veränderung der Genexpression durch Umweltfaktoren

**2.1** Vergleichen Sie auf der Grundlage von M 2a und Ihren Kenntnissen epigenetische Wirkmechanismen mit den Kennzeichen von Modifikationen.

**2.2** Stellen Sie anhand von M 2b den epigenetischen Effekt dar, den Tabakgifte haben, und beurteilen Sie das Erkrankungsrisiko für Ex-Raucher*innen.
Prüfen Sie, ob auch bei den hier beschriebenen Mechanismen das Prinzip einer Substrat-Induktion vorliegt.

## 3 Physiologische Auswirkungen von Zigarettenschadstoffen

**3.1** Fassen Sie anhand von M 4a und M 4b die Auswirkungen des E-Zigarettendampfs auf den menschlichen Organismus als Fließdiagramm zusammen.

**3.2** Erklären Sie die Entstehung verschiedener Isoformen bzw. Varianten von Enzymen (M 4b) mithilfe von M 3 und setzen Sie diese Vorstellung in einen Zusammenhang mit der „Ein-Gen-ein-Enzym-Hypothese" von BEADLE und TATUM (1941) bzw. zur später präziser formulierten „Ein-Gen-ein-Polypeptid-Hypothese".
Stellen Sie eine begründete Vermutung zur evolutionsbiologischen Bedeutung des in M 3 beschriebenen Mechanismus auf.

**3.3** Ordnen Sie den Kurven in M 5 die im Materialtext genannten Formen der enzymatischen Hemmung begründet zu und diskutieren Sie, welche dieser Formen als Wirkungsweise von Apocynin infrage kommen könnte.

## M 1 Das Operon-Modell der Genregulation

Das Operon-Modell von FRANCOIS JACOB und JAQUES MONOD, das 1960 an Bakterien entwickelt wurde und 1965 den beiden Forschern zusammen mit ANDRÉ LWOFF den Nobelpreis für Physiologie oder Medizin einbrachte, beschreibt die Regulation der Genaktivität auf der Transkriptionsebene. Mithilfe molekularbiologischer Methoden konnte die Modellvorstellung später bestätigt werden. Sie ist auch auf einige eukaryotische Gene anwendbar. Eine solche Regulation der Genexpression ist in der folgenden Abbildung am Beispiel des lac-Operons von *Escherichia coli* schematisch vereinfacht dargestellt. Es handelt sich dabei um eine sogenannte Substrat-Induktion.

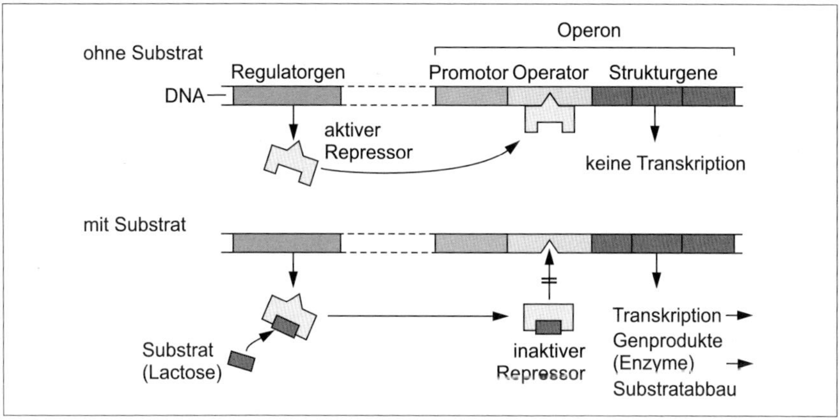


## M 2 Epigenetische Marker als „Schalter" und ihre Bedeutung

### M 2a Informationen zu epigenetischen Mechanismen

In der „klassischen" Genetik geht eine Änderung des äußeren Erscheinungsbilds, des sogenannten Phänotyps, immer auf eine Änderung der genetischen Information, des Genotyps, zurück. Mittlerweile ist jedoch bekannt, dass es Faktoren und molekulare Mechanismen gibt, die den Phänotyp beeinflussen können, ohne dass Nukleotidsequenzen geändert werden. Diese sogenannten epigenetischen Mechanismen wirken, indem an den Histonproteinen des Chromatins bzw. an bestimmen Basen der DNA durch Enzyme chemische Veränderungen vorgenommen werden, v. a. durch die Anheftung oder die Entfernung von Methyl- oder Acetylgruppen. Auf diese Weise wird die Packungsdichte des Chromatins verändert und die Ablesewahrscheinlichkeit von Genen kann erhöht oder vermindert werden. Solche epigenetischen Mechanismen sind bei der embryonalen Entwicklung und Zelldifferenzierung von großer Bedeutung. Sie können aber auch durch äußere Einflüsse hervorgerufen werden.

Bei der Zellteilung können epigenetische Informationen an Tochterzellen ebenso weitergegeben werden wie genetische. Bestimmte epigenetische Marker können sogar von einer auf die nächste Generation übertragen werden.

*Verändert nach:*
*Höffeler, Fritz: Nutrigenetik: Wie sich Ernährung und Gene gegenseitig prägen. S. Hirzel Verlag, Stuttgart (2013), S. 133.*

## M 2b Epigenetische Effekte durch Tabakkonsum

Die Ergebnisse mehrerer wissenschaftlicher Studien an Immunzellen deuten darauf hin, dass Giftstoffe, die beim Rauchen inhaliert werden, die Aktivität bestimmter Gene beeinflussen. Dies können z. B. Gene sein, deren Produkte an der Blutgerinnung beteiligt sind oder tumorfördernde Eigenschaften haben, sodass eine Änderung der Genaktivität das Risiko für die Entwicklung von Herz-Kreislauf-Erkrankungen und Krebs erhöhen kann. Das folgende Schema illustriert modellhaft auf molekularer Ebene die möglichen Auswirkungen von Tabakgiftstoffen.

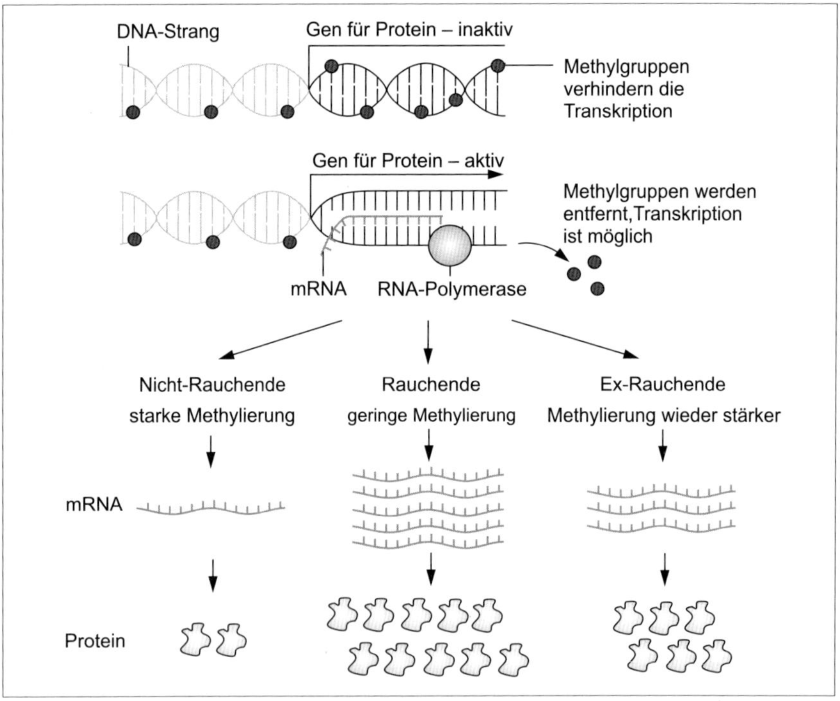


*Verändert nach:*
*Schneider, A.: Rauchzeichen auf dem Erbgut. Apotheken Umschau B 05, Wort & Bild Verlag Konradshöhe GmbH & Co. KG (2013), S. 69.*

## M 3 Alternatives Spleißen bei Eukaryoten

Alternatives Spleißen ist unter Eukaryoten weitverbreitet und kommt bei zahlreichen menschlichen Genen vor. Das Prinzip des Vorgangs ist in der folgenden Abbildung schematisch veranschaulicht.

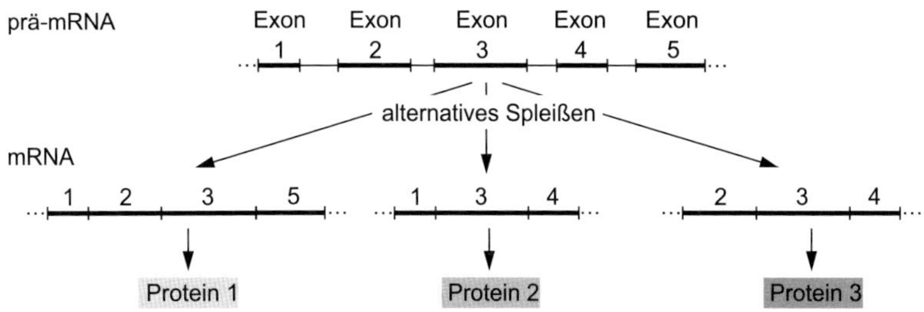


## M 4 Physiologische Auswirkungen von Zigarettenschadstoffen

### M 4a E-Zigaretten als Alternative zu herkömmlichen Zigaretten?

13. November 2019, 11:40 Uhr Wissenschaft-Mainz

#### Wie E-Zigaretten die Blutgefäße schädigen

**Mainz** (dpa/lrs) – Mediziner aus Mainz haben gezeigt, auf welchen Wegen E Zigaretten Blutgefäße, den Blutdruck und letztlich auch das Hirn beeinflussen. [..]

[…] Die Forscher entdeckten verschiedene Faktoren, über die der Dampf auf die Blutgefäße wirkt – eine Schlüsselrolle spiele das körpereigene Enzym NOX-2: Das Acrolein im E-Zigaretten-Dampf aktiviert die körperschädigenden Effekte von NOX-2. Daraufhin entstehen in den Gefäßen verschiedene schädliche Reaktionen, etwa oxidativer Stress. […]

Damit ist laut MÜNZEL der Beweis geliefert, dass Acrolein aus E-Zigaretten-Dampf über die NOX-2-Aktivierung zu schädlichen Folgen in Blutgefäßen einschließlich denen in Lunge und Gehirn führt. Bei einer Daueranwendung von E-Zigaretten seien Organschäden sehr wahrscheinlich. Sie seien aufgrund der geringeren Konzentration von Schadstoffen im Dampf sicher weniger schädlich als normale Zigaretten, erwiesen sich jedoch mehr und mehr als Einstiegsdroge für künftige Raucher, betonte MÜNZEL.

*Zustimmung der dpa unzulässig. Dies gilt insbesondere für die Verbreitung, Vervielfältigung und öffentliche Wiedergabe sowie Speicherung, Bearbeitung oder Veränderung. Alle Rechte bleiben vorbehalten.*

**HINWEIS**: Bei oxidativem Stress erhöht ein Überschuss an reaktiven Sauerstoffverbindungen mit oxidierender Wirkung das Risiko von Gewebeschäden.

## M 4b Informationen zu NOX

Die NADPH-Oxidase (NOX) ist ein membrangebundener Enzymkomplex, der v. a. in Zellmembranen und intrazellulär in Phagosomen von Immunzellen vorkommt. Es existieren sieben sogenannte Isoformen des Enzyms, darunter NOX-1 bis NOX-5, die teilweise noch in mehreren Varianten auftreten. Sie unterscheiden sich voneinander u. a. darin, in welchen Geweben sie aktiv sind, katalysieren jedoch alle dieselbe Reaktion, die Umsetzung von Sauerstoff in Hyperoxid $(O_2^-)$. Dabei wird als Coenzym bzw. Cosubstrat NADPH benötigt. Hyperoxid ist ein hochreaktives Molekül (reaktive Sauerstoffspezies) und wird von Zellen des Immunsystems zur Eliminierung von Erregern, z. B. von Bakterien, produziert.
Ein selektiver Hemmstoff der NADPH-Oxidasen ist Apocynin, eine organische Verbindung mit der Summenformel $C_9H_{10}O_3$. Medizinisch kann Apocynin eingesetzt werden, um die Aktivität von NOX gezielt auszuschalten, ohne Nebenwirkungen, z. B. weitere Einschränkungen in der Immunabwehr auszulösen. Der genaue Wirkungsmechanismus des Apocynins auf die NADPH-Oxidase ist noch nicht endgültig geklärt.

## M 5 Formen der Enzymhemmung

Die folgende Grafik gibt in allgemeiner Form die Kurvenverläufe für die Reaktionsgeschwindigkeit eines Enzyms ohne Hemmung, bei kompetitiver Hemmung sowie bei allosterischer bzw. nicht kompetitiver Hemmung wieder.

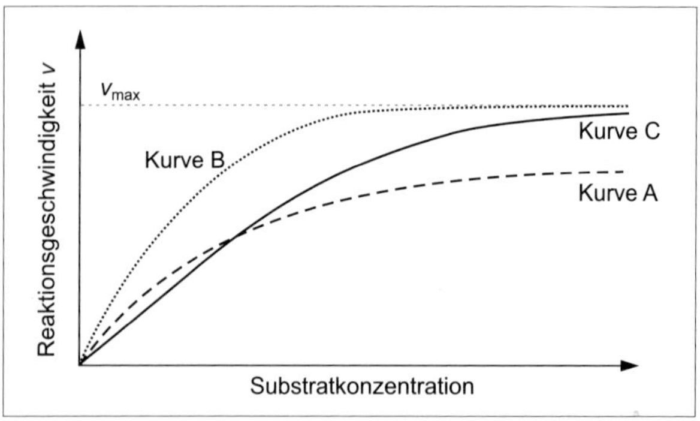

## Lösungsvorschlag

Die Aufgabe beinhaltet die folgenden Themen:
- Genetik: Mutation, Modifikation, Operon-Modell zur Genregulation nach JACOB/MONOD, Substrat-Induktion, Prozessierung bei Eukaryonten, alternatives Spleißen, Methylierung der DNA, epigenetische Mechanismen
- Evolutionsbiologie: Evolutionsfaktor Selektion, Angepasstheit
- Stoffwechselbiologie: Enzymatik, kompetitive und nicht kompetitive (allosterische) Hemmung

1.1 **TIPP** *Anforderungsbereich: I*

Definieren Sie zunächst die genannten Fachbegriffe und stellen Sie anschließend die geforderten Zusammenhänge mit Rückbezug auf ihr Beispiel mit den entsprechenden Details dar.

Modifikationen sind innerhalb einer Population auftretende phänotypische Varianten (eines Merkmals), die auf Umwelteinflüsse und -faktoren zurückgehen und nicht vererbbar sind. Beispielsweise kann die Körpergröße innerhalb einer Population modifikationsbedingt variieren. Die genetische Ausstattung, der Genotyp der Individuen, bleibt dabei unverändert. Ein Zusammenhang mit dem genetischen Material ist dabei insofern gegeben, als Umweltbedingungen nur im Rahmen der genetisch fixierten Modifikationsbreite/Reaktionsnorm zu verschiedenen Phänotypen führen können.
Mutationen sind spontane Veränderungen des genetischen Materials, z. B. Genmutationen oder Chromosomenmutationen. Sie verändern also den Genotyp eines Individuums. Bei Zellteilungen können Mutationen an die Tochterzellen weitergegeben werden. Falls Keimbahnzellen betroffen sind, sind Mutationen auch vererbbar.

1.2 **TIPP** *Anforderungsbereiche: I–II*

Auch wenn Ihnen dieses für Prokaryoten gültige Modell der Genregulation nicht bekannt sein sollte, dürfte Ihnen die Beschreibung nicht schwerfallen. Vergegenwärtigen Sie sich dazu die Vorgänge bei der Proteinbiosynthese (ggf. anhand von Notizen im Konzept), um das Prinzip der Substrat-Induktion anhand der Abbildung wiederzugeben. Gehen Sie bei der Bearbeitung der zweiten Teilaufgabe zunächst von der Annahme aus, dass die zum Substratabbau benötigten Genprodukte fortlaufend in konstanter Menge gebildet werden.

Solange kein Substrat (Lactose) vorhanden ist, wird durch Transkription eines Regulatorgens eine mRNA gebildet, deren Translation zur Entstehung eines Repressorproteins führt. Dieses Protein bindet an eine DNA-Sequenz, den Operator, der zusammen mit dem Promotor und den Strukturgenen eine räumliche und funktionelle Einheit, das

Operon, bildet. Solange der aktive Repressor am Operator angelagert ist, blockiert er die Transkription der drei Strukturgene, welche die für den Lactoseabbau notwendigen Enzymproteine codieren. Sobald Lactose im Außenmedium verfügbar ist und in die Zelle gelangt, bindet sie als Effektor an den Repressor und wirkt als Induktor. Es kommt dadurch zu einer Strukturveränderung des Repressors, sodass dieser sich vom Operator löst und inaktiv wird. Die Ablesung der Strukturgene kann infolge der Inaktivierung des Repressors durch die RNA-Polymerase ablaufen. Die drei Enzyme zur Lactose-Verwertung werden gebildet und stehen für den Lactosestoffwechsel zur Verfügung.
Die Bedeutung dieses Regulationsmechanismus liegt in einer bedarfsgerechten Synthese der betreffenden Enzyme. Da sie nur gebildet werden, wenn das entsprechende Substrat tatsächlich vorhanden ist – wobei das Substrat selbst als Induktor wirkt –, können Energie und Material eingespart werden.

1.3 **TIPP** *Anforderungsbereich: I*

Rekapitulieren Sie den Ablauf der Proteinbiosynthese bei Eukaryoten (Konzept) und geben Sie dann nur die in der Aufgabe verlangten Vorgänge strukturiert wieder.

Wie die Vorlage des codogenen DNA-Strangs enthält die durch Transkription gebildete prä-mRNA bei Eukaryoten sowohl Exons, codierende Abschnitte, als auch Introns, nicht codierende Sequenzen. Damit die mRNA die Information zur Bildung eines Polypeptids bei der Translation übermitteln kann, ist es erforderlich, dass die Introns durch den Vorgang des Spleißens aus der mRNA herausgeschnitten und die verbleibenden Exons miteinander verknüpft werden. Die so (und durch weitere Prozessierungsschritte) modifizierte DNA verlässt den Zellkern. Die Translation selbst erfolgt an den Ribosomen, wo gemäß dem Triplett-Code die reife mRNA in eine Polypeptidkette „übersetzt“ wird.

2.1 **TIPP** *Anforderungsbereich: II*

Ihr Vergleich muss sowohl Gemeinsamkeiten als auch Unterschiede zwischen den Ursachen und Auswirkungen epigenetischer Mechanismen auf der einen Seite und Modifikationen auf der anderen Seite beinhalten. Notieren Sie dazu ggf. im Konzept Ihre Überlegungen und stellen Sie diese dann geordnet zusammen.

Gemeinsamkeiten: Weder epigenetische Effekte noch Modifikationen beruhen auf einer Änderung der Nukleotidsequenzen der DNA. Sie haben jedoch beide Auswirkungen auf den Phänotyp. Modifikationen werden durch Umwelteinflüsse verursacht und auch epigenetische Effekte können auf Umweltfaktoren zurückzuführen sein. In beiden Fällen ist es darüber hinaus möglich, dass die phänotypischen Veränderungen zurückgehen, wenn die ursächlichen Umweltbedingungen nicht oder nur mehr abgeschwächt gegeben sind.

Unterschiede: Epigenetische Mechanismen sind molekulare Veränderungen des DNA-Moleküls bzw. des Chromatins (nicht jedoch der Basensequenz). Modifikationen haben hingegen keine Änderungen des genetischen Materials zur Grundlage und auch keine Auswirkungen auf die Erbinformation. Während epigenetische Marker bei Zellteilungen an Tochterzellen weitergegeben werden und sogar vererbt werden können, sind Modifikationen nicht erbliche Varianten des Phänotyps (innerhalb der Reaktionsnorm).

2.2 **TIPP** *Anforderungsbereiche: II–III*

Hier geht es in der ersten Teilaufgabe um eine ausführliche Beschreibung der Vorgänge, die in M 2b dargestellt sind. Beachten Sie sowohl die Textinformationen als auch die schematische Abbildung. Wichtig ist dabei, dass Sie den Zustand bei Nicht- und Ex-Rauchenden erfassen, da sich nur auf dieser Basis der epigenetische Effekt erklären lässt. Ziehen Sie im zweiten Aufgabenteil einen Vergleich zum Prinzip der Substrat-Induktion in M 1. Vergegenwärtigen Sie sich dabei noch einmal die Bedeutung dieses Regulationsmechanismus.

*Darstellen:* Im Schema ist ein DNA-Abschnitt dargestellt, der die Information für ein bestimmtes Gen enthält, dessen Genprodukt z. B. an der Blutgerinnung beteiligt ist. Sind einzelne Basen dieses Gens mit Methylgruppen versehen, also mit epigenetischen Markern, ist das Gen inaktiv: Es wird nicht transkribiert und es entsteht kein Polypeptid bzw. Protein. Die Methylgruppen können jedoch (enzymatisch) entfernt werden. An die unmethylierte DNA kann die RNA-Polymerase dann binden und das Gen transkribieren, sodass anschließend das entsprechende Protein gebildet werden kann.
Bei Nichtraucherinnen bzw. Nichtrauchern findet aufgrund der starken Methylierung nur eine leichte Aktivierung des Gens statt, die Transkriptionsrate ist relativ gering und das Protein wird in geringer, bedarfsgerechter Menge gebildet. Bei rauchenden Personen ist die Methylierung hingegen schwach und die Transkriptionsrate des Gens stark erhöht, sodass eine wesentlich größere Menge des Proteins gebildet wird als bei Personen, die nicht rauchen. In (dauerhaft) hoher Konzentration kann das Genprodukt das Erkrankungsrisiko steigern, beispielsweise dadurch, dass sich der Gerinnungsstoffwechsel verändert oder dass die gebildeten Proteine die Entstehung von Tumoren fördern. Die Ursache für die hohe Transkriptionsrate bei rauchenden Personen ist, dass die Giftstoffe eine Aufhebung oder Reduktion der DNA-Methylierung bewirken, also die epigenetischen Marker beeinflussen – das Gen wird dann stärker transkribiert.

*Beurteilen:* Bei Ex-Raucherinnen und -Rauchern ist die Methylierung des betreffenden Gens wieder stärker und dessen Transkriptionsrate wieder schwächer als bei rauchenden Personen, vermutlich, da die Giftstoffe, die eine Genexpression aktivieren können, nicht mehr zugeführt werden. Daher wird auch das in großen Mengen schädliche Genprodukt nicht mehr so häufig gebildet. Das deutet darauf hin, dass die Auswirkungen der Tabakgifte auf die epigenetischen Marker (teilweise) reversibel sind, da die Gen-

Methylierung wieder vorgenommen werden kann. Das Erkrankungsrisiko könnte daher durch (rechtzeitige) Beendigung des Rauchens reduziert oder sogar aufgehoben werden.

*Prüfen:* Zwar handelt es sich sowohl bei der Aktivierung der Expression der Strukturgene durch Lactose als auch bei der Demethylierung der DNA durch Einfluss der Tabakgifte um die Aufhebung einer Repression der Genexpression. Als Substrat-Induktion kann letzterer Mechanismus allerdings nicht bezeichnet werden: Zum einen dient der Tabakgiftstoff nicht als Substrat für ein bestimmtes Enzym und induziert nicht seinen eigenen Abbau – im Gegenteil wird (vermutlich) unspezifisch die Expression von Genen aktiviert, deren Genprodukte nicht weiter mit dem Giftstoff in Wechselwirkung treten. Darüber hinaus liegt hier kein evolutiv entwickelter, energie- und materialsparender Regulationsmechanismus des Stoffwechsels vor, sondern vielmehr eine Störung der Genexpression, die eine Schädigung des Organismus hervorrufen kann.

3.1 **TIPP** *Anforderungsbereiche: I – II*

Erschrecken Sie nicht, wenn Sie hier mit einem Beispiel und Informationen konfrontiert werden, die Sie nicht aus dem Unterricht kennen. Wichtig ist, die Materialien aufmerksam zu lesen, um die entsprechenden Inhalte beider Texte zu einem Ablaufschema zusammenzuführen. Achten Sie darauf, sich bei den Formulierungen knapp zu fassen.

Inhalation von Acrolein mit dem Zigarettendampf

↓

Aufnahme von Acrolein über Diffusion in Körperflüssigkeit / Blutkreislauf

↓

In Immunzellen Aktivierung von NOX-2 durch Acrolein

↓

Bildung von Hyperoxid aus Sauerstoff durch NOX-2

↓

Oxidativer Stress infolge starker Bildung von ROS

↓

Schädigung von Blutgefäßen und Organen

3.2 **TIPP** *Anforderungsbereiche: II – III*

Geben Sie zunächst anhand der Skizze das Prinzip des alternativen Spleißens wieder, indem sie den Zusammenhang zu den NOX-Varianten herstellen. Rekapitulieren Sie dann den Inhalt der genannten Hypothese und bringen Sie den zur Vorstellung des alternativen Spleißens widersprüchlichen Aspekt auf den Punkt. Überlegen Sie dann, nachdem Sie (im Konzept) noch einmal den Evolutionsfaktor Selektion für sich geklärt haben, welche Selektionsvorteile der genannte biologische Vorgang haben könnte.

*Erklären und in Zusammenhang setzen:* Verschiedene Isoformen bzw. Varianten von Enzymen können bei Eukaryoten durch alternatives Spleißen entstehen. Dabei kann ein einziges Gen, abhängig davon, wie die prä-mRNA gespleißt wird, die Information zur Bildung mehrerer verschiedener Proteine enthalten. Weist ein Gen und die damit die gebildete prä-mRNA beispielsweise die Exons 1 bis 5 auf, so ist es möglich, dass aus dem primären Transkript im Spleißvorgang nur ein Teil der Exons zur reifen mRNA zusammengesetzt wird. Beispielsweise kann, wie in der Skizze dargestellt, Exon 3 entfallen, sodass die reife mRNA nur die Exons 1, 2, 4 und 5 umfasst. In einem anderen Fall besteht die reife mRNA nur aus den Exons 1, 3 und 4, während die Exons 2 und 5 herausgeschnitten werden.
Die „Ein-Gen-ein-Enzym/Polypeptid-Hypothese“ besagt, dass jedes Gen für ein einziges Enzym bzw. Polypeptid codiert, das, handelt es sich um ein Enzym, für die Katalyse eines spezifischen Stoffwechselschritts zuständig ist. Die Erkenntnis des alternativen Spleißens zeigt, dass diese Hypothese nicht für alle Gene gilt, da ein und dasselbe Gen über einen der Transkription nachgeschalteten bzw. parallel zu ihr ablaufenden Prozess, das Spleißen, für verschiedene, wenn auch meist ähnliche Proteine, z. B. NOX-Varianten, codieren kann.

*Vermutung aufstellen:* Hinsichtlich der evolutionsbiologischen Bedeutung könnte das alternative Spleißen einen Selektionsvorteil bieten, da infolge eines veränderten Spleißvorgangs, der zu einer neuen Zusammensetzung von Exons führt, mit höherer Wahrscheinlichkeit neue funktionelle Polypeptide oder Proteine entstehen können als infolge einer Mutation in einer proteincodierenden DNA-Sequenz. Diese Variabilität könnte einen Vorteil bei der Entwicklung von Angepasstheiten an sich ändernde Umweltbedingungen bedeuten. Auch die Regulations- und Synthesevorgänge könnten beim alternativen Spleißen energetisch effizienter ablaufen und dadurch einen Selektionsvorteil bieten. Schließlich wäre bei einer relativ geringen Anzahl von Genen gewährleistet, eine große Anzahl differenzierter Polypeptide herstellen zu können.

**3.3** **TIPP** *Anforderungsbereiche: I – III*

Rekapitulieren Sie zunächst die Vorgänge einer ungehemmten sowie einer kompetitiv und nicht kompetitiv gehemmten Enzymreaktion bzgl. der Geschwindigkeit der Substratumsetzung. Bei der geforderten Begründung greifen Sie reproduktiv auf Ihre Kenntnisse zurück.
Beachten Sie bei Ihren Überlegungen zur Wirkung von Apocynin, dass NOX zur Katalyse der Reaktion auch ein Cosubstrat benötigt.

*Zuordnen:* Die Kurve B in der Abbildung zeigt die Abhängigkeit der Reaktionsgeschwindigkeit von der Substratkonzentration ohne Hemmung, da hier der schnellste Anstieg der Reaktionsgeschwindigkeit bis auf $v_{max}$ erreicht wird. Der typische Sättigungswert ergibt sich dadurch, dass ab einer bestimmten Substratkonzentration alle Enzymmoleküle in Enzym-Substratkomplexen gebunden sind. Eine weitere Steigerung der Reaktionsgeschwindigkeit ist dann nicht mehr möglich.
Kurve C stellt den Verlauf bei kompetitiver Hemmung dar. Ein dem Substrat ähnlicher Stoff konkurriert mit dem Substrat um die Bindestelle am aktiven Zentrum des Enzyms. Je nach Verhältnis von Substrat- zu Hemmstoffkonzentration ist die Hemmwirkung unterschiedlich stark: Je höher die Substratkonzentration (bei konstanter Hemmstoffkonzentration) ist, desto schwächer ist die Hemmwirkung. Die maximale Reaktionsgeschwindigkeit wird bei hohen Substratkonzentrationen erreicht.
Kurve A beschreibt den Verlauf bei nicht kompetitiver oder allosterischer Hemmung. Ein Hemmstoffmolekül bindet an eine zweite Bindungsstelle am Enzymmolekül und verändert so dessen Raumstruktur. Infolgedessen kann kein Substrat mehr umgesetzt werden. Die maximale Reaktionsgeschwindigkeit wird auch bei hohen Substratkonzentrationen nicht erreicht, da keine Verdrängung der Hemmstoffmoleküle durch Substratmoleküle erfolgen kann. Auch diese Form der Hemmung ist reversibel, da sich der Hemmstoff vom Enzym lösen kann und das Protein dann wieder seine ursprüngliche Konformation einnimmt.

*Diskutieren:* Für Apocynin ist eine Wirkung auf NOX durch kompetitive Hemmung unwahrscheinlich, da das organische Molekül dem eigentlichen NOX-Substrat $O_2$ strukturell nicht ähnelt, sodass eine Bindung an das aktive Zentrum kaum möglich sein dürfte. Auch als Antagonist des Cosubstrats NADPH kommt es nicht infrage, da Apocynin andernfalls nicht nur NOX hemmen würde, sondern auch viele andere Enzyme – NADPH wirkt schließlich bei vielen enzymatischen Reaktionen als Cosubstrat. Eine nicht kompetitive Hemmung ist daher die plausiblere Erklärung. Hier könnte ein Hemmstoff die Raumstruktur des NOX-Enzyms spezifisch so verändern, dass $O_2$ nicht mehr gebunden werden kann.

**TIPP** Forschungsergebnisse deuten allerdings darauf hin, dass Apocynin hemmend wirkt, indem es die Zusammensetzung des Enzymkomplexes NOX aus mehreren Untereinheiten verhindert.

## Niedersachsen Biologie ▪ Erhöhtes Anforderungsniveau
Übungsaufgabe 2 (Bearbeitungszeit: ca. 270 min)

### ENERGIEBEREITSTELLUNG IM MUSKEL UND REGULATION DES MUSKELWACHSTUMS

In unserer Gesellschaft vermitteln u. a. Werbekampagnen, Magazine und soziale Medien, dass ein trainierter und muskulöser Körper mit Schönheit, Leistungsfähigkeit und sozialer Anerkennung verbunden ist. Viele Menschen wenden daher einen großen Teil ihrer Freizeit für Sport, Kraft- und Ausdauertraining auf. Dabei beschränken sich einige Aktive allerdings nicht nur auf die sportliche Betätigung, um ihrem Ideal näherzukommen, sondern greifen auch auf Hilfsmittel zurück, die die Kurz- oder Langzeitwirkung eines intensiven Trainings schneller herbeiführen sollen.
Neben legal erhältlichen Substanzen wie z. B. Kreatin, das zur Steigerung der Leistungsfähigkeit dienen kann, kommen, etwa im Bereich des Bodybuilding, auch illegale Substanzen zum Einsatz, die das Muskelwachstum steigern können. Sogenannte anabole Steroide ähneln strukturell dem Hormon Testosteron und können auf dessen regulatorische Funktion Einfluss nehmen. Sie sind im sportlichen Wettbewerb als Dopingmittel deklariert und ihre Anwendung ist verboten.
Im Folgenden sollen Sie sich mit muskel- und stoffwechselphysiologischen sowie mit genregulatorischen und hormonellen Aspekten im Zusammenhang mit sportlicher Betätigung und einer gesundheitsorientierten Lebensweise beschäftigen.

### 1 Stoffwechselphysiologische Grundlagen bei sportlicher Betätigung

**1.1** Beschreiben Sie anhand von M 1 a den Aufbau eines Skelettmuskels. Erläutern Sie mithilfe ihrer Kenntnisse und anhand von M1 b den Ablauf einer Muskelkontraktion unter besonderer Berücksichtigung von ATP.

**1.2** Erläutern Sie anhand des Diagramms in M 1 b die unterschiedlichen Möglichkeiten der ATP-Bereitstellung im menschlichen Körper bei intensiver Belastung.

**1.3** Beschreiben Sie das Diagramm in M 1 c und begründen Sie den Verlauf der Sauerstoffaufnahme während der Arbeits- und Erholungsphase. Nehmen Sie dabei auch Bezug auf M 1 b.

**1.4** Fassen Sie die Bedeutung von Kreatin und Kreatinphosphat im Stoffwechsel zusammen und beurteilen Sie Nutzen und Risiken der Einnahme von Kreatin-Präparaten zur Leistungssteigerung im Kraft- oder Ausdauersport.

### 2 Determination und Differenzierung von Muskelzellen

**2.1** Erklären Sie anhand von M 2 a die Bedeutung eukaryotischer Transkriptionsfaktoren bei der Regulation der Genaktivität.

**2.2** Beschreiben Sie die Abläufe bei der Differenzierung von Muskelzellen anhand von M 2b und erläutern Sie, wie das Muskelwachstum reguliert werden kann. Stellen Sie eine Vermutung zur Bedeutung dieser Regulation auf.

**2.3** Das männliche Sexualhormon Testosteron wirkt fördernd auf das Muskelwachstum. Entwickeln Sie im Hinblick auf M 2b zwei begründete Hypothesen, auf welche Weise Testosteron Einfluss auf den Muskelaufbau nehmen könnte.

## 3 Testosteron und seine Wirkung im menschlichen Körper

**3.1** Vergleichen Sie mithilfe von M 3a die Wirkungsweise der beiden Hormongruppen. Begründen Sie die Beobachtung, dass die Geschwindigkeit, mit der Steroidhormone einen Effekt hervorrufen, meist geringer ist als bei Peptidhormonen.

**3.2** Beschreiben Sie den Regelkreislauf von Testosteron anhand von M 3b.

**3.3** Werten Sie die in M 3c dargestellten Ergebnisse detailliert aus und diskutieren Sie, ob die Einnahme anaboler Steroide langfristige körperliche Auswirkungen haben kann.

## M 1 Muskelphysiologische Aspekte bei sportlicher Betätigung

### M 1a Aufbau und Kontraktion eines Skelettmuskels

Die Skelettmuskulatur des Menschen setzt sich aus mehr als 600 verschiedenen Muskeln zusammen. Gemeinsam mit dem Skelett sowie Sehnen und Bändern bildet sie den Bewegungsapparat des Menschen. Nachfolgend sind eine lichtmikroskopische (links) und eine elektronenmikroskopische Aufnahme eines Skelettmuskels gezeigt. Die molekularen Abläufe bei der Kontraktion eines Muskels sind gemäß der Gleitfilamenttheorie schematisch vereinfacht darunter illustriert.

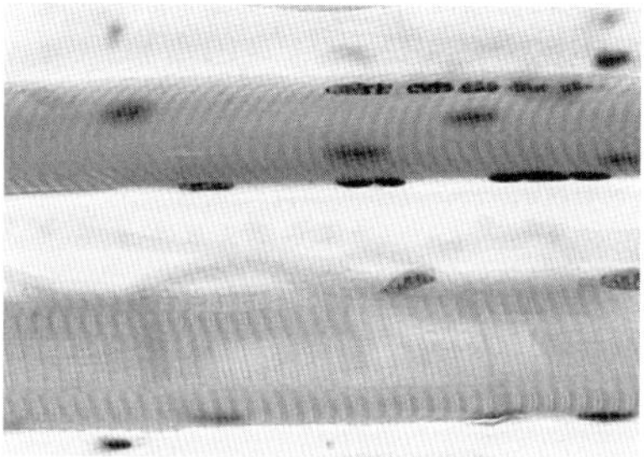

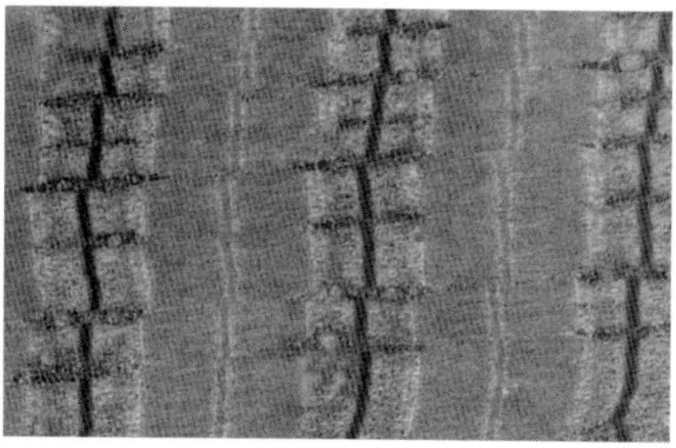

*Fayette A Reynolds M. S./Berkshire Community College Bioscience Image Library, CC0 1.0; Louisa Howard/Wikipedia.*

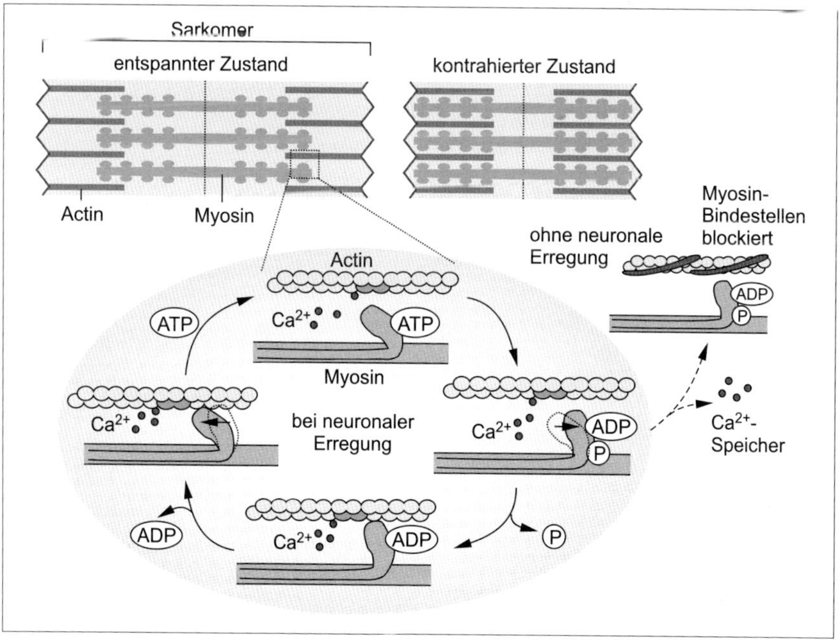

## M 1 b Energiebereitstellung in der Muskulatur

Adenosintriphosphat (ATP) kann im Muskel auf unterschiedliche Wege gebildet werden. In der unten stehenden Abbildung sind die Phasen der Energiebereitstellung bei intensiver körperlicher Belastung gezeigt.
Kreatin ist eine niedermolekulare Verbindung und wird aus Aminosäuren vom Körper selbst synthetisiert, aber auch mit der Nahrung aufgenommen. Die weitaus größte Menge an Kreatin bzw. der phosphorylierten Form Kreatinphosphat befindet sich im Körper in Muskelzellen. Bei Bedarf kann zur Bereitstellung von ATP durch das Enzym Kreatinkinase eine Phosphatgruppe von Kreatinphosphat abgespalten und auf ADP übertragen werden. Die Rückreaktion zur Regeneration von Kreatinphosphat wird durch dasselbe Enzym katalysiert. Diese Prozesse laufen in der Zelle außerhalb der Mitochondrien ab.

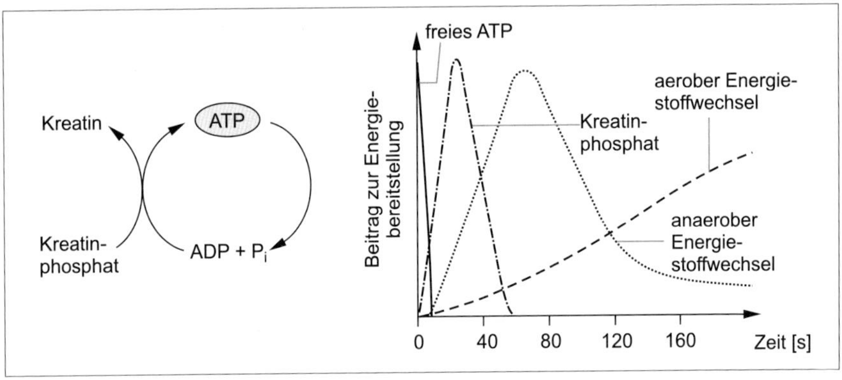


*Verändert nach:*
*http://oregonstate.edu/instruct/bb450/fall14/stryer7/15/figure_15_07.jpg.*

## M 1 c Sauerstoffbedarf bei intensiver sportlicher Belastung

Das folgende Diagramm zeigt die Sauerstoffaufnahme vor, während und nach einer Phase der intensiven sportlichen Belastung.

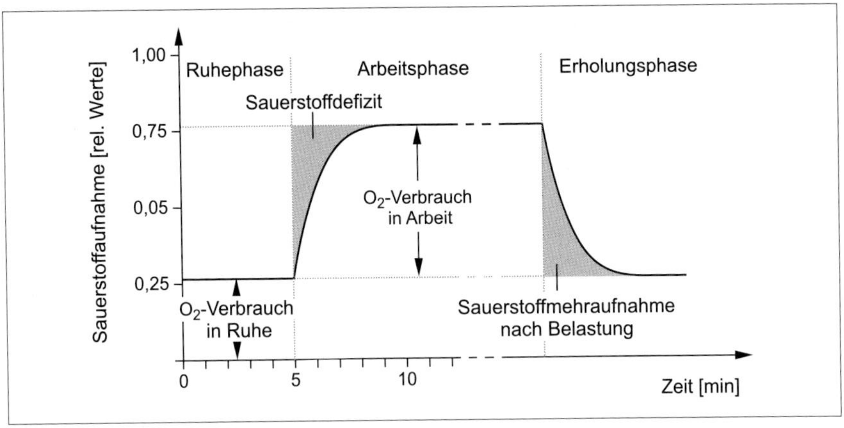


*Verändert nach: Polarlys/Wikipedia, CC BY-SA 3.0.*

## M 2 Genregulation bei Muskeldifferenzierung und -wachstum

### M 2 a Funktion von Transkriptionsfaktoren

Das folgende Schema veranschaulicht in stark vereinfachter Form den eukaryotischen Transkriptionskomplex und die Funktionsweise eukaryotischer Transkriptionsfaktoren.

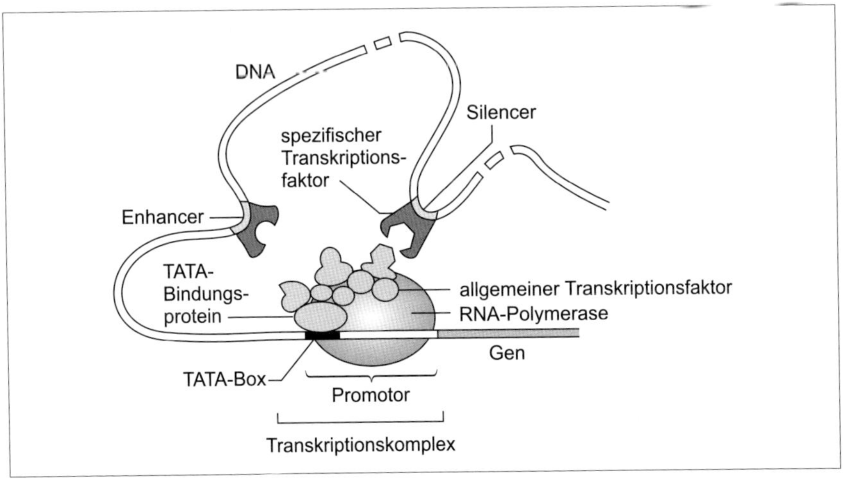

## M 2b Differenzierung von Muskelzellen

Muskelzellen entwickeln sich aus embryonalen Vorläuferzellen, die das Potenzial aufweisen, sich in verschiedene Zelltypen zu differenzieren, darunter auch Knorpelzellen oder Fettzellen. Durch bestimmte Bedingungen und Signale werden sie darauf festgelegt, sich zu Muskelzellen zu differenzieren. Im Verlauf der Differenzierung von multipotenten Vorläuferzellen zu spezialisierten Muskelfasern wird auch die Bildung großer Mengen muskelspezifischer Proteine wie Actin, Myosin und Troponin angeregt. An der Entwicklung von Muskelzellen aus Myoblasten ist eine Vielzahl verschiedener aktivierender und hemmender Faktoren beteiligt, u. a. sogenannte myogene regulatorische Faktoren sowie der Wachstumsfaktor Myostatin. Die Vorgänge sind in der folgenden Abbildung schematisch vereinfacht illustriert.

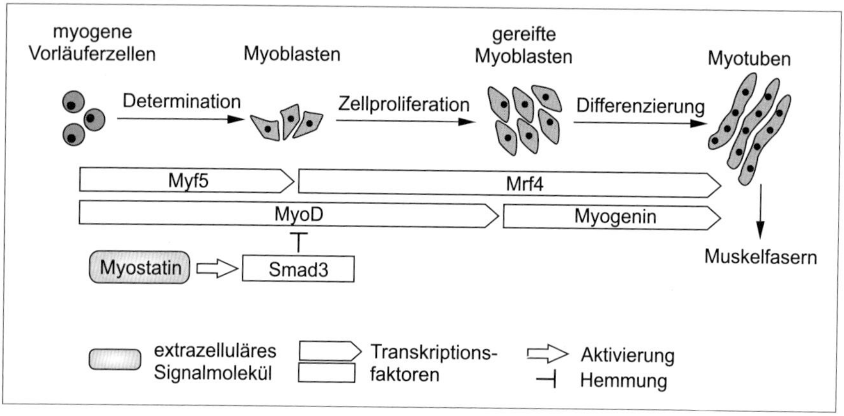


*Verändert nach:*
*Campbell/Reece: Biologie. Spektrum Akademischer Verlag, Heidelberg, Berlin, 6. Auflage (2003), S. 481.*
*Thomas, M. et al.: Myostatin, a negative regulator of muscle growth, functions by inhibiting myoblast proliferation. Journal of Biological Chemistry 275 (51)(2000), Fig. 9.*

Beim Muskelaufbau durch Training kann neben einer verstärkten Proteinbiosynthese ebenfalls die Differenzierung von Vorläuferzellen zu Myotuben angeregt werden. Diese fusionieren dann mit bestehenden Muskelfasern, wobei sich die Anzahl der Muskelfasern dadurch nicht ändert.

## M 3 Wirkung und Regulation von Testosteron

### M 3a Wirkprinzipien verschiedener Hormongruppen

Hormone lassen sich nach verschiedenen Kriterien einteilen, so z. B. nach ihrer Stoffklasse. Steroid- und Peptidhormone unterscheiden sich grundsätzlich in ihrem molekularen Aufbau und in ihrer Wirkung auf die Zielzellen, wie die folgende Abbildung schematisch vereinfacht zeigt.

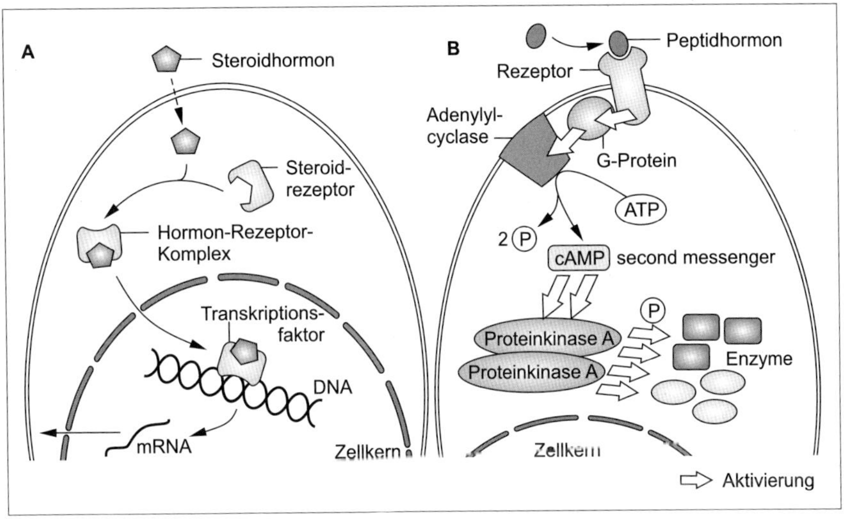


### M 3b Regelkreislauf von Testosteron

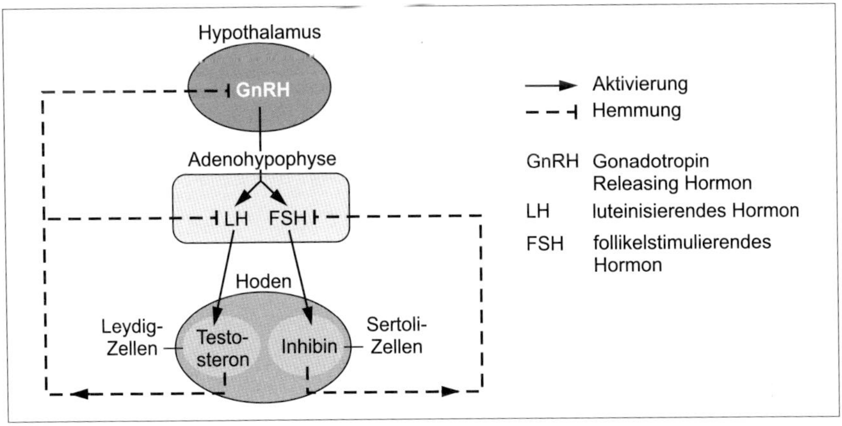

## M 3c Nebenwirkungen der Einnahme anaboler Steroide

Synthetisch hergestellte anabole Steroide ähneln Testosteron strukturell und können wie das Hormon selbst das Muskelwachstum fördern, indem sie die Proteinbiosynthese stimulieren. In sportlichen Wettbewerben wird ihre Verwendung als unerlaubtes Doping mit Teilnahmesperren geahndet.
In einer Studie wurde untersucht, wie sich die Einnahme anaboler Steroide auf verschiedene Parameter, die mit der Testosteronsynthese in Zusammenhang stehen, bei Männern auswirkt. Die ermittelten Werte der Testpersonen sind in der folgenden Tabelle festgehalten.

**Hinweise:** Das Sexualhormon-bindende Globulin (SHBG) bindet und transportiert Testosteron im Blut. 17α-Hydroxy-Progesteron ist ein Zwischenprodukt der Testosteronsynthese, die vorwiegend in den Leydig-Zellen der Hoden stattfindet.

| | **Konsumenten anaboler Steroide** | **ehemalige Konsumenten anaboler Steroide** | **Personen der Kontrollgruppe** |
|---|---|---|---|
| Hodengröße in ml | 12,2 | 17,4 | 22,3 |
| Testosteron in nmol/l | 98,3 | 14,4 | 18,8 |
| SHBG in nmol/l | 8,4 | 26,2 | 33,3 |
| 17α-Hydroxy-Progesteron in nmol/l | 0,14 | 2,42 | 2,88 |
| FSH in Einheiten/l | 0,3 | 4,4 | 4,2 |
| LH in Einheiten/l | 0,1 | 3,6 | 3,1 |

## Lösungsvorschlag

Die Aufgabe beinhaltet die folgenden Themen:

- Stoffwechselbiologie: Muskelphysiologie, Gleitfilamenttheorie, Energiebereitstellung im Muskel, aerobe Atmung und Gärung
- Genetik: Regulation der Genaktivität, Transkriptionsfaktoren, Enhancer, Silencer
- Hormonbiologie: Wirkung von Steroid- und Peptidhormonen, hormonelle Regulation, Signaltransduktion als Übertragung von extrazellulären Signalen in intrazelluläre Signale

1.1 **TIPP** *Anforderungsbereich: I*

Greifen Sie bei dieser in großen Teilen reproduktiven Aufgabe auf Ihre Kenntnisse aus dem Unterricht zurück und orientieren Sie sich bei der Beschreibung der Vorgänge bei der Muskelkontraktion als Hilfestellung an der Grafik.

Skelettmuskeln bestehen aus Muskelfaserbündeln, die viele Hundert parallel liegende Muskelfasern enthalten. Muskelfasern sind lang gestreckte, vielkernige Zellen. Jede Muskelfaser enthält zahlreiche parallel angeordnete Myofibrillen. Jede Myofibrille ist in viele Untereinheiten, sogenannte Sarkomere, gegliedert. Die Sarkomere sind die funktionellen Einheiten eines Skelettmuskels. Sie enthalten jeweils parallel angeordnete Proteinfasern, Actin- und Myosinfilamente. An den Z-Scheiben, die einzelne Sarkomere gegeneinander abgrenzen, sind die dünnen Actinfilamente verankert. Zwischen diesen Actinfilamenten befinden sich die dickeren Myosinfilamente. Sie setzen sich jeweils aus mehreren fadenartigen Myosin-Molekülen zusammen, aus denen seitlich köpfchenartige Strukturen herausragen. Im mittleren Bereich jedes Sarkomers überlappen sich die Myosin- und Actinfilamente (A-Bande, dunkle Bande), während sich in den Bereichen nahe der Z-Scheiben nur Abschnitte von Actinfilamenten befinden (I-Banden, helle Banden). Da sich die I- und A-Banden der nebeneinanderliegenden Myofribrillen an gleichen Positionen befinden, ist lichtmikroskopisch eine Querstreifung sichtbar.

Die Kontraktion eines Muskels erfolgt durch Wechselwirkungen zwischen den Myosinköpfen und den Actinfilamenten in den Sarkomeren. Im entspannten Muskel binden die freien Myosinköpfe ATP und spalten es in Adenosindiphosphat (ADP) und einen Phosphatrest ($P_i$), die an Myosin gebunden bleiben. Die Köpfe liegen dann in einem energiereichen Zustand vor. Wird die Muskelfasermembran durch ein Aktionspotenzial erregt, werden in der Muskelfaser Calciumionen (aus intrazellulären Speichern) freigesetzt. Diese Calciumionen bewirken eine Freigabe von Myosin-Bindungsstellen auf dem Actinfilament, sodass der Myosinkopf an Actin binden kann. Die alleinige Freisetzung von $P_i$ führt zunächst zu einer Bindung des Myosinkopfs an Actin, die Freisetzung von ADP dann zu einer Kippbewegung des an Actin gebundenen Myosinkopfs, sodass Actin- und Myosinfilamente gegeneinander verschoben werden. Durch diesen Kraftschlag verkürzt sich das Sarkomer und somit auch der Muskel. Durch eine erneute Bindung von ATP lösen sich die Myosinköpfe wieder von Actin, ATP wird gespalten und ein neuer Zyklus beginnt. Stoppt die neuronale Erregung, werden die Calciumionen wieder in den zellinternen Speicher transportiert und der Muskel kehrt in den entspannten Zustand zurück.

1.2 **TIPP** *Anforderungsbereiche: I – II*

Zur Bearbeitung dieser Teilaufgabe ist es notwendig, Ihr Basiswissen zu dissimilatorischen Prozessen zu reaktivieren. Berücksichtigen Sie darüber hinaus die Informationen zu Kreatinphosphat im Material.

Das Diagramm zeigt die Bedeutung verschiedener Energiequellen bei muskulärer Belastung in Abhängigkeit von der Zeit. Es verdeutlicht, dass die für die Muskelkontraktionen notwendige Energie über verschiedene Prozesse bereitgestellt wird. Zuallererst, aber nur für sehr kurze Zeit, wird der Energiebedarf in der Muskulatur über frei verfügbares ATP gedeckt. Gleichzeitig beginnt die Erzeugung von ATP über die Katalyse von im Muskel gespeicherten Kreatinphosphat zu Kreatin. Auch der Vorrat an Kreatinphosphat ist allerdings nach nur wenigen Sekunden aufgebraucht. Parallel zum Kreatinphosphat-Abbau wird auch die Energiebereitstellung aus dem Abbau von Glucose bzw. Glykogen und Fetten in Gang gesetzt. Steht genügend Sauerstoff zur Verfügung, erfolgt dieser Prozess aerob durch Zellatmung, bei Sauerstoffmangel anaerob durch Milchsäuregärung. Da es bei hoher Belastungsintensität zu einer Sauerstoffmangelphase kommt und der Gärungsprozess wesentlich schneller abläuft als die Zellatmung, erfolgt der ATP-Gewinn zunächst zu einem hohen Prozentsatz auf anaerobem Wege; die Energieausbeute ist dabei allerdings wesentlich geringer als bei der Zellatmung. Mit zunehmender Belastungsdauer steigt die ATP-Produktion durch aerobe Atmung; sie stellt schließlich nach einiger Zeit die Hauptenergiequelle dar.

1.3 **TIPP** *Anforderungsbereich: II*

Achten Sie bei der Diagrammbeschreibung insbesondere auf die Achsenbeschriftung sowie auf eine strukturierte Vorgehensweise, um nichts zu übersehen. Wenn Sie den Kurvenverlauf erklären, greifen Sie auf die Informationen aus M 1 b zurück und überlegen Sie, auf welche Weise die Sauerstoffzufuhr gesteigert werden kann.

Das Diagramm zeigt die Sauerstoffaufnahme vor, während und nach einer Phase der intensiven sportlichen Belastung. In Ruhe liegt die Sauerstoffaufnahme konstant bei ca. 0,25 relativen Einheiten (rE). Mit Beginn intensiver körperlicher Belastung steigt die Sauerstoffaufnahme über einen Zeitraum von etwa 2 – 3 Minuten auf ca. 0,75 rE an. Ist die Sauerstoffaufnahme von 0,75 rE, der Bedarf bei Belastung, erreicht, bleibt sie konstant; es stellt sich ein (Gleichgewichts-)Zustand ein, bei dem die Sauerstoffaufnahme dem Sauerstoffverbrauch entspricht. Nach Beendigung der sportlichen Betätigung sinkt die Sauerstoffaufnahme exponentiell auf den Ruhewert ab.

Bei starker körperlicher Belastung besteht ein hoher Bedarf an ATP, um die Kraftleistung erbringen zu können. Damit das notwendige ATP über aerobe Atmung im Muskel bereitgestellt werden kann, muss auch ein entsprechend hohes Volumen an Sauerstoff zugeführt werden. Dies geschieht über eine Steigerung der Herz- und Atemfrequenz gegenüber dem Ruhezustand. Da dieser Anstieg und damit die Erhöhung der Sauerstoffzufuhr verzögert erfolgt, kann der hohe ATP-Bedarf nicht so schnell durch aerobe Atmung gedeckt werden, es entsteht ein Sauerstoffdefizit. Bis genügend Sauerstoff zugeführt wird, kann die benötigte Energie über anaerobe Stoffwechselprozesse (Abbau von Kreatinphosphat, Gärungsprozesse) bereitgestellt werden.
Nach der Belastungsphase wird durch die verzögerte Abnahme der Sauerstoffaufnahme das Sauerstoffdefizit wieder ausgeglichen. Diese Erholungsphase wird u. a. dazu genutzt, die Energiereserve Kreatinphosphat wieder zu regenerieren.

1.4 **TIPP** *Anforderungsbereiche: II – III*

Nutzen Sie für Ihre Beurteilung die Informationen, die Ihnen zur Verfügung stehen, sowie Ihre eigenen Kenntnisse. Machen Sie sich die Bedeutung von Kreatinphosphat als kurzfristig verfügbare Energiereserve bewusst. Wenn Sie auf mögliche Risiken eingehen, können Sie selbstverständlich noch weitere, individuelle Lösungen anführen, sofern Sie überzeugend argumentieren.

Kreatin(phosphat) ist ein unter normalen Bedingungen im Körper vorkommender, vom Körper selbst synthetisierter Stoff. Er spielt eine wichtige Rolle in der kurzfristigen Energiebereitstellung im Muskel, wo er zur schnellen Regeneration von ATP aus ADP und $P_i$ zu Beginn körperlicher Belastungsphasen dient, bis der ATP-Bedarf über andere Stoffwechselprozesse gedeckt werden kann.
Von Nutzen könnte die Zufuhr von Kreatin im Kraftsport sein, insofern es um die Erhöhung kurzer intensiver Kraftleistungen geht. Er könnte daher für Schnellkraftsportler*innen einen attraktiven „Ergänzungsstoff" darstellen. Für eine Leistungssteigerung beim Erbringen lang anhaltender Kraft- oder sogar Ausdauerleistungen ist die Einnahme aufgrund des schnellen Verbrauchs vermutlich weniger sinnvoll; sie könnte aber als Zusatz zum Kraft- oder Ausdauertraining oder hinsichtlich einer schnelleren Regeneration positive Auswirkungen haben.
Auch wenn die Einnahme von Kreatin legal und vermutlich relativ unbedenklich ist, werden damit dennoch körpereigene Stoffwechselprozesse beeinflusst. Es ist daher nicht ausgeschlossen, dass sich bei dauerhaftem Konsum gesundheitliche Nebenwirkungen ergeben. Eine weitere Gefahr könnte darin bestehen, dass durch den Konsum dieses Präparats mental die Hemmschwelle sinkt, zu Anabolika zu greifen, deren Einnahme mit größeren gesundheitlichen Risiken verbunden ist.

2.1 **TIPP** *Anforderungsbereiche: I – II*

Führen Sie hier Ihre Kenntnisse aus dem Unterricht anhand der Abbildung zu einer kurzen Erklärung der Bedeutung von Transkriptionsfaktoren zusammen. Nutzen Sie die Abbildung, um die Wirkung spezifischer Transkriptionsfaktoren verständlich zu machen.

Die Regulation der Genaktivität findet bei Eukaryoten u. a. auf der Ebene der Transkription statt. Dabei beeinflussen Transkriptionsfaktoren entscheidend die Aktivität der RNA-Polymerase und damit die Transkriptionsrate von Genen.
Man unterscheidet zwischen allgemeinen und spezifischen Transkriptionsfaktoren. Allgemeine Transkriptionsfaktoren sind für die Initiation der Transkription notwendig. Einige von ihnen, sogenannte TATA-Bindungsproteine, binden dabei an eine bestimmte DNA-Sequenz im Promotorbereich des abzulesenden Gens, die TATA-Box, andere an die RNA-Polymerase selbst. Zusammen bilden sie schließlich den Transkriptionskomplex, der benötigt wird, um die Transkription zu starten.
Spezifische Transkriptionsfaktoren können die Transkriptionsrate von Genen, z. B. auf ein extrazelluläres Signal hin, verstärken oder abschwächen. Sie binden an weiter entfernt liegende regulatorische DNA-Sequenzen, die als Enhancer (Verstärker) oder Silencer (Dämpfer) bezeichnet werden. Die gebundenen spezifischen Transkriptionsfaktoren gelangen durch Schleifenbildung der DNA in direkten Kontakt mit der Promotorregion und dem Transkriptionskomplex und können so die Polymeraseaktivität beeinflussen. Bei gleichzeitiger Bindung von aktivierenden und hemmenden Faktoren findet eine Verrechnung statt.
Erst die Summe aller am Komplex beteiligten Transkriptionsfaktoren entscheidet über die Aktivität der RNA-Polymerase.

2.2 **TIPP** *Anforderungsbereich: II*

Lassen Sie sich nicht irritieren, wenn Ihnen die einzelnen Faktoren nicht bekannt sind. Es geht hier darum, die in der Grafik dargestellten Abläufe und Zusammenhänge in geordneter Weise zu beschreiben.

Myogene Vorläuferzellen werden zunächst zu Myoblasten determiniert, also auf ihre spätere Funktion festgelegt. Dabei spielt die Aktivierung und Wirkung der Transkriptionsfaktoren MyoD und Myf5 in den Zellen eine wichtige Rolle. Die Myoblasten durchlaufen dann eine Phase der Zellproliferation, also der Zellvermehrung durch Zellteilung. Für diese (Aufrechterhaltung der) Proliferation ist neben der Wirkung von MyoD auch die Aktivierung des Transkriptionsfaktors Mrf4 bestimmend. Anschließend (wird die Zellteilung gestoppt und) differenzieren die Myoblasten zu Myotuben, länglichen vielkernigen Zellen. Dieser Schritt erfordert, dass jeweils mehrere Zellen

miteinander fusionieren. Zu diesem Prozess sind weitere Faktoren, u. a. die Aktivierung von Mrf4 und Myogenin, notwendig. Die vielkernigen Myotuben entwickeln sich schließlich zu ausgereiften Muskelfasern weiter.
Eine negative Regulation der Muskelzelldifferenzierung erfolgt durch Myostatin, das als extrazelluläres Signalprotein auf die Zellen wirkt. Es aktiviert den Transkriptionsfaktor Smad3, der über Hemmung von MyoD u. a. der Zellproliferation der Myoblasten entgegenwirkt, sodass die Differenzierung von Myoblasten eingeschränkt wird.
Die Bedeutung der negativen Regulation liegt möglicherweise in der Gewährleistung einer geregelten und verhältnismäßigen Entwicklung der Muskulatur (während der Embryonalentwicklung). Wenn Myostatin fehlt, könnte es zu einer ungehemmten und schädlichen Vermehrung von Muskelzellen kommen. Nur wenn hemmende und aktivierende Faktoren im Gleichgewicht sind, ist ein geregeltes Wachstum möglich.

2.3 **TIPP** *Anforderungsbereiche: II – III*

Behelfen Sie sich bei Ihrer Überlegung mit der Darstellung in M 2b, um mögliche Regulationsstellen zu ermitteln. Machen Sie sich jeweils klar, welchen Funktionskreisen die genannten Proteine zuzuordnen sind. Rufen Sie sich auch die Wirkungsweise der speziellen Transkriptionsfaktoren in Erinnerung (M 2a).

Testosteron könnte als Hormon-Rezeptor-Komplex in den Zellkern sich differenzierender Muskelzellen gelangen und dort als Transkriptionsfaktor die Wirkung anderer Transkriptionsfaktoren, die eine Muskeldifferenzierung bzw. Muskelwachstum induzieren, z. B. MyoD oder Myogenin, verstärken. Durch Bindung an Enhancer-Elemente könnte der Transkriptionsfaktor die Wirkung dieser Proteine oder deren Proteinbiosynthese steigern, sodass sie in höherer Konzentration vorliegen. Werden sie stärker aktiviert, könnte auf diese Weise die Proliferation der Myoblasten und deren Differenzierung (Fusion) und ihre Integration in bestehende Muskelfasern stimuliert werden.
Es ist auch denkbar, dass sich Testosteron in seiner Funktion als Transkriptionsfaktor hemmend auf die Wirkung von Myostatin oder von Smad3 auswirkt. So könnte es z. B. die Proteinbiosynthese von Myostatin-Rezeptoren (extrazellulärer Signalstoff) verringern, sodass weniger Rezeptorproteine gebildet und die Zellen daher unempfindlicher gegenüber Myostatin werden. Auch durch Bindung an Silencer-Elemente im Bereich des Smad3-Gens könnte eine Regulation erfolgen, indem die Expression des Smad3-Gens abgeschwächt würde. Ohne wirksames Myostatin bzw. Smad3 könnten mehr gereifte Myoblasten entstehen, aus denen sich durch Differenzierung Myotuben bilden, da die hemmende Wirkung wegfiele.

synthetischem Testosteron die körpereigene Testosteronsynthese reduziert wird. Eine Ursache dafür könnte in der negativen Rückkopplung liegen: Das in hoher Konzentration vorhandene Testosteron hemmt die Ausschüttung von GnRH und damit auch die Freisetzung von FSH und LH, sodass keine Stimulation der Testosteronbildung im Hoden erfolgt. Die ausbleibende Testosteron- und Inhibinsynthese könnte dann auch eine geringere Hodengröße bedingen.

Die Tatsache, dass die untersuchten Werte ehemaliger Konsumenten anaboler Steroide relativ nahe an den Werten der Kontrollgruppe liegen, spricht dafür, dass (zumindest) diese durch die Anabolika hervorgerufenen Effekte reversibel sind. So läuft die eigene Testosteronsynthese nach Absetzen der Mittel offensichtlich wieder an (Hodenvolumen, Zwischenprodukt, Transportprotein) und der Testosteronspiegel liegt etwa wieder auf dem Niveau der Personen der Kontrollgruppe. Dass die Konzentrationen von FSH und LH gegenüber Kontrollpersonen sogar erhöht sind, könnte ebenfalls auf eine Heraufregulierung der Testosteronsynthese hindeuten.

Aus dem Material geht nicht hervor, wie lange die letzte Einnahme bei ehemaligen Konsumenten zurückliegt. Da deren Werte von denjenigen der Kontrollpersonen zumindest geringfügig in Richtung der Werte der Steroide-Konsumenten abweichen, könnte man auch davon sprechen, dass es durchaus langfristige Auswirkungen anaboler Steroide auf den männlichen Körper gibt.

# Niedersachsen Biologie ▪ Erhöhtes Anforderungsniveau
Musteraufgabe 1 mit Experiment

BE

## Stoffwechselbiologische Aspekte am Beispiel der Urease

**1** Planen Sie ein Experiment mit verschiedenen Ansätzen zur Überprüfung der in M 1 angegebenen Hypothesen und protokollieren Sie die Durchführung. 10
Führen Sie das Experiment durch und protokollieren Sie die Beobachtungen. 8

**2** Werten Sie das Experiment im Hinblick auf die in M 1 angegebenen Hypothesen aus. 12

## M 1 Katalyse von Harnstoff und N-Methylharnstoff durch Urease

**Formale Hinweise:** Die Teilaufgabe 1 enthält ein Schüler-Experiment. Dieses sollen Sie unter Berücksichtigung der Hinweise planen und durchführen. Sollte Ihnen die Planung nicht gelingen, können Sie die Versuchsplanung für das Schüler-Experiment bei der Aufsicht führenden Lehrkraft anfordern. Damit erhielten Sie für den entsprechenden Aufgabenteil keine Bewertungseinheiten: 10 BE.
Sollten Ihnen die Versuchsergebnisse in einzelnen Teilen unbrauchbar erscheinen, können Sie die Beobachtungen für das Schüler-Experiment bei der Aufsicht führenden Lehrkraft anfordern. Damit erhielten Sie für den entsprechenden Aufgabenteil keine Bewertungseinheiten: 8 BE.
Mit den Beobachtungen werden Sie dann in die Lage versetzt, die Teilaufgabe 2 zu lösen. Vor Erhalt dieser Hilfe müssen Sie in diesem Fall Ihre schriftlich ausgearbeitete Planung des Experiments bei der Aufsicht führenden Lehrkraft abgeben, damit Ihre Planung gewertet werden kann. Eine Überarbeitung Ihrer Planung ist dann nicht mehr möglich.

## M 1 a Hypothesen zur Katalyse von Harnstoff und N-Methylharnstoff durch Urease

Die molekularen Strukturen von Harnstoff und N-Methylharnstoff sind relativ ähnlich. Es wurden folgende Hypothesen zur Katalyse von Harnstoff und N-Methylharnstoff aufgestellt:

**Hypothese a:** Im Gegensatz zu Harnstoff wird N-Methylharnstoff nicht von Urease umgesetzt.

**Hypothese b:** Die Hemmung der Urease ist abhängig von der Konzentration von N-Methylharnstoff.

Achten Sie auf die allgemeinen Sicherheitsregeln und tragen Sie beim Experimentieren durchgängig eine Schutzbrille.

**Bereits erfolgte Vorbereitung:**
Im Vorfeld der Abiturprüfung wurden die benötigten Stammlösungen, die Urease-Suspension und die Phenolphthalein-Lösung für Sie vorbereitet.

Für das experimentelle Vorgehen stehen Ihnen folgende Materialien und Stoffe zur Verfügung:

**Materialien:** 5 Reagenzgläser, Stoppuhr, 5 skalierte 5 mL Pipetten mit Pipettierhilfe, Reagenzglasständer.

**Stoffe:** 10 mL Urease-Suspension, 10 mL Harnstoff-Lösung (1 %ig), 10 mL N-Methylharnstoff-Lösung (7 %ig), 5 mL Phenolphthalein-Lösung (0,1 %ig), 20 mL demineralisiertes Wasser.

**Entsorgung:** Nach Beendigung des Experiments stellen Sie die Lösungen und Geräte bitte auf einen bereitgestellten Experimentierwagen (o. ä.) ab.

**HINWEISE:** Pro Reagenzglas sind 2 Tropfen Phenolphthalein-Lösung zu verwenden. Verwenden Sie für jedes Reagenzglas das gleiche Volumen der Urease-Suspension. Urease-Suspension, Harnstoff-Lösung und N-Methylharnstoff-Lösung sind in den Volumina 0 mL, 1 mL oder 2 mL pro Reagenzglas einzusetzen. Die Hypothese b soll durch 3 unterschiedliche Versuchsansätze mit den gleichen Gesamtvolumina pro Reagenzglas überprüft werden.

## Lösungsvorschlag

Die Aufgabe beinhaltet die folgenden Themen:
Stoffwechselbiologie: Enzyme als Biokatalysatoren, Substratspezifität von Enzymen, kompetitive Wirkungen bei Enzymen zur Regulation von Stoffwechselwegen

**TIPP Allgemeine Hinweise zur Lösung der Aufgabe**

Aus dem Unterricht kennen Sie das Experiment zur katalytischen Spaltung von Harnstoff durch das Enzym Urease. In dieser Aufgabe erwartet Sie eine Erweiterung dieses Versuchs, bei der Sie den Einfluss einer anderen Substanz auf diese Reaktion bzw. auf die Wirkung des Enzyms bestimmen sollen.
Setzen Sie sich zunächst sorgfältig mit dem zugehörigen Material auseinander. Es werden Ihnen bei der Auflistung des Arbeitsmaterials (Geräte, Chemikalien) bereits wichtige Hinweise für das zu planende Experiment geliefert. In diesem Fall stehen Ihnen fünf Reagenzgläser sowie abgemessene Mengen an Chemikalien zur Verfügung, die Sie zur Überprüfung zweier Hypothesen verwenden können. Damit wird der experimentelle Überprüfungsumfang bereits begrenzt.

1 **TIPP** *Anforderungsbereiche: I – II, Bewertungseinheiten: 18*

Im ersten Aufgabenteil geht es darum, die Durchführung eines Experiments zu entwickeln, mit dessen Hilfe zwei vorgegebene Hypothesen überprüft werden können. Da Sie alle 5 Reagenzgläser für die Versuchsansätze benötigen, planen Sie Ihre Ansätze nach Möglichkeit so, dass Sie dabei die Gesamtvolumina der zur Verfügung gestellten Lösungen nicht überschreiten. Zur Protokollierung Ihrer Planung empfiehlt es sich, die Zusammensetzung Ihrer Ansätze und die eingesetzten Volumina tabellarisch aufzulisten.

*Planen:* Nach Hypothese a setzt die Urease nur Harnstoff um, nicht aber N-Methylharnstoff. Bei der Umsetzung von Harnstoff entsteht Ammoniak, das als Base wirkt und den pH-Wert der wässrigen Lösung erhöht. Ob die Katalyse stattfindet, lässt sich daher mithilfe des Indikators Phenolphthalein prüfen, der sich in alkalischer Lösung pink färbt.

*Protokollieren:* Zur Prüfung der Hypothese a wird ein Reagenzglas (RG) mit 2 mL Harnstoff-Lösung und 1 mL Urease-Suspension versetzt, unter Zugabe von 2 Tropfen Phenolphthalein. Mit einem zweiten Reagenzglas verfährt man analog, nur dass hier N-Methylharnstoff-Lösung anstelle der Harnstoff-Lösung verwendet wird.

| RG | Harnstoff-Lösung | Phenolphthalein-Lösung | N-Methylharnstoff-Lösung | Urease-Suspension |
|---|---|---|---|---|
| 1 | 2 mL | 2 Tropfen | – | 1 mL |
| 2 | – | 2 Tropfen | 2 mL | 1 mL |

*Planen:* Bei Hypothese b geht man davon aus, dass die Enzymaktivität der Urease durch N-Methylharnstoff gehemmt wird und dass diese Hemmung abhängig von der Hemmstoffkonzentration ist. Um dies zu prüfen, werden mehrere Ansätze hergestellt, in der jeweils nur die Konzentration des N-Methylharnstoffs verändert wird.

*Protokollieren:* Ein Reagenzglas wird mit 2 mL Harnstoff-Lösung, 2 Tropfen Indikator-Lösung, 2 mL demineralisiertem Wasser und 1 mL Urease-Suspension versetzt. In ein zweites Reagenzglas werden 2 mL Harnstoff-Lösung, nur 1 mL demineralisiertes Wasser sowie 1 mL N-Methylharnstoff-Lösung und 1 mL Urease-Suspension gegeben. In einem dritten Reagenzglas werden 2 mL Harnstoff-Lösung, 2 Tropfen Indikator-Lösung, 2 mL N-Methylharnstoff-Lösung und 1 mL Urease-Suspension gemischt.

| RG | Harnstoff-Lösung | Phenolphthalein-Lösung | N-Methylharnstoff-Lösung | demin. Wasser | Urease-Suspension |
|---|---|---|---|---|---|
| 1 | 2 mL | 2 Tropfen | – | 2 mL | 1 mL |
| 2 | 2 mL | 2 Tropfen | 1 mL | 1 mL | 1 mL |
| 3 | 2 mL | 2 Tropfen | 2 mL | – | 1 mL |

*Durchführen:*

**TIPP** Bei der Durchführung der Versuche zu Hypothese a bzw. b befüllen Sie zunächst alle Reagenzgläser gemäß Ihrer Planung. Zuletzt geben Sie in möglichst kurzem zeitlichen Abstand die Urease-Suspension in beide bzw. alle drei Reagenzgläser zu und schütteln die Reagenzgläser kurz. Beim Versuch zur Überprüfung der Hypothese b ermitteln Sie dann mithilfe der Stoppuhr direkt nach Zugabe der Urease-Suspension die Zeit bis zur Pinkfärbung des Indikators.

*Protokollieren:* Beim Experiment zur Überprüfung der Hypothese a wird der Indikator im ersten Reagenzglas pink gefärbt, während im zweiten Reagenzglas keine Farbänderung auftritt.
Bei der Versuchsreihe zur Überprüfung der Hypothese b findet in allen drei Reagenzgläsern ein Farbumschlag des Indikators statt. Allerdings erfolgt der Indikatorumschlag in den Reagenzgläsern 2 und 3 langsamer als im Ansatz 1, wobei die Färbung in Reagenzglas 3 mit der größten Verzögerung eintritt.

2 **TIPP** *Anforderungsbereich: II, Bewertungseinheiten: 12*

Stellen Sie Ihre Beobachtungen in den Kontext zu den Hypothesen und prüfen Sie, ob die Hypothesen zutreffend sind. Greifen Sie dabei auf Ihre Kenntnisse zum Ablauf enzymatisch katalysierter Reaktionen und zu Enzymeigenschaften zurück.

Das bei der enzymatischen Spaltung von Harnstoff entstehende Ammoniak reagiert in wässriger Lösung zu Ammonium- und Hydroxidionen. Letztere bewirken die Erhöhung des pH-Werts und damit den Indikatorumschlag von farblos auf pink. Wie die Beobachtungen des ersten Versuchs zeigen, setzt die Urease nur Harnstoff um, nicht aber N-Methylharnstoff. Nur im ersten Fall erfolgt ein Farbumschlag des Indikators, nicht aber bei Verwendung von N-Methylharnstoff. Der Versuch bestätigt also die Hypothese a. Er deutet auch auf die Substratspezifität des Enzyms hin, die darauf beruht, dass nur die Harnstoffmoleküle nach Bindung an das aktive Zentrum des Enzyms (gemäß Schlüssel-Schloss-Prinzip) in das Produkt/die Produkte umgesetzt werden können, nicht jedoch strukturell ähnliche Moleküle.

In der zweiten Versuchsreihe zeigt sich, dass der Indikatorumschlag langsamer erfolgt, wenn N-Methylharnstoff im Reaktionsansatz enthalten ist. Der Farbumschlag tritt dabei umso später ein, je höher die Konzentration an N-Methylharnstoff im Versuchsansatz ist. Das bedeutet, dass die Umsetzung von Harnstoff konzentrationsabhängig durch N-Methylharnstoff gehemmt wird. Hypothese b kann somit ebenfalls verifiziert werden. Es ist wahrscheinlich, dass es sich bei N-Methylharnstoff um einen Inhibitor mit kompetitiver Wirkung handelt. Dabei bindet der N-Methylharnstoff aufgrund seiner strukturellen Gemeinsamkeiten mit Harnstoff zwar an das aktive Zentrum der Urease, wird jedoch nicht umgesetzt. Je mehr N-Methylharnstoffmoleküle in der Lösung vorhanden sind, desto mehr Enzymmoleküle werden durch den Inhibitor blockiert und desto weniger Substratmoleküle können pro Zeiteinheit umgesetzt werden. Die verlangsamte Reaktionsgeschwindigkeit spiegelt sich im verzögerten Eintritt der Färbung wider.

BE

## Ökologische und stoffwechselbiologische Aspekte bei der Weiß-Fichte

**1** Mikroskopieren Sie den Querschnitt durch ein Nadelblatt der Weiß-Fichte bei geeigneter Vergrößerung (M 1 a). Skizzieren Sie einen beschrifteten Ausschnitt aus dem Querschnitt durch ein Nadelblatt der Weiß-Fichte gemäß den Hinweisen in M 1 a. 15
Analysieren Sie die besonderen Angepasstheiten des Blattbaus der Weiß-Fichte (M 1 a) an die klimatischen Bedingungen im borealen Wald in Alaska (M 1 b). 9

### M 1 Fotosynthese bei verschiedenen Arten des borealen Nadelwaldes in Alaska

**Formale Hinweise:** Die Teilaufgabe 1 (M 1 a) umfasst das Skizzieren und die Auswertung eines mikroskopischen Präparats.

1. Sollte Ihnen der ausgehändigte Querschnitt durch ein Nadelblatt unbrauchbar erscheinen, können Sie ein neues Präparat bei der Aufsicht führenden Lehrkraft anfordern. Hierfür erfolgt kein Abzug von Bewertungseinheiten.
2. Sollte Ihnen die Skizze in Teilen oder zur Gänze unbrauchbar erscheinen, können Sie eine bereits fertig erstellte Skizze bei der Aufsicht führenden Lehrkraft anfordern. Damit erhielten Sie für den entsprechenden Aufgabenteil keine Bewertungseinheiten: 15 BE.

Mit dem Präparat bzw. der Skizze werden Sie dann in die Lage versetzt, die weiteren Aufgabenteile der Teilaufgabe 1 zu lösen.

### M 1 a Bau eines Nadelblatts der Weiß-Fichte *(Picea glauca)*

Achten Sie beim Mikroskopieren auf die allgemeinen Sicherheitsregeln.

**Bereits erfolgte Vorbereitung:**
Im Vorfeld der Abiturprüfung wurden die Querschnitte durch ein Nadelblatt der Weiß-Fichte für Sie vorbereitet. Drei Querschnitte werden Ihnen auf einem Objektträger mit Deckgläschen zur Verfügung gestellt. Die Querschnitte befinden sich in einem Tropfen Leitungswasser.

Für das Mikroskopieren stehen Ihnen folgende Materialien und Stoffe zur Verfügung:

**Materialien:** Mikroskop, Pipette, Pinzette, Präpariernadel, Becherglas mit Wasser, saugfähiges Küchenpapier, weißes Zeichenpapier, weicher Bleistift

**Entsorgung:** Legen Sie die verwendeten Objektträger auf den bereit gestellten Tisch. Die Entsorgung erfolgt durch die Lehrkraft.

**HINWEISE ZUR MIKROSKOPISCHEN SKIZZE:**

Die Detailskizze des Querschnitts durch ein Nadelblatt der Weiß-Fichte soll Folgendes beinhalten:
Ausschnitt aus der Epidermis mit Spaltöffnungsapparat, der Cuticula, der unterhalb der einschichtigen Epidermis liegenden Hypodermis sowie angrenzenden fotosynthetisch aktiven Zellen.
Zur Vereinfachung brauchen Vakuolen innerhalb der Zellen nicht gezeichnet werden.

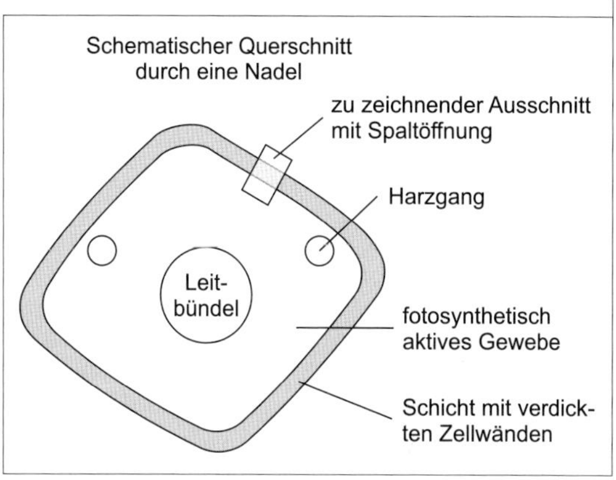


*Erstellt durch:*
*Zentralabiturkommission Biologie 2020: Übersichtsskizze eines Querschnitts durch ein Blatt der Weiß-Fichte (Picea glauca).*

## M 1 b Informationen zu den borealen Wäldern Alaskas und zu den Besonderheiten des Nadelblatts der Weiß-Fichte

**Informationen zu den borealen Wäldern Alaskas:** Dominiert wird der boreale Wald in Alaska zum Beispiel von der Weiß-Fichte *(Picea glauca).* Auch sommergrüne Laubbäume, wie z. B. die Amerikanische Zitterpappel *(Populus tremuloides),* bilden ausgedehnte Waldbestände. Die Pflanzen sind in Alaska extremen Temperaturunterschieden zwischen Sommer und Winter ausgesetzt. Temperaturen von etwa –50 °C im Januar bis zu +33 °C im Juli ermöglichen eine nur kurze Vegetationsperiode von etwa 135 oder weniger Tagen. Die durchschnittliche, jährliche Niederschlagsmenge (287 mm in Fairbanks) fällt eher gering aus, wobei davon etwa 35 % als Schnee fallen. Im Winter besteht die Gefahr von Frosttrocknis. Diese entsteht dadurch, dass die Pflanzen Wasser durch Transpiration verlieren, jedoch aus dem gefrorenen Boden kein Wasser aufnehmen können, da dieses in Form von Eis gebunden ist.

**Weitere Besonderheiten des Nadelblatts der Weiß-Fichte (M 1 a) im Vergleich zu dem typischen bifazialen Blatt:** Das Blatt weist keine Trennung des Assimilationsgewebes in Palisaden- und Schwammgewebe auf. Die Interzellularräume sind sehr klein.

*Verändert aus:*
*Szymanski, R.: Ökophysiologische Untersuchungen zum $CO_2$-Blattgasaustausch an Populus tremuloides (MICHX.) und Picea glauca (MOENCH) in Zentralalaska. Diplomarbeit. Universität Hohenheim (2010), S. 7 ff.*

## Lösungsvorschlag

Die Aufgabe beinhaltet die folgenden Themen:
- Stoffwechselbiologie / Morphologie: Struktur und Funktion grüner Blätter, mikroskopische Analyse von Blattstrukturen
- Ökologie: Angepasstheiten an Standortbedingungen

**TIPP** **Allgemeine Hinweise zur Lösung der Aufgabe**

Diese experimentell ausgerichtete Aufgabe zielt zunächst auf Ihre Fähigkeiten, den Gewebequerschnitt eines Pflanzenblattes in geeigneter Weise zu mikroskopieren sowie die mikroskopisch sichtbaren Strukturen zu erfassen und zu identifizieren. Ihre Erfahrung der Mikroskopie eines bifazialen Laubblatts aus dem Unterricht hilft Ihnen dabei. Das Ihnen hier (als Querschnitt) vorgelegte Fichtennadelblatt weist zwar einen etwas anderen Bau auf als ein Laubblatt, die Identifizierung der zellulären Strukturen ist mithilfe Ihrer Vorkenntnisse und der Hinweise im Material jedoch gut möglich. Anhand Ihrer Skizze und der identifizierten zellulären Strukturen sollen Sie anschließend die besonderen Angepasstheiten einer Fichtennadel an die klimatischen Bedingungen im Lebensraum der Weiß-Fichte erschließen.
Denken Sie daran, sich schon bei der ersten Durchsicht der Aufgabenstellung einen Überblick über das gesamte vorgelegte Material zu verschaffen, auch um die Hilfestellungen im Arbeitsmaterial zu erfassen und den vermutlichen Zeitaufwand für die beiden Arbeitsaufträge abschätzen zu können.

1 **TIPP** *Anforderungsbereich: II, Bewertungseinheiten: 15*

Bei diesem ersten Arbeitsauftrag wird von Ihnen erwartet, dass Sie im Umgang mit dem Lichtmikroskop fachgerecht geübt sind. Überdies ist gefordert, dass Sie Gewebestrukturen auf das Wesentliche reduziert zeichnerisch darstellen können.

*Mikroskopieren:*

**TIPP** Legen Sie das Präparat passgenau auf den Objekttisch auf und führen Sie mit der geringsten mikroskopischen Vergrößerung eine orientierende, mikroskopische Sichtung des Fichtennadelquerschnitts durch. Verschaffen Sie sich so zunächst schnell einen Überblick, ob zumindest in einem der vorgelegten Gewebeschnitte alle in der Skizze in M 1 a angegebenen Details gut zu erkennen sind. Zögern Sie nicht, sich gegebenenfalls ein anderes Präparat aushändigen zu lassen. Vergrößern Sie dann den Blattrandbereich Schritt für Schritt mit zunehmender Vergrößerung und Scharfeinstellung der Objektive, sodass Sie schließlich wie gefordert einen Ausschnitt aus dem Randbereich des Querschnitts mit mindestens einer eingesenkten Spaltöffnung und den umliegenden zellulären Strukturen gut überschauen können. Achten Sie bei der Fokussierung auch auf eine gute Ausleuchtung des Präparats.

*Skizzieren:*

**TIPP** Um die Qualität Ihres Ausschnitts hinsichtlich seiner Eignung bewerten zu können, vergleichen Sie ihn mit den Angaben zur Detailskizze in M 1 a. Fertigen Sie erst dann die geforderte Zeichnung der zellulären Strukturen Ihres Fichtennadelausschnitts an. Arbeiten Sie mit klarer Strichführung und geben Sie die verschiedenen Formen sowie die ungefähren Größenverhältnisse und Wanddicken der in den Hinweisen angegebenen Zell- und Gewebetypen wieder. Die das Blatt nach außen hin abschließende, auf der Epidermis liegende verdickte Cuticula sowie die sich unterhalb der Epidermis nach innen anschließende Hypodermis mit verdickten Zellwänden sind klar vom umgebenden Gewebe abzugrenzen. Auch muss deutlich werden, dass nur das Gewebe im Inneren der Fichtennadel unterhalb der Hypodermis und die Schließzellen im Spaltöffnungsapparat Chloroplasten enthalten und damit fotosynthetisch aktiv sind. Die Vakuolen und Zellkerne müssen nicht in ihre Darstellung aufgenommen werden. Identifizieren und beschriften Sie abschließend die wesentlichen Zell- und Gewebetypen in Ihrer Skizze.

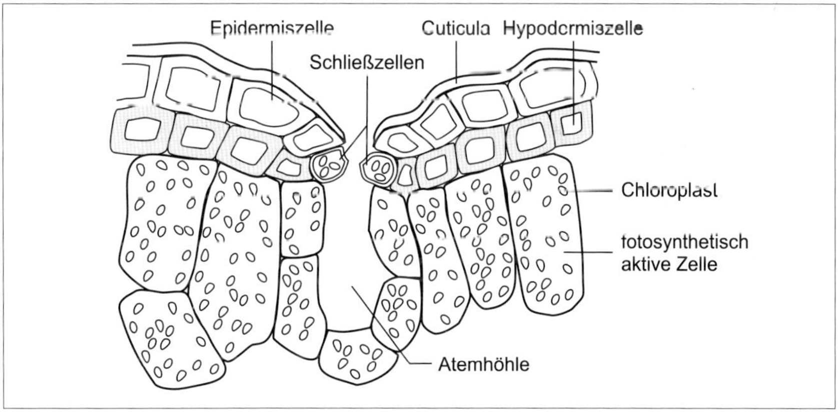


**TIPP** Falls Ihnen Ihre Skizze nicht aussagekräftig genug erscheint, sollten Sie abwägen, ob Sie alternativ eine bereits fertig ausgearbeitete Skizze von der Aufsicht anfordern, um einen weiteren Zeitverlust zu vermeiden und mit der erhaltenen Skizze weiterzuarbeiten. Allerdings müssen Sie dann einen Abzug von 15 BE in Kauf nehmen.

**TIPP** *Anforderungsbereich: II, Bewertungseinheiten: 9*

Im zweiten Arbeitsauftrag der Aufgabe sollen Sie auf der Grundlage der Informationen in M 1 b und anhand Ihrer Skizze des Querschnitts der Weiß-Fichtennadel Schlussfolgerungen über die Angepasstheiten des Fichtennadelblatts an die klimatischen Bedingungen des Standortes im borealen Wald ableiten. Fassen Sie dafür zunächst die angegebenen Standortfaktoren zusammen und gehen Sie dann auf die Vorteile der Besonderheiten im Blattbau der Weiß-Fichte unter diesen Umweltbedingungen ein.

*Analysieren:* Die Temperaturen sind in Alaska im Sommer mit bis zu 33 °C relativ hoch und fallen im Winter oft weit unter 0 °C, bis auf etwa –50 °C. Da außerdem die jährliche Niederschlagsmenge, die etwa zu 35 % als Schnee fällt, gering ist, ergibt sich im Winter für immergrüne Pflanzen leicht die Gefahr der Frosttrocknis, da das Wasser hauptsächlich als Eis im Boden gebunden ist und so für die Aufnahme kaum zur Verfügung steht. Gegenüber diesen Bedingungen haben sich bei den Nadeln der Weiß-Fichte spezielle Angepasstheiten entwickelt. Der extrastomatäre Wasserverlust durch die Epidermis wird durch eine dicke Cuticula und verstärkte Zellwände herabgesetzt. Die darunter liegende Hypodermis mit stark verdickten Zellwänden verringert den Wasserverlust zusätzlich. Außerdem bedingt der nadelförmige Bau des Weiß-Fichtenblatts durch die daraus resultierende geringe Oberfläche eine zusätzliche Beschränkung der Verdunstungsverluste. Mithilfe der eingesenkten Spaltöffnungen kann auch die stomatäre Verdunstung geringgehalten bzw. durch die in den Einsenkungen leicht zurückliegenden Schließzellen gut reguliert werden.

# PRÜFUNGSAUFGABEN

## Niedersachsen Biologie ▪ Abiturprüfung 2016
Erhöhtes Anforderungsniveau ▪ Aufgabe I

BE

### DIE LEMUREN VON MADAGASKAR

Lemuren sind eine artenreiche Familie der Halbaffen, die nur auf Madagaskar und den benachbarten Inseln vorkommt. Heute können diese einzigartigen Tiere oft im Zoo beobachtet werden. Allerdings ist ihre Haltung dort nicht unproblematisch, da besonders Jungtiere häufig an Infektionskrankheiten erkranken und sterben. Die Tatsache, dass Lemuren auch in den Tropen eine Art „Winterschlaf" halten, macht sie zum Gegenstand aktueller Forschungen. Die Entstehung der Vielfalt unterschiedlicher Lemurenarten auf Madagaskar wird auch heute noch evolutionsbiologisch intensiv untersucht. Im Folgenden sollen Sie sich mit stoffwechselbiologischen, ökologischen, evolutionsbiologischen und immunbiologischen Aspekten im Zusammenhang mit ausgewählten Lemurenarten auseinandersetzen.

#### 1 Stoffwechselbiologische Aspekte bei Winterschlaf haltenden Makis auf Madagaskar

**1.1** Beschreiben Sie ganz allgemein die Bedeutung von $NAD^+/(NADH+H^+)$ und von ADP/ATP für den Stoffwechsel. 8

**1.2** Erläutern Sie unter Bezug auf M 1a die in M 1b dargestellten Veränderungen der Körpertemperatur während der Regenzeit sowie während der Trockenzeit auch unter dem Aspekt der Regulation. 13

**1.3** Werten Sie die Befunde zur Veränderung des Sauerstoffverbrauchs und zur Veränderung der Körpertemperatur in M 1c im Zusammenhang mit den Vorgängen im Braunen Fettgewebe (M 1d) bei Westlichen Fettschwanzmakis während des Winterschlafs aus. 19

#### 2 Ökologische und evolutive Aspekte bei Lemuren auf Madagaskar

**2.1** Prüfen Sie mithilfe von M 2a, ob die drei verschiedenen Lemurenarten im selben Gebiet von Madagaskar nebeneinander existieren können. 16

**2.2** Erläutern Sie mithilfe von M 2b die Besiedlung Madagaskars durch die Lemuren aus evolutionsbiologischer Sicht. 21

#### 3 Immunbiologische Aspekte der Haltung von Lemuren

* **3.1** Beschreiben Sie die wesentlichen Prozesse der Antikörperbildung. 9

* **3.2** Deuten Sie unter Berücksichtigung von M 3a die Befunde zu den Versuchen 1 und 2 in M 3b. Prüfen Sie unter Bezug auf Versuch 1 (M 3b), ob

* Aufgabe stellt Anforderungen, die nach dem aktuellen KCGO (Stand 2017) nicht mehr prüfungsrelevant sind.

die Befunde in Versuch 3 (M 3 c) dafür sprechen, dass Muttermilch die Bildung eines Immungedächtnisses bei den Jungtieren bewirkt. 14

## M 1 Stoffwechselbiologische Aspekte bei Winterschlaf haltenden Makis

### M 1 a Winterschlaf auf Madagaskar

Madagaskar ist die viertgrößte Insel der Welt und liegt etwa 400 km vor der Ostküste des afrikanischen Kontinents. Besonders im Westen Madagaskars sind die jahreszeitlich bedingten Schwankungen der klimatischen Bedingungen und damit auch des Futterangebots stark ausgeprägt. Einige dort lebende Lemurenarten zeigen eine besondere Angepasstheit und können so die Trockenzeit im tropischen Winter (M 1 b) überstehen, die von April bis November reichen kann: Sie halten Winterschlaf. Ein Vertreter dieser Lemurenarten ist der Fettschwanzmaki (Abb. rechts).

*Joseph Smit, in: Proceedings of the Zoological Society of London (1879)*

Fettschwanzmakis sind nachtaktive, baumbewohnende Kletterer und Springer. Tagsüber ruhen sie in selbstgebauten Nestern in den Zweigen oder in Baumhöhlen. Sie ernähren sich vorwiegend von Früchten und zeigen saisonal starke Schwankungen im Körpergewicht.
Der Schwanz dient als Fettspeicher für die nahrungsarme Trockenzeit, die die Fettschwanzmakis Winterschlaf haltend in ihren Nestern und Höhlen verbringen. Erst mit Beginn der Regenzeit werden sie wieder aktiv und erneuern dann ihre Fettreserven im Schwanz.

*Zusammengestellt und verändert aus:*
*Ruf, T. et al. (Hrsg.): Living in a seasonal world. Springer-Verlag, Berlin, Heidelberg, New York (2012), S. 14–18.*
*Elliot, D. G.: Review of the primates. American Museum of Natural History, New York (1913).*

### M 1 b Körpertemperatur eines Westlichen Fettschwanzmakis und Außentemperatur während der Regenzeit und der Trockenzeit

Die Körpertemperatur eines einzelnen Westlichen Fettschwanzmakis sowie die Außentemperatur wurden über zwei Tage hinweg in der Regenzeit und in der Trockenzeit ermittelt. Während der Trockenzeit hielt das Tier Winterschlaf. Erst bei einer Außentemperatur von unter 10 °C ist während des Winterschlafs eine deutliche Stoffwechselaktivität messbar.

**HINWEIS:** Der schwarz-weiße Querbalken in den Diagrammen zeigt jeweils die Dauer der Dunkel- und der Lichtphasen an.

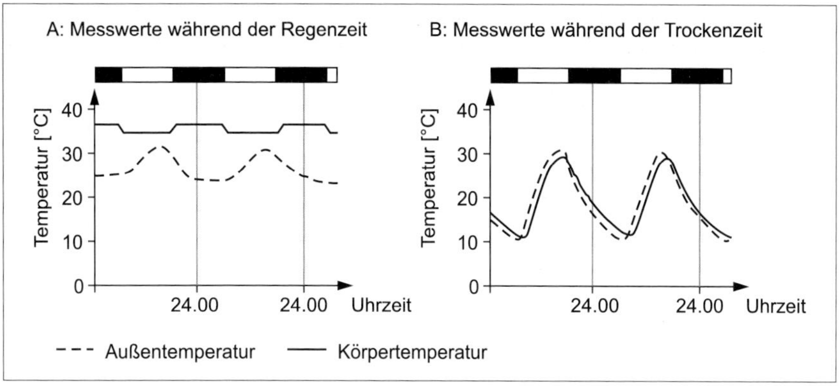


*Verändert aus:*
*Dausmann, K. et al.: Hibernation in the tropics: lessons from a primate. In: J. Comp. Physiol. B. 175, Springer Verlag, Basel (2005), S. 148–150.*

## M 1 c Experiment zur Körpertemperatur und zum Sauerstoffverbrauch bei Westlichen Fettschwanzmakis im Winterschlaf

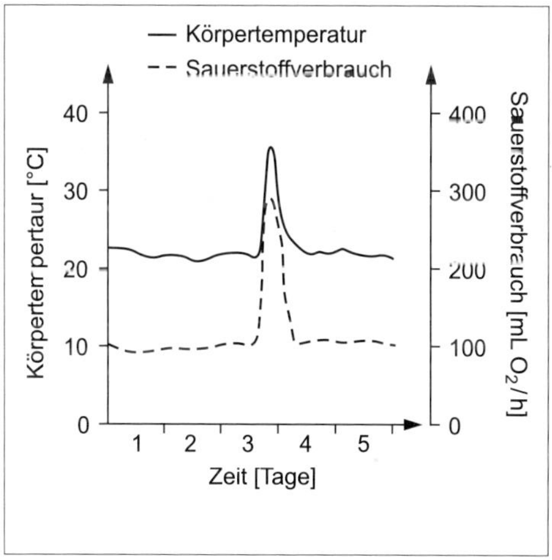


Um den Stoffwechsel der Westlichen Fettschwanzmakis während des Winterschlafs zu untersuchen, wurde folgendes Experiment gemacht: Ein einzelnes im Winterschlaf befindliches Tier wurde in ein Versuchsgefäß gesetzt, welches gut gegen Temperatureinflüsse von außen isoliert wurde. Die Temperatur in dem Gefäß wurde konstant bei 23 °C gehalten. Es wurden der Sauerstoffverbrauch des schlafenden Tieres und die Körpertemperatur ermittelt. Das Tier zeigte während der gesamten Versuchsdauer keine ungewöhnlichen Aktivitäten, wie z. B. Muskelzittern. Auch erwachte es nicht aus dem Winterschlaf. In regelmäßigen Abständen wurden jedoch kurzzeitige Veränderungen bei der Körpertemperatur und beim Sauerstoffverbrauch beobachtet.

*Zusammengestellt und verändert aus:*
*Dausmann, K. et al.: Hibernation in the tropics: lessons from a primate. In: J. Comp. Physiol. B. 175, Springer Verlag, Basel (2005), S. 148–153.*

## M 1 d Wärmebildung im Braunen Fettgewebe

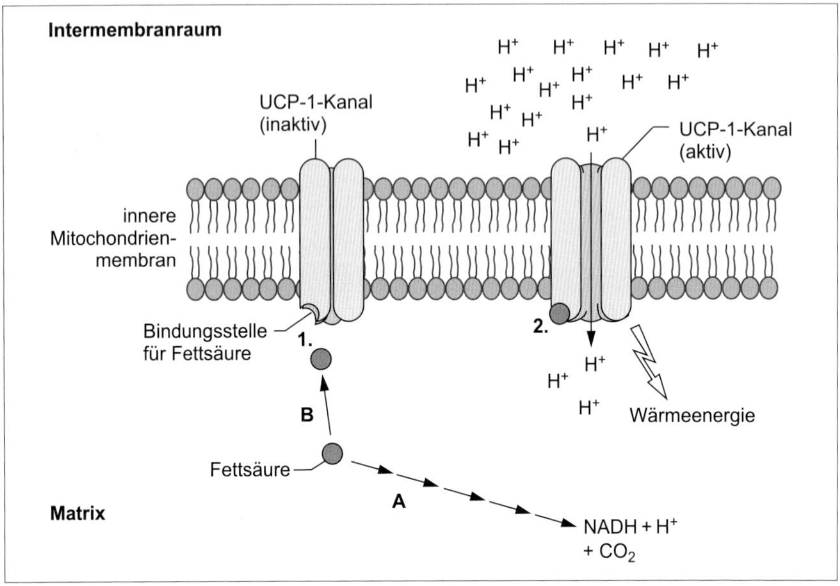


In der Abbildung sind Prozesse an der inneren Mitochondrienmembran von Zellen des Braunen Fettgewebes dargestellt, die zu einer Wärmefreisetzung führen.

Das Braune Fettgewebe dient beim Fettschwanzmaki der Erzeugung von Wärme. In den Zellen des Braunen Fettgewebes werden vor allem Fette u. a. zu Fettsäuren abgebaut. Dieser Abbau wird in regelmäßigen Abständen durch Hormone reguliert. Die Fettsäuren werden in die Mitochondrienmatrix transportiert, wo sie einerseits abgebaut werden und zur Bildung von NADH + $H^+$ (A) dienen und andererseits als Signalstoff bei der Wärmebildung eine Rolle spielen (B).

An der inneren Mitochondrienmembran dieser Zellen findet neben der ATP-Bildung durch die ATP-Synthase noch ein Prozess zur Wärmebildung statt. Durch zusätzliche Membrankanäle in der inneren Mitochondrienmembran, die UCP-1-Kanäle, kann der Protonengradient auch zur Wärmefreisetzung genutzt werden. Sind diese Kanäle geöffnet, strömen die Protonen bevorzugt durch sie hindurch.

*Zusammengestellt und verändert aus:*
*Purves, W. K. et al.: Biologie. Elsevier GmbH, München (2006), S. 117.*
*Divakaruni, A. S. et al.: The regulation and physiology of mitochondrial proton leak. In: Physiology (2011), S. 195–196.*

## M 2 Ökologische und evolutionsbiologische Aspekte bei Lemuren

### M 2a Vielfalt der Lemuren auf Madagaskar

| **Art** | Grauer Mausmaki | Westlicher Gabelstreifenmaki | Rotschwanz-Wieselmaki |
|---|---|---|---|
| **Körpergewicht [g]** | 40 – 70 | 300 – 350 | 500 – 900 |
| **Aktivität** | nachtaktiv | nachtaktiv | nachtaktiv |

**Nahrungs-zusammen-setzung**

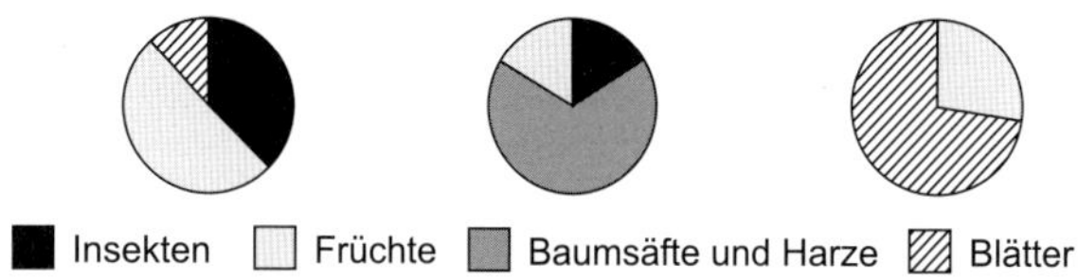


**Aufenthalts-bereich an Bäumen**

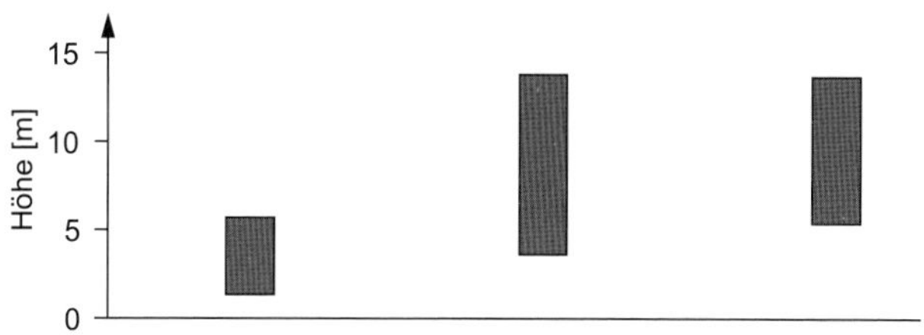


*Zusammengestellt und verändert aus:*
*Geissmann, T.: Vergleichende Primatologie. Springer Verlag, Heidelberg (2003), S. 52.*

### M 2b Befunde zur Evolution der Lemuren

1. Madagaskar wurde vor etwa 100 Millionen Jahren vom afrikanischen Kontinent getrennt. Die Distanz zwischen der Insel und dem afrikanischen Kontinent beträgt 400 km. Hinweise auf eine zwischenzeitlich existierende Landbrücke fehlen.
2. Es existieren auf Madagaskar momentan mehr als 80 Lemurenarten, die sich alle von Pflanzen und zum Teil auch von Insekten ernähren.
3. Einige Lemurenarten können längere Zeiten ohne Nahrungs- und Wasseraufnahme überstehen.
4. Neun Zehntel der auf Madagaskar lebenden Arten kommen ausschließlich auf dieser Insel vor.
5. Die Insel weist heute wie damals eine Vielzahl von unterschiedlichsten Lebensräumen auf. So kommen z. B. neben tropischen Regenwäldern auch halbwüstenartige Gebiete, Laubwälder, Gebirge und Trockenwälder vor.
6. Die Tierwelt Madagaskars zeigte bemerkenswerte Lücken: So fehlten z. B. viele typische Pflanzen- und Insektenfresser.

7. Die ältesten fossilen Funde von Lemurenvorfahren auf Madagaskar sind deutlich jünger als 100 Millionen Jahre. Ältere Fossilien von Lemurenvorfahren wurden dagegen ausschließlich in Europa, Asien und Afrika gefunden.
8. Typische Fressfeinde von Primaten fehlen bis heute auf der Insel, z. B. Raubkatzen und Hyänen.
9. Einige Lemurenarten zeigen besondere körperliche Angepasstheiten, die typisch für sie sind und nicht bei anderen Arten auftreten.

*Zusammengestellt und verändert aus:*
*Geissmann, T.: Vergleichende Primatologie. Springer-Verlag, Berlin (2003), S. 47–48.*
*Jungbauer, W. (Hrsg.): Aufgabenhandbuch Biologie, Band 5, Evolution. Aulis Verlag, Köln (2012), S. 201–202.*

## M 3 Immunbiologische Aspekte der Haltung von Lemuren

### M 3a Zoonosen – ein Problem bei der Aufzucht von Lemuren

Zoonosen sind Krankheiten, die auf natürlichem Wege zwischen Menschen und anderen Wirbeltieren übertragen werden. In Zoos und auch in Aufzuchtstationen kommen die Tiere mit den Krankheitserregern häufig in Kontakt. Dabei scheinen Jungtiere, die mit der Flasche aufgezogen wurden, besonders anfällig zu sein. Von der Mutter gesäugte Jungtiere erkranken dagegen seltener.
Um die immunbiologische Bedeutung der Muttermilch zu untersuchen, wurden Experimente mit sogenannten Haptenen durchgeführt. Darunter versteht man künstlich hergestellte Erreger, die zu einer spezifischen Immunreaktion im Körper führen, aber keinen Ausbruch der Krankheit bewirken.

*Zusammengestellt und verändert aus:*
*www.lgl.bayern.de/tiergesundheit/tierkrankheiten/zoonosen/ (Zugriff am 05. 09. 2015).*
*Art for Science; Lemke, H., Lange, H.: Langzeitschutz durch Muttermilch. In: Spektrum der Wissenschaft 10 (2005), S. 69.*

### M 3b Untersuchungen zur Wirkung von Haptenen auf Mäuse

Die Versuchstiere gehörten zu einem Mäusestamm, der zuvor noch nicht mit dem eingesetzten Hapten in Kontakt gekommen war. Die Menge der jeweils verabreichten Haptene war bei allen Injektionen in den Versuchen identisch.

**HINWEIS:** Die Buchstaben in den Abbildungen geben die zeitliche Abfolge wieder.

**Versuch 1:** Wirkung von Haptenen auf eine ausgewachsene Maus, die nach der Geburt nur mit künstlicher Milch gefüttert wurde.

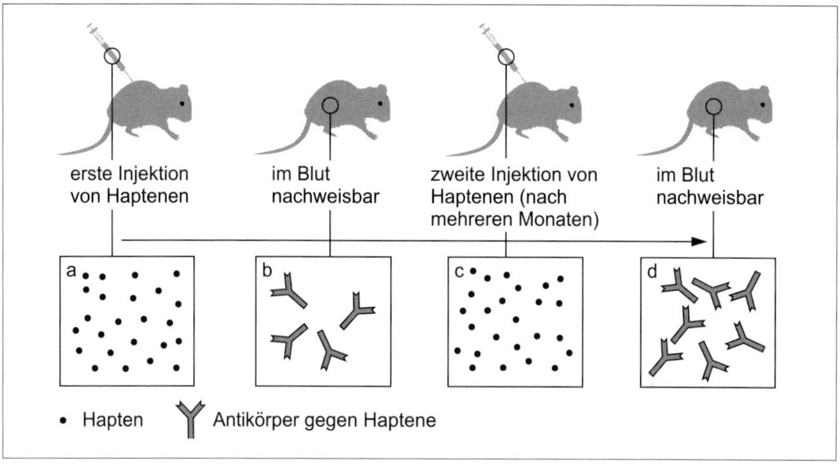


**Versuch 2:** Wirkung von Antikörpern gegen Haptene auf eine ausgewachsene Maus, die nach der Geburt nur mit künstlicher Milch gefüttert wurde.

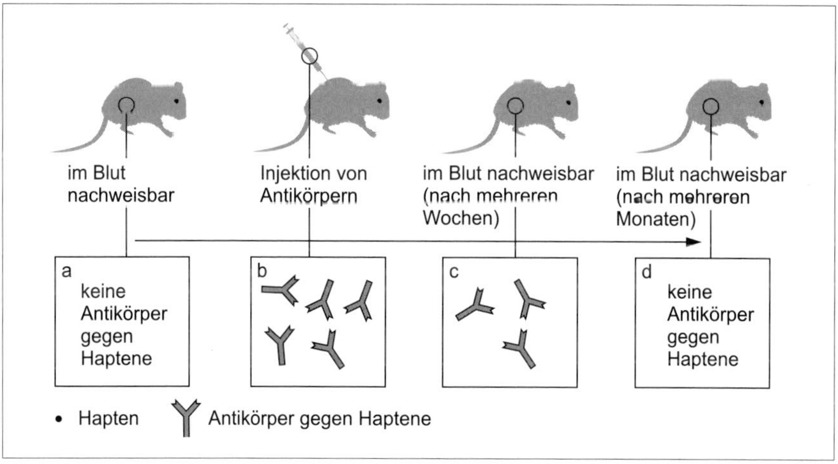


*Verändert aus:*
*Art for Science; Lemke, H., Lange, H.: Langzeitschutz durch Muttermilch. In: Spektrum der Wissenschaft 10 (2005), S. 69.*

## M 3 c Untersuchungen zur Bedeutung der Muttermilch bei der Aufzucht von Jungtieren

**HINWEIS:** In der Muttermilch sind Antikörper der Mutter enthalten, die über den Darm der Jungtiere in die Blutgefäße gelangen. Die Buchstaben in den Abbildungen geben die zeitliche Abfolge wieder.

**Versuch 3:** Wirkung von Haptenen auf die Jungtiere der Maus aus Versuch 2 (M 3 b), die während der Behandlung mit Antikörpern ihre Jungen säugte.

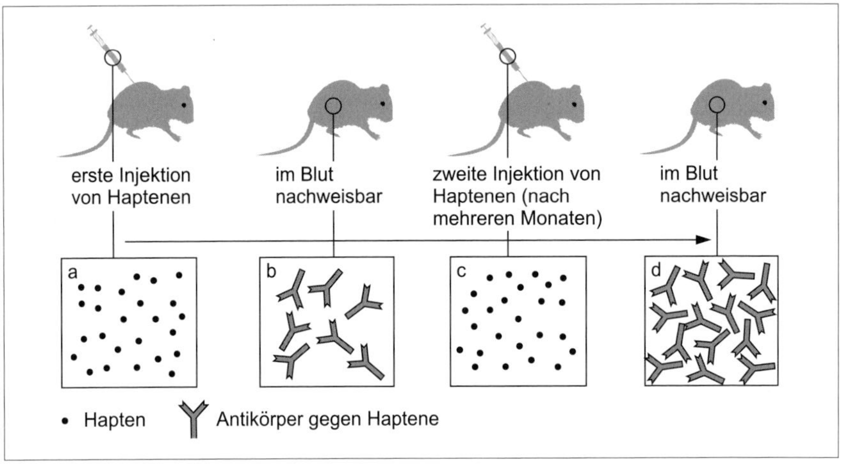


*Verändert nach:*
*Art for Science; Lemke, H., Lange, H.: Langzeitschutz durch Muttermilch. In: Spektrum der Wissenschaft 10 (2005), S. 69.*

## Lösungsvorschlag

Die Aufgabe beinhaltet die folgenden Themen:

- Stoffwechselbiologie: Zellatmungsprozesse, ATP und NADH + $H^+$, Atmungskette, Temperaturregulation bei Säugetieren
- Evolutionsbiologie: Besiedelungsstrategien, adaptive Radiation, Artbildung
- Ökologie: interspezifische Konkurrenz, Konkurrenzausschluss, Kooperation
- Immunbiologie: Antikörperbildung und -funktion, Immungedächtnis

**TIPP** **Allgemeine Hinweise zur Lösung der Aufgabe**

Anhand verschiedener experimenteller Befunde und Feldstudien sollen Sie in dieser Aufgabe spezielle stoffwechselphysiologische, ökologische und evolutionsbiologische Aspekte bearbeiten. Da die Aufgabe umfangreiche, komplexe Materialien enthält, die relativ zeitaufwendig zu erfassen sind, verschaffen Sie sich zu jeder Teilaufgabe zunächst eine Übersicht. Berücksichtigen Sie bei der Bearbeitung jeweils die genaue Aufgabenstellung, die Bedeutung der Operatoren und die Textinformationen – sie enthalten hilfreiche, eingrenzende Hinweise hinsichtlich der geforderten Breite und Tiefe Ihrer Kenntnisse und Ausführungen.
Beachten Sie, dass die immunbiologisch orientierten Teilaufgaben aufgrund der aktuellen Anforderungen des KCGOs nicht mehr prüfungsrelevant sind.

1.1 **TIPP** *Anforderungsbereich: I, Bewertungseinheiten: 8*

Bringen Sie in dieser rein reproduktiv angelegten Einstiegsaufgabe Ihre Kenntnisse zur Rolle von NADH+$H^+$ und ATP im Stoffwechsel ein. Sie müssen dabei nicht näher auf konkrete Prozesse und weitere Zusammenhänge zwischen beiden Stoffen im Stoffwechselgeschehen eingehen.

Das Redoxpaar $NAD^+$/NADH+$H^+$ ist an zahlreichen Redoxreaktionen des Zellstoffwechsels beteiligt. $NAD^+$ ist ein Oxidationsmittel und kann zwei Elektronen aufnehmen. Durch die Aufnahme von Wasserstoff wird es zu NADH+$H^+$ reduziert. In der reduzierten Form dient es als Überträger von Elektronen und Protonen (z. B. in der Atmungskette), wobei es wieder zu $NAD^+$ oxidiert wird.
ATP ist der wichtigste Stoff zur Übertragung chemischer Energie im Stoffwechsel. Durch die Phosphorylierung von ADP mit Phosphat (P) zu ATP wird die bei exergonischen Prozessen im Körper freigesetzte Energie im ATP gespeichert. Diese Energie kann durch die Spaltung von ATP in ADP und $P_i$ für endergonische Prozesse in Lebewesen genutzt werden.

1.2 **TIPP** *Anforderungsbereiche: I–II, Bewertungseinheiten: 13*

Diese Teilaufgabe bezieht sich auf physiologische Aspekte einer Verhaltensanpassung von Fettschwanzmakis in Trockenzeiten, das mit den physiologischen Veränderungen beim Winterschlaf mancher Säugetiere unserer Breiten vergleichbar ist. Beschreiben Sie zunächst die tageszeitlichen Temperaturveränderungen bei Fettschwanzmakis und ziehen Sie dann zur Erklärung der Besonderheiten und Unterschiede auch die Textinformationen aus M 1 a heran.

Die Daten in Diagramm A zeigen während der Regenzeit eine nahezu konstante Körpertemperatur des Fettschwanzmakis von ca. 37 °C, wobei die Temperatur nachts etwas erhöht ist. Die Außentemperatur beträgt während dieser Jahreszeit nachts etwa 25 °C, während sie tagsüber auf bis zu 33 °C ansteigt. Die hohe Stoffwechselaktivität des Makis, bei der Wärme freigesetzt wird, bedingt die hohe Körpertemperatur, die mit 37 °C immer oberhalb der Außentemperatur liegt. Da der Fettschwanzmaki nachtaktiv ist, ist seine Stoffwechselaktivität nachts erhöht. Dadurch wird auch viel Wärme freigesetzt, sodass auch seine Körpertemperatur nachts etwas höher liegt. Tagsüber, während der Ruhephase, bewirkt der hohe Grundumsatz des Fettschwanzmakis eine nur leicht erniedrigte Körpertemperatur im Vergleich zur nachtaktiven Phase.
Wie Diagramm B zeigt, entspricht die Körpertemperatur des Makis während der Trockenzeit weitgehend der tageszeitlich periodisch schwankenden Außentemperatur. Mit leichter Verzögerung zur Außentemperatur erreicht die Körpertemperatur jeweils nachts kurz vor der Morgendämmerung Minimalwerte von ca. 10 °C und tagsüber bei Einbruch der Dunkelheit Maximalwerte von etwa 30 °C. Offenbar ist die Stoffwechselaktivität des Tieres sehr stark erniedrigt, sodass kaum eine Wärmefreisetzung stattfindet.
Während Fettschwanzmakis also in der Trockenzeit während des Winterschlafs oberhalb einer Außentemperatur von 10 °C keine Temperaturregulation vornehmen, regulieren sie ihre Körpertemperatur während der Regenzeit durch Stoffwechselaktivitäten so, dass sie konstant etwa 37 °C beträgt.

1.3 **TIPP** *Anforderungsbereiche: I–III, Bewertungseinheiten: 19*

In dieser Teilaufgabe, die weitere physiologische und biochemische Details dieser Verhaltensanpassung behandelt, ist es wichtig, zunächst beide Arbeitsmaterialien zu erfassen, um die Daten im Zusammenhang zu verstehen. Gehen Sie bei der Auswertung zunächst beschreibend von den Daten in M 1 c aus und ziehen Sie dann zur Erklärung der Wärmeregulation die Textinformationen und die Grafik zum Braunen Fettgewebe in M 1 d heran. Berücksichtigen Sie bei Ihren Ausführungen auch die Hinweise zur hormonellen Kontrolle des Fettabbaus.

Das Experiment zeigt den Verlauf der Körpertemperatur und des Sauerstoffverbrauchs eines Fettschwanzmakis im Winterschlaf in einer Versuchsapparatur bei einer konstanten Temperatur von etwa 23 °C. Die Körpertemperatur blieb während der Untersuchungsdauer von 5 Tagen bis auf eine kurze Phase nach etwa drei Tagen ebenfalls bei konstant 23 °C. Auch der Sauerstoffverbrauch hielt sich bis auf eine kurze Phase nach etwa drei Tagen konstant bei etwa 100 mL $O_2$ pro Stunde. Allerdings stieg nach drei Tagen die Körpertemperatur kurzfristig auf ca. 36 °C an, parallel dazu erhöhte sich der Sauerstoffverbrauch auf etwa 300 mL $O_2$ pro Stunde. Da die Wärmebildung nicht auf Muskelzittern oder auf andere sichtbare Aktivitäten des Makis zurückzuführen war, lässt sich als Ursache für die Wärmebildung auf Prozesse im Braunen Fettgewebe schließen. Dort wird unter hormoneller Kontrolle in regelmäßigen Abständen der Abbau von Fetten u. a. zu Fettsäuren initiiert. Diese Fettsäuren werden dann in die Mitochondrienmatrix der Zellen des Braunen Fettgewebes transportiert, wo sie schrittweise abgebaut und u. a. zur Bildung von $NADH+H^+$ verwendet werden und auch als Signalstoff für die Wärmebildung dienen.
Das so gebildete $NADH+H^+$ wird in der Atmungskette oxidiert. Die abgegebenen Elektronen durchlaufen dann die Atmungskette und werden zuletzt auf Sauerstoff übertragen, wodurch sich der erhöhte Sauerstoffverbrauch erklärt. Gleichzeitig wird im Intermembranraum durch Protonenpumpen ein Protonenüberschuss gebildet. Einerseits wird der Protonengradient über die ATP-Synthase zur Bildung von ATP verwendet, andererseits aktivieren und öffnen die Fettsäuren als Signalstoffe aber auch UCP-1-Kanäle, durch die ebenfalls Protonen entlang dem Konzentrationsgefälle in die Matrix strömen können. Dabei wird Wärmeenergie freigesetzt. Diese Aktivierung erfolgt nur für kurze Zeit, bis die Körpertemperatur von etwa 36 °C erreicht ist. Dann verändert sich vermutlich die Hormonausschüttung, sodass die Mobilisierung von Fettsäuren durch den Fettabbau zum Stillstand kommt. In der Folge nehmen die wärmebildenden und gleichzeitig verstärkt sauerstofffreisetzenden Prozesse sukzessive ab und die Körpertemperatur gleicht sich wieder der Umgebungstemperatur an.

**2.1** **TIPP** *Anforderungsbereiche: I – II, Bewertungseinheiten: 16*

Bedenken Sie, dass mit dem Operator „prüfen" eine materialbezogene, detaillierte Argumentation mit einem abschließenden, fundierten Urteil zu den Möglichkeiten des Zusammenlebens der drei Lemurenarten erwartet wird. Stellen Sie dazu für jede Aspektebene zunächst die Gemeinsamkeiten und Unterschiede zwischen den drei Lemurenarten heraus. Gehen Sie dann in Ihren zusammenfassenden Ausführungen auf passende und ausschließende Aspekte hinsichtlich des Zusammenlebens der drei Arten ein und formulieren Sie ein abschließendes Urteil.

Alle drei Lemurenarten sind nachtaktiv, unterscheiden sich aber deutlich hinsichtlich ihrer Körpermassen. Der Rotschwanz-Wieselmaki (R. W.) ist dabei etwa fast doppelt so schwer wie der Westliche Gabelstreifenmaki (W. G.), der wiederum etwa vier bis fünfmal so viel wie der Graue Mausmaki (G. M.) wiegt.

Der Aufenthaltsbereich des G. M., der sich auf Baumbereiche unterhalb von fünf Metern beschränkt, unterscheidet sich deutlich vom Aufenthaltsbereich des R. W., der sich in den höheren Bereichen der Bäume zwischen fünf und ca. 13 Metern aufhält. Nur teilweise überschneidet sich der Aufenthaltsbereich von G. M. mit demjenigen von W. G. Zwischen W. G. und R. W., die sich in denselben Höhenstufen der Bäume aufhalten, bestehen deutliche Unterschiede hinsichtlich ihrer Nahrungszusammensetzung. R. W. ernährt sich von Blättern und Früchten, während W. G. vor allem Baumsäfte, Insekten und Früchte verzehrt, sodass eine Koexistenz zwischen R. W. und G. W. möglich erscheint. Die Nahrungsspektren von G. M. und W. G., die sich hinsichtlich ihres Aufenthalts in den Bäumen in Teilbereichen überschneiden, unterscheiden sich dadurch, dass W. G. neben wenigen Früchten und Insekten hauptsächlich Baumsäfte und Harze verzehrt, während sich G. M. neben Insekten und wenigen Blättern bevorzugt von Früchten ernährt. So wird auch zwischen diesen beiden Arten Konkurrenz weitgehend vermieden.
Insgesamt lässt sich zusammenfassen, dass die drei Arten den Lebensraum trotz einiger Überschneidungen jeweils wenigstens hinsichtlich eines Aspekts in unterschiedlicher Weise nutzen können. Aufgrund der unterschiedlichen ökologischen Nischen ist damit eine Koexistenz in demselben Lebensraum auf Madagaskar möglich.

**2.2** **TIPP** *Anforderungsbereiche: II – III, Bewertungseinheiten: 21*

M 2b liefert Ihnen eine Reihe aussagekräftiger Daten, die es Ihnen erlaubt, die Evolution der Lemurenarten auf Madagaskar abzuleiten. Orientieren Sie sich bei der Skizzierung des vermutlichen Evolutionsablaufs daher möglichst eng an diesen Belegen. Beziehen Sie als Grundlage aber auch die synthetische Evolutionstheorie sowie Ihre Kenntnisse zur Entstehung und Ausbreitung von Arten ein.

Aufgrund der Daten kann man davon ausgehen, dass die Lemuren und ihre Artenvielfalt auf Madagaskar entstanden sind. Diese Annahme basiert darauf, dass Madagaskar vor ca. 100 Millionen Jahren vom afrikanischen Kontinent abgetrennt wurde und die ältesten, fossilen Funde von Lemurenvorfahren auf Madagaskar deutlich jünger sind. Noch ältere Vorfahren der Lemuren sind nur in Europa, Asien und Afrika gefunden worden. Da es zwischenzeitlich keine Landbrücke zwischen Afrika und Madagaskar gab und da einige rezente Arten längere Zeit ohne Wasser und Nahrung überstehen können, lässt sich vermuten, dass Abkömmlinge ursprünglicher Vorfahren lange nach Abtrennung der Insel z. B. auf Treibmaterial nach Madagaskar gelangt sind. Auf Madagaskar fehlten (und fehlen bis heute) typische Fressfeinde für Primaten und auch die Nahrungskonkurrenz durch Insekten- und Pflanzenfresser war kaum vorhanden. Insofern konnte sich eine geografisch isolierte Gründerpopulation der Lemurenvorfahren ungehindert vermehren und sich ihren ursprünglichen Umweltansprüchen entsprechend ausbreiten. Hinweise auf die damaligen Möglichkeiten zur Ausbreitung in neue, freie Lebensräume ergeben sich aus der Information, dass neun Zehntel der Arten auf Madagaskar endemisch vorkommen, also vermutlich erst dort entstanden sind.

Mit Zuwachs der Population nahm im Laufe der Zeit die intraspezifische Konkurrenz zu. Durch Mutations- und Rekombinationsereignisse kam es innerhalb der Population zu unterschiedlichen Ausprägungen von Merkmalen, die z. B. zur Verwertung spezifischer Nahrungsangebote oder/und zur Besiedelung spezieller Lebensräume von Vorteil waren. Tiere mit solchen Selektionsvorteilen erzielten einen höheren Fortpflanzungserfolg, sodass ihre Gene, die entsprechende Merkmale bedingten, verstärkt an die Nachkommen weitergegeben wurden. Auf diese Weise könnten sich über Jahrmillionen, begünstigt durch die große Vielfalt unterschiedlicher Lebensräume auf Madagaskar, mehr oder weniger isolierte Teilpopulationen mit zunehmend unterschiedlichen Genpools gebildet haben. Aufgrund entstehender Fortpflanzungsschranken konnten die Teilpopulationen der Lemurenvorfahren vermutlich eine Vielzahl eigener Entwicklungen bis zur Aufspaltung in neue Arten mit speziellen ökologischen Nischen durchlaufen. Belege für eine solche adaptive Radiation der Lemuren liefern die Informationen, dass mehr als 80 verschiedene Lemurenarten mit unterschiedlichsten Angepasstheiten auf der Insel leben und dass es eine große Zahl verschiedenartiger Lebensräume auf Madagaskar gibt, in denen jeweils spezielle Lemurenarten vorkommen.

**3.1** **TIPP** *Anforderungsbereich: I, Bewertungseinheiten: 9*

Zur Lösung dieser Aufgabe sind inhaltsbezogene Kompetenzen (Immunbiologie) erforderlich, die in der gymnasialen Oberstufe (gemäß KC) nicht mehr vermittelt werden. Bei der Vorbereitung auf die Abiturprüfung kann diese Aufgabe daher unberücksichtigt bleiben.

Krankheitserreger oder andere antigentragende Fremdkörper werden nach dem Eindringen in unseren Körper von Makrophagen gebunden und aufgenommen. Makrophagen zersetzen die Krankheitserreger und präsentieren die entsprechenden Antigene oder Fragmente davon an ihrer Oberfläche. An die präsentierten Antigene können sich antigenspezifische T-Helfer-Lymphozyten mit dem passenden Rezeptor nach dem Schlüssel-Schloss-Prinzip anlagern, wodurch diese T-Helfer-Zellen aktiviert werden und Zytokine bilden. Durch die Zytokine werden antigenspezifische B-Zellen, die mithilfe eines ebenfalls zum Antigen passenden, membrangebundenen Antikörpers das Antigen gebunden haben, so aktiviert, dass sie sich durch fortgesetzte Teilung zu Plasmazellen und B-Gedächtniszellen differenzieren. Diese Plasmazellen produzieren in der Folge eine Vielzahl von Antikörpern gegen die auslösenden Antigene. Sie werden in die Körperflüssigkeit abgegeben und können durch Bindung mit den Antigenen die Krankheitserreger neutralisieren oder agglutinieren bzw. durch Aktivierung von natürlichen Killerzellen weitere Immunreaktionen hervorrufen.

3.2 **TIPP** *Anforderungsbereiche: II – III, Bewertungseinheiten: 14*

Zur Lösung dieser Aufgabe sind inhaltsbezogene Kompetenzen (Immunbiologie) erforderlich, die in der gymnasialen Oberstufe (gemäß KC) nicht mehr vermittelt werden. Bei der Vorbereitung auf die Abiturprüfung kann diese Aufgabe daher unberücksichtigt bleiben.

*Deuten:* **Versuch 1** zeigt, dass (vermutlich kurz) nach dem Erstkontakt der Mäuse mit bestimmten Antigenen (Haptenen = künstlichen Erregern), Antikörper im Blut nachzuweisen sind, die haptenspezifisch sind. Offenbar wurde durch die Haptene eine Immunreaktion mit spezifischer Antikörperproduktion und der Bildung von B-Gedächtniszellen hervorgerufen. Letzteres wird durch das Ergebnis der Blutuntersuchung nach einem Zweitkontakt mit denselben Haptenen mehrere Monate später bestätigt: Man findet hier eine sehr viel größere Menge derselben haptenspezifischen Antikörper im Blut der Mäuse, die vermutlich durch Plasmazellen gebildet wurden. Die Vorgänge in Versuch 1 entsprechen daher einer aktiven Immunisierung.
In **Versuch 2** werden dem Versuchstier keine Antigene injiziert, sondern nur haptenspezifische Antikörper. Die von außen zugeführten Antikörper gegen spezifische Haptene werden nach und nach abgebaut, sodass sie nach mehreren Wochen nur noch in geringen Mengen und nach mehreren Monaten nicht mehr nachweisbar sind. Dieser Vorgang entspricht einer passiven Immunisierung.

*Prüfen:* In **Versuch 3** ist im Blut der mit Muttermilch gesäugten Nachkommen der Maus aus Versuch 2 (vermutlich kurze Zeit) nach der Injektion von Haptenen eine deutlich größere Menge von haptenspezifischen Antikörpern nachweisbar als bei der Maus aus Versuch 1, die nur künstliche Milch erhielt. Dies wird durch die zweite Hapteninjektion einige Monate später bestätigt: Als Antwort auf diesen Zweitkontakt ist eine erheblich größere Menge an haptenspezifischen Antikörpern nachzuweisen als bei der Maus aus Versuch 1 nach deren Zweitkontakt mit Haptenen. Man kann daher vermuten, dass die mit Muttermilch gesäugten Mäuse – wahrscheinlich hervorgerufen durch die Übertragung haptenspezifischer Antikörper mit der Muttermilch – bereits vor dem ersten Kontakt mit Haptenen die Möglichkeit hatten, haptenspezifische Gedächtniszellen zu entwickeln. Demnach ist davon auszugehen, dass Mäuse (und andere Säugetiere) durch die Aufnahme von in Muttermilch enthaltenen Antigenen bzw. Antikörpern befähigt werden, frühzeitig ein immunologisches Gedächtnis und damit eine vermutlich effektivere Immunabwehr aufzubauen, als es bei Aufzucht mit künstlicher Milch möglich ist.

**TIPP** Im Material finden sich keine genauen zeitlichen Angaben zur Injektion und zum Nachweis der Antikörper im Blut sowie zur Spezifität der Antikörper gegen die jeweils eingesetzten Haptene. Auf diese Aspekte ist daher nicht näher einzugehen.

BE

## MITTELEUROPÄISCHE FLIEßGEWÄSSER – ÖKOSYSTEME MIT ERSTAUNLICHER VIELFALT

Fließende Gewässer des Binnenlandes sind wichtige Lebensräume für Pflanzen und Tiere. Während manche Organismen ihr gesamtes Leben an Wasser gebunden sind, brauchen andere Organismen Fließgewässer zumindest zeitweise als Lebensraum. Auch der Mensch nutzt Fließgewässer, z. B. zur Trinkwassergewinnung, aber auch zur Entsorgung von Abwässern. Fließgewässer werden auch von Pflanzen mit besonderen Fähigkeiten besiedelt. So sind Glanzleuchteralgen zur Bildung und Weiterleitung elektrischer Potenziale fähig. Der Schild-Wasserhahnenfuß besitzt speziell angepasste Luft- und Unterwasserblätter. Im Folgenden sollen Sie sich mit stoffechselbiologischen, ökologischen und neurobiologischen Aspekten bei ausgewählten Arten in mitteleuropäischen Fließgewässern auseinandersetzen.

### 1 Ökologische und stoffwechselbiologische Aspekte beim Wasserhahnenfuß

**1.1** Skizzieren Sie ein beschriftetes Schema, welches das wechselseitige Zusammenwirken von Lichtreaktionen (Primärreaktionen) und Calvin-Zyklus (Sekundärreaktionen) sowie Edukte und Produkte von Primär- und Sekundärreaktionen verdeutlicht. 10

**1.2** Beschreiben Sie anhand von M 1a die Unterschiede der Blattquerschnitte durch ein Luftblatt sowie durch ein Unterwasserblatt des Schild-Wasserhahnenfußes (*Ranunculus peltatus*).
Werten Sie M 1 a im Hinblick auf die Angepasstheiten des Schild-Wasserhahnenfußes an seinen Lebensraum aus. 20

**1.3** Erläutern Sie die in M 1 b dargestellten Befunde zur $CO_2$-Aufnahme bei Luft- und Unterwasserblättern von *Ranunculus peltatus* mithilfe des in M 1 c dargestellten Mechanismus, auch unter Bezug auf die Blattquerschnitte (M 1 a). 18

**1.4** Entwickeln Sie in Grundzügen ein Experiment zur Überprüfung der in M 1 d genannten Hypothese unter Bezug auf M 1 c. 6

### 2 Ökologische Aspekte in den verschiedenen Regionen eines Fließgewässers

**2.1** Erläutern Sie unter Bezug auf M 2 die unterschiedlichen Sauerstoffgehalte in folgenden Regionen eines natürlichen Fließgewässers: Quelle, Oberlauf, Mittellauf und Unterlauf. 17

**2.2** Begründen Sie anhand von M 3a und M 3b für jede der beiden Messstellen 1 und 2 die Veränderung der Populationsdichte der drei *Gammarus*-Arten im Fließgewässersystem Lauter und Schlitz. 17

## 3 Neurobiologische Aspekte bei der Stachelspitzigen Glanzleuchteralge

**3.1** Vergleichen Sie das in M 4b dargestellte Ruhe- und Aktionspotenzial bei der Stachelspitzigen Glanzleuchteralge mit den entsprechenden Membranpotenzialen bei einem Säugetierneuron. 8

**3.2** Prüfen Sie anhand von M 4b, M 4c und M 4d die in M 4a dargestellte Hypothese bezüglich der Bildung des Ruhepotenzials und des Aktionspotenzials bei Glanzleuchteralgen. 7

## M 1 Luft- und Unterwasserblätter bei *Ranunculus peltatus*

### M 1a Informationen

**Allgemeine Informationen:**

Der Schild-Wasserhahnenfuß *(Ranunculus peltatus)* ist eine Pflanzenart innerhalb der Familie der Hahnenfußgewächse. Sie kommt als Wasserpflanze auch in Fließgewässern vor. Dieser Hahnenfuß ist eine Pflanze, die verschiedene Laubblätter bildet. Die Unterwasserblätter des Wasserhahnenfußes sind haarförmig geteilt, die Luftblätter sind dagegen ungeteilt. Ein Luftblatt besteht aus deutlich mehr Zellen als ein Unterwasserblatt. Da der Wasserstand veränderlich ist, kann es vorkommen, dass die Luftblätter bei hohem Wasserstand auf der Wasseroberfläche schwimmen. Sonnenlicht wird beim Auftreffen auf die Wasseroberfläche zu einem großen Teil reflektiert.

**Schemazeichnung und Blattquerschnitte:**

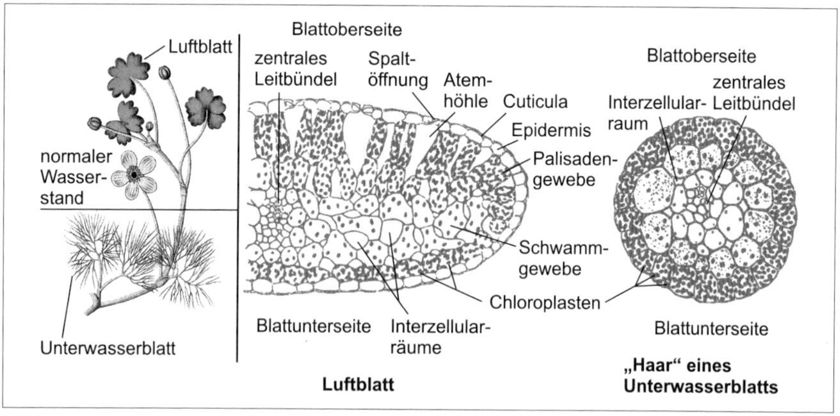


*Zusammengestellt und verändert aus:*
*Gessner, F.: Hydrobotanik Band 1. VEB Deutscher Verlag der Wissenschaften, Berlin (1955), S. 276.*
*Sturm, J. G.: Deutschlands Flora in Abbildungen. Jakob Nürnberg Selbstverlag (1796), Tafel 56.*

## M 1b $CO_2$-Aufnahme bei Luft- und Unterwasserblättern von *Ranunculus peltatus*

Der Anteil an $CO_2$ ist in der Luft viel größer als im Wasser. Daher ist die Aufnahme von $CO_2$ bei Blättern, die sich unter Wasser befinden, nicht ohne Weiteres möglich.
In unterschiedlichen Versuchen hat man jeweils die $CO_2$-Aufnahme bei Luft- und Unterwasserblättern des Hahnenfußes ermittelt. Es wurde jeweils die gleiche Anzahl an Blättern verwendet.

*Zusammengestellt und verändert aus:*
*Gessner, F.: Hydrobotanik Band I. VEB Deutscher Verlagder Wissenschaften, Berlin (1955), S. 276 –277.*

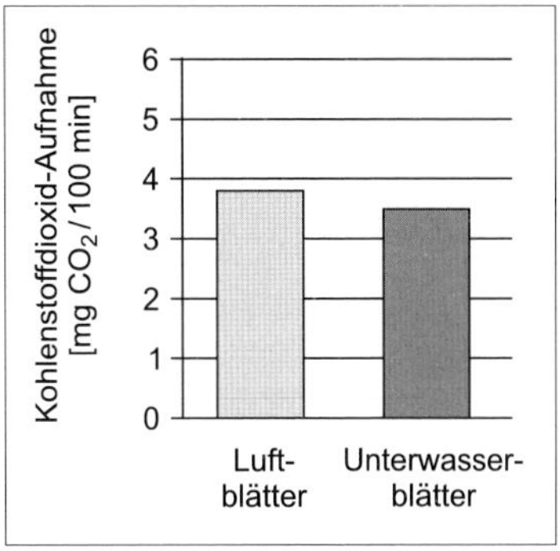


## M 1c Mechanismus der Aufnahme von $HCO_3^-$-Ionen bei Unterwasserblättern von *R. peltatus*

$CO_2$ löst sich nur schlecht in Wasser. Ein Großteil des gelösten $CO_2$ reagiert zu Hydrogencarbonat-Ionen ($HCO_3^-$-Ionen) und Protonen ($H^+$). So wird die Konzentration an $CO_2$ im Wasser erniedrigt, wodurch sich weiteres $CO_2$ in Wasser lösen kann, das ebenfalls wieder mit Wasser reagiert. Hierdurch ist die Konzentration des gelösten $HCO_3^-$ im Wasser viel größer als die des gelösten $CO_2$. An Unterwasserblättern von *Ranunculus peltatus* hat man einen Mechanismus entdeckt, mit dem die Pflanze, abhängig vom pH-Wert (M 1d), ständig $HCO_3^-$-Ionen aus dem Wasser aufnimmt (siehe Abbildung unten).

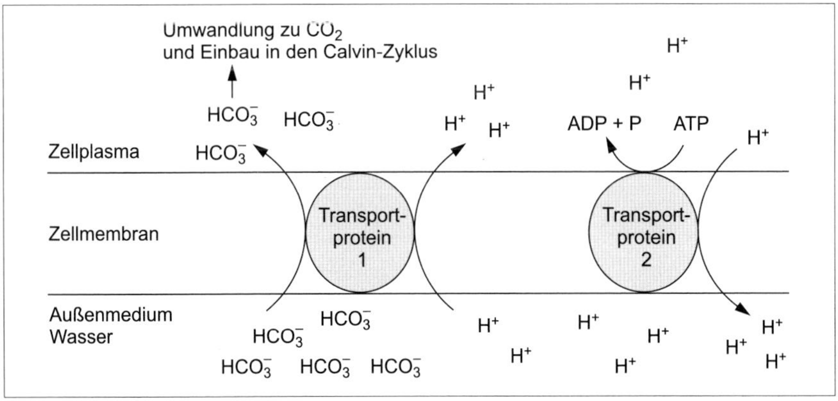


*Zusammengestellt und verändert aus:*
*Madsen, T. V.; Maberly, S. C.: Affinity for $CO_2$ in relation to the ability of freshwater macrophytes to use $HCO_3^-$. In: Functional ecology 12 (1998), S. 99–106.*
*Rikus, U.: Carboanhydrase – ein Enzym, viele Wirkungen. In: Unterricht Biologie 238 (1998), S. 41–47.*

## M 1 d Hypothese und Hinweise zum Experiment zur Fotosyntheserate bei *peltatus*

**Hypothese:** Die Fotosyntheserate bei Unterwasserblättern von *Ranunculus peltatus* ist abhängig vom pH-Wert des sie umgebenden Wassers. Bei einem bestimmten pH-Wert und damit einer bestimmten Protonenkonzentration ist auch die Fotosyntheserate des Unterwasserblattes optimal.

**HINWEISE:** Bei einem niedrigen pH-Wert ist die Konzentration an $H^+$-Ionen hoch, bei einem hohen pH-Wert ist die Konzentration an $H^+$-Ionen gering.

**Zur Verfügung stehende Materialien:**
- Vorrichtung zur Ermittlung der Sauerstoffkonzentration innerhalb von Zellen
- Maßlösungen, die gleiche Konzentrationen an $HCO_3^-$-Ionen (M 1 c) enthalten und auf einen definierten pH-Wert von pH = 1 bis pH = 14 eingestellt sind.
- isolierte chloroplastenreiche Zellen der äußeren Zellschicht der Unterwasserblätter (M 1 a).

*Erstellt durch:*
*Zentralabiturkommission Biologie (2016): Hypothese und Hinweise zum Experiment.*

## M 2 Fließgewässerregionen und ihre Umweltbedingungen

Von der Quelle bis zur Mündung nehmen Wassertrübung und Nährsalzgehalt eines Fließgewässers zu und das Gefälle nimmt ab. Die abiotischen Faktoren in den verschiedenen Fließgewässerregionen an einem Sommertag sind in folgender Tabelle zusammengefasst worden:

**HINWEIS:** Als „Quelle" bezeichnet man den unmittelbaren Austrittsort des Wassers aus dem Boden.

| Gewässerregion | Wassertemperatur (mittags) [°C] | Sauerstoffgehalt | | Gewässerboden | Strömungsgeschwindigkeit [m/s] |
|---|---|---|---|---|---|
| | | im Tagesdurchschnitt | tageszeitliche Schwankungen | | |
| Quelle | unter 10 | sehr gering | – | Felsen | 1,2–2,0 |
| Oberlauf | 10–15 | sehr hoch (fast 100 %) | gering | Felsblöcke, Steine | 0,6–1,2 |
| Mittellauf | 15–20 | hoch | hoch | Kies | 0,4–0,6 |
| Unterlauf | über 20 | gering | sehr hoch | Sand | 0,2–0,4 |

*Zusammengestellt und verändert aus:*
*Hedewig, R.: Lebensraum Binnengewässer. In: Unterricht Biologie, Nr. 216, Sammelband „Wasser als Lebensraum". Friedrich Verlag, Seelze (1996), S. 4.*

## M 3 Umweltbedingungen im Fließgewässersystem Lauter – Schlitz

### M 3a Informationen zu Flohkrebsen und zum Untersuchungsgebiet

Die Lauter ist ein 27,9 Kilometer langer Fluss im Landkreis Fulda in Hessen. Sie entspringt im Mittelgebirge Vogelsberg. Nach Verlassen des Waldgebiets fließt die Lauter durch verschiedene Gemeinden, bis sie nach dem Passieren mehrerer kleiner Zuflüsse die Stadt Lauterbach erreicht.
Gammariden gedeihen nur bei bestimmten Sauerstoffverhältnissen. Die Verbreitung der im Untersuchungsgebiet (M 3b) heimischen Gammariden-Arten wird durch verschiedene Faktoren beeinflusst, die in folgender Tabelle zusammengestellt sind:

| **Ökologische Eigenschaft** | ***Gammarus fossarum*** | ***Gammarus pulex*** | ***Gammarus roeseli*** |
|---|---|---|---|
| Resistenz gegenüber Abwasserbelastung | niedriger | mittel | höher |
| Sauerstoffminimum | 5,3 mg/L | 2,7 mg/L | 3,1 mg/L |

*Zusammengestellt und verändert aus:*
*Ammann, E.: Flohkrebse (Gammaridae) in Vorarlberg. In: Vorarlberger Naturschau 12 (2003), S. 65 f.*
*Brehm, J., Meijering, M. P. D.: Fließgewässerkunde. Quelle und Meyer Verlag, Wiesbaden (1996), S. 260–261.*
*Hübner, G.: Ökologisch-faunistische Fließgewässerbewertung (...). In: Ökologie und Umweltsicherung 27 (2007), S. 62.*

### M 3b Verbreitung der Flohkrebse in der Lauter und der Schlitz von 1970 bis 1988

Die Abwasserbelastung des Fließgewässersystems der Schlitz und der ihr zufließenden Lauter hat sich im Laufe der 70er-Jahre stark erhöht. In den 70er-Jahren war die Kläranlage der Stadt Lauterbach für die anfallenden Wassermengen noch unzureichend ausgebaut. Die Auswirkungen der unzureichenden Kläranlage aus Lauterbach setzten sich bis in die mittlere Schlitz hin fort. Im Jahre 1985 wurde der Bau einer neuen Kläranlage in Lauterbach abgeschlossen. An zwei Messstellen in Lauter und Schlitz wurden in den Jahren 1970, 1976, 1981 und 1988 drei *Gammarus*-Arten registriert.

**LESEHILFE:** Im Jahr 1970 war an Messstelle 1 die Populationsdichte von *G. roeseli* hoch, die Populationsdichten der anderen beiden Arten vergleichsweise gering.

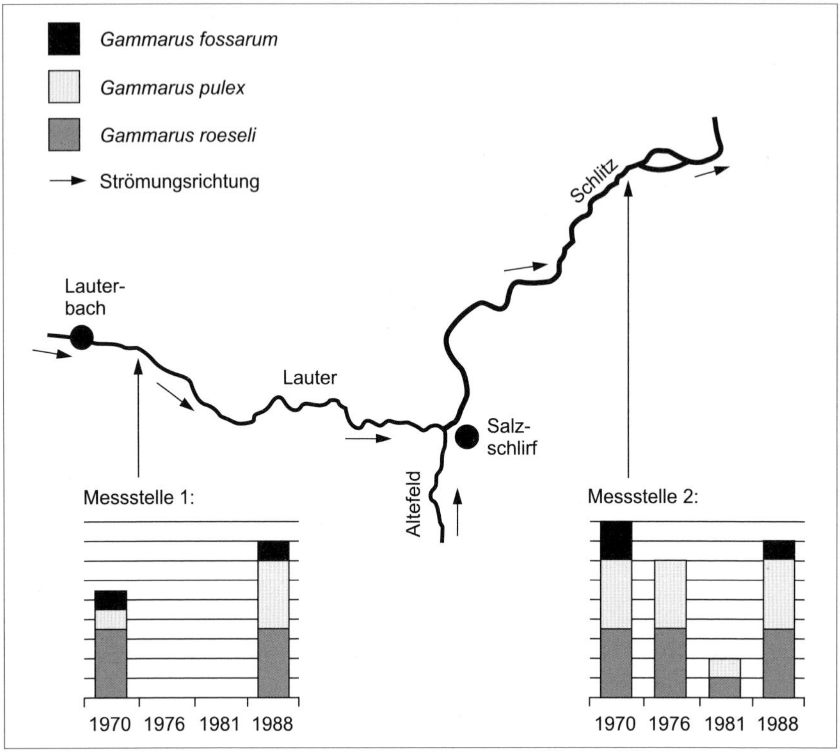


*Zusammengestellt und verändert aus:*
*Brehm, J., Meijering, M. P. D.: Fließgewässerkunde. Quelle und Meyer Verlag, Wiesbaden (1996), S. 260–261.*

## M 4 Elektrische Erregbarkeit bei der Stachelspitzigen Glanzleuchteralge

### M 4a Hypothese zur Erklärung des Ruhe- und des Aktionspotenzials bei *Nitella*

Das Ruhepotenzial bei der Glanzleuchteralge *Nitella* beruht im Wesentlichen auf dem Ausstrom positiv geladener Kaliumionen ($K^+$). Die Depolarisation beim Aktionspotenzial beruht hauptsächlich auf dem Einstrom positiv geladener Calciumionen ($Ca^{2+}$).

*Verändert aus:*
*Mohr, H., Schopfer, P.: Lehrbuch der Pflanzenphysiologie. 3. überarb. Auflage, Springer Verlag, Heidelberg (1978), S. 540.*

## M 4b Informationen sowie Ruhe- und Aktionspotenzial bei der Glanzleuchteralge *Nitella*

Die Stachelspitzige Glanzleuchteralge *Nitella mucronata* ist auch in kleineren Fließgewässern zu finden. *Nitella* ist eine mehrzellige Alge, bei der man verschiedene Membranpotenziale messen kann. Bei Reizung der Alge durch Berührung bilden sich an den Zellen Aktionspotenziale aus, die an den Zellen entlang geleitet werden. Wie bei Nervenzellen beruhen die Membranpotenziale auf unterschiedlichen Ionenverteilungen innerhalb der Zellen und des Außenmediums.

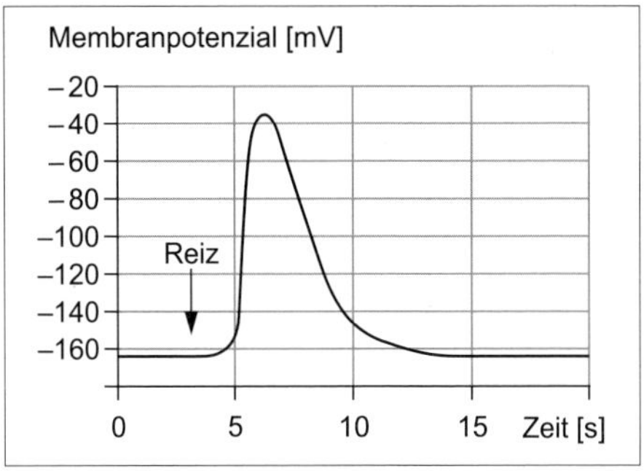


*Zusammengestellt und verändert aus:*
*http://de.wikipedia.org/wiki/Stachelspitzige_Glanzleuchteralge?oldid=133888618 (Zugriff am 24. 05. 2015).*
*Mohr, H., Schopfer, P.: Lehrbuch der Pflanzenphysiologie. 3. überarb. Auflage, Springer Verlag, Heidelberg (1978), S. 540.*

## M 4c Ionenkonzentrationen bei der Glanzleuchteralge Nitella und beim Säugetierneuron

Folgende Ionenkonzentrationen wurden bei Zellen der Glanzleuchteralge ermittelt:

| Ionensorte | Konzentration im Außenmedium [mmol/L] | Konzentration im Zellsaft von *Nitella* [mmol/L] |
|---|---|---|
| $K^+$ | 0,04 | 54,3 |
| $Na^+$ | 0,2 | 10,0 |
| $Ca^{2+}$ | 0,8 | 10,2 |
| $Cl^-$ | 0,9 | 90,7 |

Folgende Ionenkonzentrationen wurden an Neuronen bei Säugetieren ermittelt:

| Ionensorte | Konzentration im Außenmedium [mmol/L] | Konzentration im Säugetierneuron [mmol/L] |
|---|---|---|
| $K^+$ | 3 | 135 |
| $Na^+$ | 145 | 18 |
| $Cl^-$ | 120 | 7 |

*Zusammengestellt und verändert aus:*
*Mohr, H., Schopfer, P.: Lehrbuch der Pflanzenphysiologie. 3. überarb. Auflage, Springer Verlag, Heidelberg (1978), S. 127 f., 536 ff.*

## M 4d Gleichgewichtspotenziale bei *Nitella mucronata* und beim Säugetierneuron

Man kann berechnen, welche Spannung sich an der Zellmembran einstellen würde, wenn diese nur für eine Ionenart durchlässig wäre. Dieses Gleichgewichtspotenzial wird ermittelt, wenn sich das Gleichgewicht zwischen Ioneneinstrom und Ionenausstrom in Ruhe eingestellt hat. Es wird in Millivolt (mV) gemessen und bei den Messungen auf der Zellaußenseite willkürlich auf 0 mV gesetzt.

**LESEBEISPIEL:** Für das Gleichgewichtspotenzial der Kaliumionen ($K^+$) beim Säugetierneuron auch unter Einbezug von M 4c: Kaliumionen liegen im Zellplasma in viel höherer Konzentration vor (135 mmol/L) als außerhalb der Zelle (3 mmol/L). Kaliumionen diffundieren aus der Zelle heraus, bis das Zellinnere so negativ geladen ist (–102 mV), dass eine weitere Nettodiffusion nicht mehr möglich ist.

| **Ionensorte** | **Gleichgewichtspotenziale [mV] bei *Nitella*** | **Gleichgewichtspotenziale [mV] beim Säugetierneuron** |
|---|---|---|
| $K^+$ | –179 | –102 |
| $Na^+$ | –98 | +56 |
| $Ca^{2+}$ | –32 | keine Angabe |
| $Cl^-$ | +115 | –76 |

*Zusammengestellt und verändert aus:*
*Mohr, H., Schopfer, P.: Lehrbuch der Pflanzenphysiologie. 3. überarb. Auflage, Springer Verlag, Heidelberg (1978), S. 127 f., 536 ff.*

## Lösungsvorschlag

Die Aufgabe beinhaltet die folgenden Themen:

- Stoffwechselbiologie: Primär- und Sekundärreaktionen der Fotosynthese, morphologische Angepasstheiten von Laubblättern, Abhängigkeit der Kohlenstoffdioxidaufnahme und der Fotosyntheserate von Außenfaktoren
- Ökologie: abiotische Faktoren, Ökosystem Fließgewässer, Indikatororganismen
- Neurobiologie: Membranpotenzial, Informationsweiterleitung an Tier- und Pflanzenzellen, Ruhe- und Aktionspotenzial

**TIPP** **Allgemeine Hinweise zur Lösung der Aufgabe**

Bearbeiten Sie anhand verschiedener Aspekte des Ökosystems Fließgewässer stoffwechselphysiologische sowie ökologische Themen und bringen Sie dabei Ihre Kenntnisse und Einsichten insbesondere zur Pflanzenphysiologie und zum Ökosystem Fließgewässer ein. Außerdem sollen Sie neurobiologisches Wissen zur Informationsweiterleitung auf die Verhältnisse bei Pflanzen übertragen. Verschaffen Sie sich zu jeder Teilaufgabe zunächst einen Überblick über das gesamte zugehörige Arbeitsmaterial. Berücksichtigen Sie dann im Hinblick auf die nötige Durchdringung des teilweise recht komplexen Arbeitsmaterials und bei der Einbeziehung von Details die exakte Bedeutung der jeweils verwendeten Operatoren, um Ihren Zeitaufwand in Grenzen zu halten.

1.1 **TIPP** *Anforderungsbereich: I, Bewertungseinheiten: 10*

Stellen Sie in der weitgehend reproduktiv angelegten Einstiegsaufgabe die Verzahnung von Primär- und Sekundärreaktionen mithilfe der jeweiligen Edukte und Produkte in einer Überblicksskizze schematisch dar, ohne auf die Details der beiden Reaktionen einzugehen. Quantitative Angaben sind hier ebenfalls nicht gefordert.

Mögliches Schema:

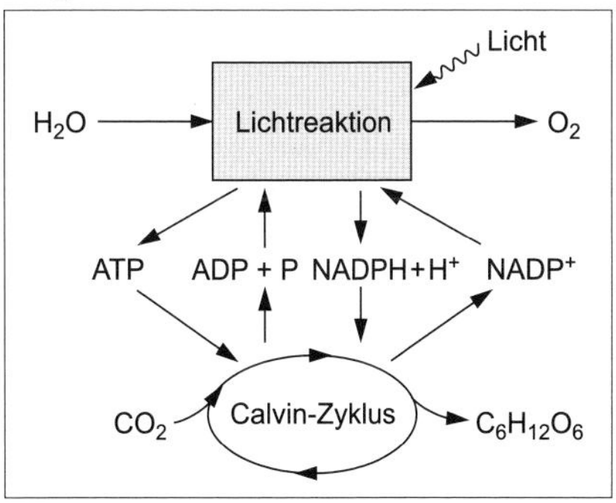

1.2 **TIPP** *Anforderungsbereiche: I – II, Bewertungseinheiten: 20*

Die zwei Arbeitsaufträge sind direkt miteinander verknüpft und nacheinander zu bearbeiten. Vergleichen Sie zunächst die beiden Blatttypen in M 1 a möglichst exakt und systematisch miteinander, um die jeweiligen Unterschiede herauszuarbeiten. Deuten Sie dann im zweiten Arbeitsauftrag die jeweiligen Details im Bau der beiden Blatttypen des Schild-Wasserhahnenfußes als besondere Angepasstheiten an den aquatischen Lebensraum.

*Beschreiben:* Der ellipsenförmige Blattquerschnitt der ungeteilten Luftblätter zeigt ein chloroplastenreiches Palisadengewebe und ein Schwammgewebe mit weniger Chloroplasten und relativ großen Interzellularräumen. Ein zentrales Leitbündel wird von diesem Gewebe umschlossen. In der chloroplastenfreien Epidermis, die das gesamte Blatt begrenzt, sind nur auf der Blattoberseite Spaltöffnungen eingelagert, die in große Atemhöhlen münden. Auf der Blattunterseite schließt sich der Epidermis zum Blattinneren hin noch eine relativ chloroplastenreiche Zellschicht an. Nach außen hin liegt der Epidermis eine Cuticula auf.
Der kreisförmige Querschnitt der haarförmig geteilten Unterwasserblätter lässt sich dagegen nicht in eine Blattober- und Blattunterseite unterteilen. Eine chloroplastenfreie Epidermis und eine Cuticula fehlen. Nach außen hin wird das Blatt stattdessen durch eine chloroplastenreiche Zellschicht begrenzt. Zwei sich nach innen anschließende chloroplastenärmere Zellschichten mit relativ kleinen Interzellularräumen umschließen ein zentrales Leitbündel.

*Auswerten:* Die Cuticula des Luftblattes bewirkt, dass der Gasaustausch vorwiegend über die Spaltöffnungen erfolgt und das Blatt vor unkontrollierter Transpiration geschützt ist. Auch für den Fall, dass das Blatt bei hohem Wasserstand auf dem Wasser liegt, ist durch die Anordnung der Spaltöffnungen an der Oberseite des Blattes noch ein ausreichender Gasaustausch gewährleistet. Dabei ist durch die großen, gasgefüllten Interzellularen ein gutes Aufschwimmen des Blatts möglich. Die chloroplastenreiche Zellschicht an der Blattunterseite ist als morphologische Angepasstheit zur optimalen Absorption des vom Wasser reflektierten Lichts anzusehen. So kann auch diese Lichtenergie für die Fotosyntheseleistung des Blattes effektiv genutzt werden.
Die haarförmigen Unterwasserblätter sind aufgrund der kreisförmigen, nach außen weisenden Anordnung der chloroplastenreichen Zellen gut geeignet, trotz der häufigen Lageveränderungen im bewegten Wasser das einfallende Sonnenlicht bestmöglich zu absorbieren und fotosynthetisch zu nutzen. Die Unterwasserblätter benötigen keinen Schutz vor unkontrollierter Transpiration, sodass ihnen Epidermis und abschließende Cuticula fehlen. Diese Eigenschaft erleichtert ihnen außerdem den Stoff- und Gasaustausch mit dem umgebenden Wasser.

**1.3** **TIPP** *Anforderungsbereiche: II – III, Bewertungseinheiten: 18*

Verschaffen Sie sich zunächst einen Überblick über die Daten zur Aufnahme von Kohlenstoffdioxid in M 1 b und M 1 c. Ausgangspunkt Ihrer Darstellung ist dann eine kurze Beschreibung der Versuchsergebnisse in M 1 b. Darauf aufbauend und unter Einbeziehung der übrigen Informationen zum Wasserhahnenfuß sollten Sie anschließend eine Erklärung für die Befunde zur $CO_2$-Aufnahme in Luft- und Unterwasserblättern ableiten.

Die Kohlenstoffdioxid-Aufnahme von Unterwasserblättern liegt mit etwa 3,6 mg $CO_2$ pro 100 Minuten nur geringfügig unterhalb des Werts von Luftblättern, der etwa 3,8 mg $CO_2$ pro 100 Minuten beträgt. Dies verwundert insofern, als der $CO_2$-Gehalt im Wasser wesentlich niedriger ist als in der Luft. Während die Luftblätter die $CO_2$-Aufnahme aus der Atmosphäre über ihre Spaltöffnungen regulieren können, fehlen den Unterwasserblättern diese Stomata. Durch reine Diffusion kann nur wenig $CO_2$ in das Unterwasserblatt und die $CO_2$-verbrauchenden Zellen gelangen. Eine Erklärung für das dennoch ähnlich hohe Niveau der $CO_2$-Aufnahme in Unterwasserblättern liefern die Informationen in M 1 c. Ein Großteil des im Wasser gelösten $CO_2$ reagiert mit Wasser zu Hydrogencarbonationen und Protonen, sodass die Konzentration von $CO_2$ gering gehalten wird. Entsprechend den Konzentrationsunterschieden kann sich weiteres $CO_2$ im Wasser lösen, das wiederum mit Wasser reagiert, sodass sich $HCO_3^-$-Ionen und Protonen im Wasser anreichern. Die Unterwasserblätter des Wasserhahnenfußes sind offenbar in der Lage, fortwährend $HCO_3^-$ aus dem Wasser aufzunehmen: Mithilfe eines Transportproteins 1 in der Zellmembran diffundieren die $HCO_3^-$-Ionen zusammen mit den Protonen entlang ihres Konzentrationsgefälles ins Zellplasma. Dort erfolgt wieder die Umwandlung von $HCO_3^-$-Ionen zu $CO_2$ und Wasser, sodass $CO_2$ im Calvin-Zyklus verwertet werden kann. Eine Anreicherung von Protonen im Zellplasma wird dadurch verhindert, dass ein Transportprotein 2 die Protonen durch aktiven Transport (ATP-Verbrauch) aus der Zelle ausschleust. Auf diese Art und Weise wird das Konzentrationsgefälle der Protonen von außen nach innen aufrechterhalten, sodass die protonenunterstützte Diffusion von $HCO_3^-$ aus dem Außenmedium ins Zellplasma fortdauern kann. Das Wirken der beiden Transportproteine ermöglicht der Zelle unter Energieverbrauch die Anreicherung von $HCO_3^-$-Ionen – und damit indirekt von $CO_2$ – im Zellplasma und so eine mit den Luftblättern vergleichbare Aufnahme von Kohlenstoffdioxid.

1.4 **TIPP** *Anforderungsbereiche: II – III, Bewertungseinheiten: 6*

Diese Teilaufgabe bezieht sich weniger auf fachliche Inhalte, sondern prüft vielmehr Ihre prozessbezogenen Kompetenzen, da Sie anhand einer Hypothese und methodischer Vorgaben ein passendes Experiment zur Prüfung der Hypothese entwickeln sollen. Beachten Sie genau, welche Materialien für das Experiment zur Verfügung stehen und stellen Sie zunächst die für die Versuche notwendigen Versuchsbestandteile zusammen. Bedenken Sie auch die einzuhaltenden Randbedingungen bei der Durchführung eines wissenschaftlichen Experiments.

Die isolierten Zellen der Unterwasserblätter werden in ein geeignetes lichtdurchlässiges Gefäß, das eine der verschiedenen Maßlösungen mit einem bestimmten pH-Wert (z. B. pH-Wert = 1) enthält, gegeben. Die Vorrichtung zur Messung des intrazellulären Sauerstoffgehalts wird so installiert, dass die Fotosyntheseleistung der Blattzellen anhand der Sauerstoffproduktion (kontinuierlich) erfasst werden kann. Zu Beginn und nach einer festgelegten Zeit wird der Sauerstoffgehalt innerhalb der Zellen bestimmt. Dieser Versuchsablauf wird für alle vorbereiteten Maßlösungen wiederholt, sodass jeweils die Veränderungen des Sauerstoffgehalts erfasst werden. Entscheidend ist dabei, alle weiteren Einflussfaktoren auf die Fotosyntheseleistung wie Temperatur, Beleuchtungsart und -stärke konstant zu halten und die Messungen pro Maßlösung zu wiederholen, um sie statistisch abzusichern. Wenn sich bei den verschiedenen pH-Werten jeweils signifikant unterschiedliche Werte der Sauerstoffentwicklung ergeben, kann die Abhängigkeit der Sauerstoffentwicklung und damit der Fotosyntheserate vom pH-Wert des umgebenden Wassers als bestätigt angesehen werden. Der pH-Wert, bei dem man die stärkste Sauerstoffentwicklung feststellt, ist als Optimalwert für die Fotosyntheseleistung anzusehen.

2.1 **TIPP** *Anforderungsbereiche: I – II, Bewertungseinheiten: 17*

Bringen Sie in dieser auch reproduktiv angelegten Teilaufgabe Ihre Kenntnisse zu Änderungen im Sauerstoffgehalt im Verlauf eines Fließgewässers ein. Nutzen Sie für Ihre Erläuterungen die Angaben in der Tabelle von M 2 und liefern Sie Erklärungen für die jeweiligen Sauerstoffgehalte.

An der **Quelle** dringt aus dem felsigen Untergrund kaltes und sauerstoffarmes Wasser, da es im Boden kaum Sauerstoffkontakt hatte. Die Fließgeschwindigkeit ist dauerhaft relativ hoch.
Im **Oberlauf** führen die hohe Fließgeschwindigkeit und der steinige Untergrund oft zu starken Aufwirbelungen des Wassers, sodass sich im noch kalten Wasser viel Sauerstoff lösen kann. Da hier relativ wenige Lebewesen angesiedelt sind, sind tageszeitliche Schwankungen des Sauerstoffgehalts durch Dissimilations- bzw. Assimilationsprozesse kaum zu verzeichnen.

Erst im **Mittellauf** kommt es zu einer deutlichen Erwärmung des Fließgewässers und einer Verringerung der Fließgeschwindigkeit, sodass aus der Atmosphäre weniger Sauerstoff in das Wasser gelangt. Allerdings nimmt der Sauerstoffeintrag durch Fotosyntheseprozesse stark zu, da im Mittellauf zunehmend Algen und Pflanzen angesiedelt sind. Am Tage überwiegen diese sauerstofffreisetzenden Prozesse gegenüber den gleichzeitig ablaufenden Atmungsprozessen von Pflanzen und Tieren, die in dieser Region des Fließgewässers ebenfalls vermehrt auftreten. Nachts erfolgt dagegen ein teilweiser Abbau des Sauerstoffvorrats durch die weiterhin ablaufenden Dissimilationsvorgänge, sodass insgesamt deutliche tageszeitliche Schwankungen des Sauerstoffgehalts bestehen.
Im **Unterlauf** des Fließgewässers nimmt die Fließgeschwindigkeit weiter ab und die Wassertemperatur zu, sodass noch weniger Sauerstoff aus der Atmosphäre im Gewässer gelöst werden kann. Gleichzeitig steigt der Nährsalzgehalt durch Abbauvorgänge und Einträge von außen, sodass das Wachstum von Phytoplankton und Wasserpflanzen stark gefördert wird. Am Tage überwiegen daher weiterhin die Assimilationsvorgänge und damit die Sauerstoffproduktion gegenüber dem Sauerstoffverbrauch durch Atmungsprozesse von Pflanzen und Tieren. Da insgesamt jedoch auch der sauerstoffzehrende Abbau der Biomasse zunimmt, kommt es aufgrund der nachts ruhenden Fotosyntheseprozesse und des nächtlichen Sauerstoffverbrauchs zu besonders hohen tageszeitabhängigen Schwankungen des Sauerstoffgehalts. Daraus resultiert eine im Tagesdurchschnitt stark erniedrigte Sauerstoffkonzentration im Unterlauf des Fließgewässers.

2.2 **TIPP** *Anforderungsbereiche: II–III, Bewertungseinheiten: 17*

In dieser Aufgabe können Sie Ihre Kenntnisse zum Einfluss abiotischer Faktoren auf die Verbreitung von Indikatororganismen zur Analyse einer ökologischen Feldstudie heranziehen. Leiten Sie für jede Messstelle einzeln aus dem zeitabhängigen Auftreten der verschiedenen Gammarus-Arten und den Text- und Tabelleninformationen Begründungen für den jeweiligen Gewässerzustand ab.

**Messstelle 1:** An dieser Messstelle der Lauter unterhalb von Lauterbach trat 1970 vorwiegend *Gammarus roeseli* auf, die beiden anderen *Gammarus*-Arten in deutlich geringerem Maße. Grund für diese Verteilung war vermutlich die damals schon vorhandene Abwasserbelastung, da *G. roeseli* eine höhere Resistenz gegenüber Abwasserbelastungen aufweist als die beiden anderen Arten.
1976 und 1981 fand man in der Lauter gar keine Gammariden mehr. Da nach 1970 die Wasserverschmutzung auch aufgrund der unzureichenden Kläranlage in Lauterbach stark zunahm, konnte sich keine der Gammaridenarten mehr durchsetzen, sodass sie zumindest an dieser Messstelle aus der Lauter verschwanden. 1988 registrierte man hingegen ähnlich hohe Dichten von *G. roeseli* wie 1970 und auch *G. pulex* war mit einer gleichermaßen hohen Populationsdichte vertreten. Die Dichte von *G. fossarum* war immerhin wieder so hoch wie 1970. Diese Veränderungen lassen sich vermutlich

darauf zurückführen, dass 1985 eine neue Kläranlage fertiggestellt wurde, die eine erhebliche Verringerung der Abwasserbelastungen ermöglichte. Dass sich *G. pulex* mit einer mittleren Resistenz gegenüber Abasserbelastungen erfolgreicher ansiedeln konnte als 1970, deutet auf eine im Jahr 1988 geringere Gewässerverschmutzung als 1970 hin. Dass sich *G. fossarum* nach wie vor nur mit einer relativ geringen Populationsdichte durchsetzen konnte, ist seiner stärkeren Empfindlichkeit gegenüber Abwasserbelastungen geschuldet, und weist auf eine an dieser Stelle noch immer bestehende Verschmutzung im Jahre 1988 hin.

**Messstelle 2:** An dieser Messstelle der Schlitz zeigte sich 1970 eine starke Verbreitung aller drei Gammaridenarten. Insbesondere die relativ hohe Populationsdichte von *G. fossarum* weist auf einen nur geringen Verschmutzungsgrad hin. Dies änderte sich in den Jahren 1976 und 1981. *G. fossarum* war 1976 und 1981 nicht mehr nachweisbar. 1981 gingen auch die Populationsdichten von *G. roeseli* und *G. pulex* gleichermaßen stark zurück. Offenbar nahm also auch der Verschmutzungsgrad der Schlitz durch die zunehmende Abwasserbelastung der Lauter im Laufe der 70er-Jahre stark zu. Der Sauerstoffgehalt an der Messstelle reichte anscheinend noch aus, um das Überleben von *G. roeseli* mit dem höheren Sauerstoffanspruch zu sichern. 1988 hatten sich alle drei Populationen wieder erholt, bis auf *G. fossarum* erreichten sie die Werte von 1970. Begründen lässt sich diese Erholung vermutlich mit dem starken Rückgang der Abwasserbelastung durch die Fertigstellung der neuen Kläranlage für Lauterbach. Die etwas geringere Dichte von *G. fossarum* gegenüber 1970 weist aber auf eine noch immer vorhandene, wenn auch geringfügige Belastung der Schlitz hin.

3.1 **TIPP** *Anforderungsbereiche: I – II, Bewertungseinheiten: 8*

Diese Teilaufgabe zielt auf Ihre neurobiologischen Kenntnisse zu den Ursachen von Membran- und Ruhepotenzialen in Nervenzellen sowie zu Depolarisationsvorgängen infolge von Membranreizungen ab. Erfassen Sie Gemeinsamkeiten und Unterschiede der Informationsübertragung bei Tieren und Pflanzen. Beachten Sie, den Fokus nur auf M 4 b auszurichten und für den Vergleich nur die dafür geeigneten Kenntnisse zum Ruhe- und Aktionspotenzial bei Säugetieren heranziehen. Beginnen Sie am besten mit den Gemeinsamkeiten.

Das Membranpotenzial ist im Ruhezustand (Ruhepotenzial) bei Algenzellen und Säugetierneuronen negativ und bei beiden kommt es nach Reizung zu einer Depolarisation mit anschließender Repolarisationsphase. Die Potenzialveränderung bei Algenzellen zeigt also nach Reizung eine auf den ersten Blick ähnliche Charakteristik wie ein Aktionspotenzial in Neuronen. Bei *Nitella* weist jedoch das Ruhepotenzial mit ca. –160 mV einen deutlich negativeren Wert als bei Säugetierneuronen auf. Die Depolarisationsphase ist darüber hinaus nicht wie in Neuronen durch eine langsame Annäherung an einen Schwellenwert gekennzeichnet. Die Depolarisation erreicht bei ca. –40 mV ihren Maximalwert, d. h., es kommt zu keiner Ladungsumkehr wie in Säugetierneuronen. Die Dauer des Aktionspotenzials von *Nitella* ist mit ca. sieben Sekunden wesentlich länger als bei Säugetierneuronen und zeigt während der verzögerten Repolarisationsphase keine kurzfristige Hyperpolarisation.

3.2 **TIPP** *Anforderungsbereich: III, Bewertungseinheiten: 7*

Überprüfen Sie hier anhand des umfangreichen, komplexen Materials die Hypothese in M 4a auf ihre Stichhaltigkeit. Beachten Sie, dass Sie bei der Bearbeitung viel Zeit zur Erfassung des Materials und zur Strukturierung Ihrer Argumentation benötigen. Nutzen Sie das Material dabei als Datensammlung, ohne bei ihrer Erklärung erneut alle Details darzustellen. Ziehen Sie zur Prüfung der zwei Teilhypothesen dann jeweils die relevanten experimentellen Befunde heran.

Die Konzentrationsunterschiede der angegebenen Ionen zwischen Außenmedium und Zellplasma von *Nitella* sind für $K^+$-Ionen und $Cl^-$-Ionen am größten. Insofern kommen beide Ionenarten für die Potenzialausbildung infrage. Da das Gleichgewichtspotenzial für $K^+$-Ionen stark negativ ist und das Ruhepotenzial laut M 4b mit ca. –164 mV auf einem negativen Ladungsüberschuss im Zellplasma beruht, muss – ähnlich wie beim Säugetierneuron – hauptsächlich die Diffusion von $K^+$-Ionen für das Ruhepotenzial verantwortlich sein. $K^+$-Ionen diffundieren von innen nach außen, sodass ihr Gleichgewichtspotenzial annähernd erreicht wird. Der erste Teil der Hypothese wird daher durch die experimentellen Daten bestätigt.
Die Depolarisation bei der Bildung eines Aktionspotenzials beruht hingegen auf dem Ausstrom von $Cl^-$-Ionen entlang des Konzentrationsgefälles, das Gleichgewichtspotenzial für $Cl^-$-Ionen ist mit +115 mV sehr positiv. $Ca^{2+}$-Ionen kommen dafür nicht infrage, da deren Konzentrationsgradient bei Öffnung von $Ca^{2+}$-Ionenkanälen zu einer verstärkten Diffusion von $Ca^{2+}$-Ionen nach außen und damit zu einer Hyperpolarisation führen würde. Der zweite Teil der Hypothese ist daher auf der Grundlage der experimentellen Daten als widerlegt anzusehen.

# Niedersachsen Biologie ▪ Abiturprüfung 2017
Erhöhtes Anforderungsniveau ▪ Aufgabe I

BE

## PILZE – VERNETZTE FADENWESEN IM ÖKOSYSTEM WALD

Wenn von Pilzen die Rede ist, denken die meisten an die Fruchtkörper von Großpilzen. Doch wer „in die Pilze geht", tritt dabei den weitaus ausgedehnteren Teil des „Fadenwesens Pilz" mit Füßen. Die Fruchtkörper der Pilze wachsen auf dem Boden, das Pilzgeflecht darin. Nur die Feinheit dieser Pilzgeflechte verhindert, dass man sie auf den ersten Blick erkennt. Dabei hat das Pilzgeflecht eine weitaus größere Bedeutung für das Ökosystem Wald als der Verzehr der Fruchtkörper für den Menschen.
Im Folgenden sollen Sie sich mit ökologischen, neurobiologischen und stoffwechselbiologischen Aspekten im Zusammenhang mit ausgewählten Pilzen im Ökosystem Wald auseinandersetzen.

### 1 Ökologische Aspekte in einem mitteleuropäischen Wald

**1.1** Skizzieren Sie mithilfe von M 1 ein beispielhaftes Nahrungsnetz im Ökosystem Wald, das fünf Trophieebenen (Ernährungsstufen) berücksichtigt. 12

**1.2** Erläutern Sie die beiden in M 2 dargestellten Schichtungsdiagramme vergleichend. 14

**1.3** Werten Sie M 3 im Hinblick auf die Wechselbeziehung zwischen Alge und Pilz (A, B) sowie im Hinblick auf die Angepasstheit der Rentierflechte an die kalte Jahreszeit (A, B, C) aus. 17

**1.4** Erläutern Sie den Energiefluss in einem mitteleuropäischen Laubmischwald (M 4), auch unter Berücksichtigung der Pilze. 17

### 2 Neurobiologische Aspekte bei einer Pilzvergiftung

**2.1** Skizzieren Sie die Vorgänge bei der Erregungsübertragung an einer cholinergen Synapse anhand einer beschrifteten, die Vorgänge verdeutlichenden Schemazeichnung. 10

**2.2** Erläutern Sie die Wirkung des Fliegenpilzgiftes auf die Erregungsübertragung und die Muskeltätigkeit beim Menschen (M 5).
Prüfen Sie, inwieweit das Neurotoxin der Tollkirsche als Gegenmittel bei einer Fliegenpilzvergiftung zu empfehlen ist (M 5). 11

## 3 Ökologische und stoffwechselbiologische Aspekte eines parasitären Pilzes

**3.1** Erläutern Sie anhand von M 6a die Auswirkungen von Fusicoccin auf die befallene Pflanze. 11

**3.2** Werten Sie M 6b und M 6c im Hinblick auf die Funktionsweise und die molekularen Vorgänge beim Schließen der Spaltöffnungen aus. 13

## M 1 Nahrungsnetz in einem Eichenmischwald

In einem typischen Eichenmischwald leben viele verschiedene Organismen. Einige von ihnen sind in der untenstehenden Abbildung dargestellt.

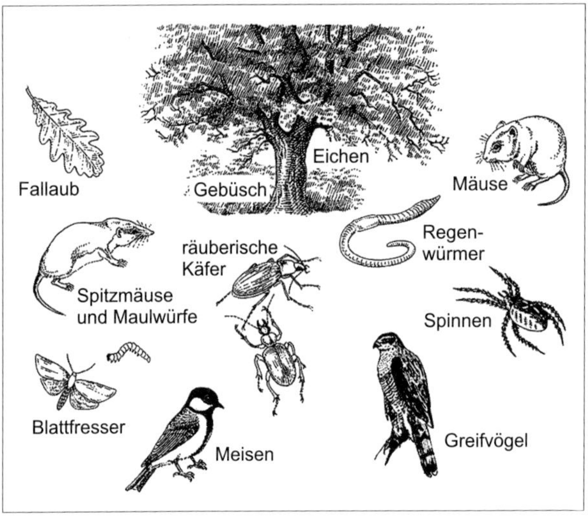


*Zusammengestellt und verändert aus: Altenkirch, W.: Studienbücher Biologie – Ökologie. Verlage Diesterweg Salle Sauerländer, Frankfurt am Main (1977), S. 139. Hafner, L., Philipp, P. (Hrsg.): Ökologie. Hermann Schroedel Verlag KG, Hannover (1978), S. 55.*

## M 2 Vertikaler Aufbau zweier mitteleuropäischer Wälder im Sommer

**HINWEIS:** Der Deckungsgrad gibt die Bedeckung der untersuchten Waldfläche durch die jeweilige Schicht in % der Gesamtfläche an.

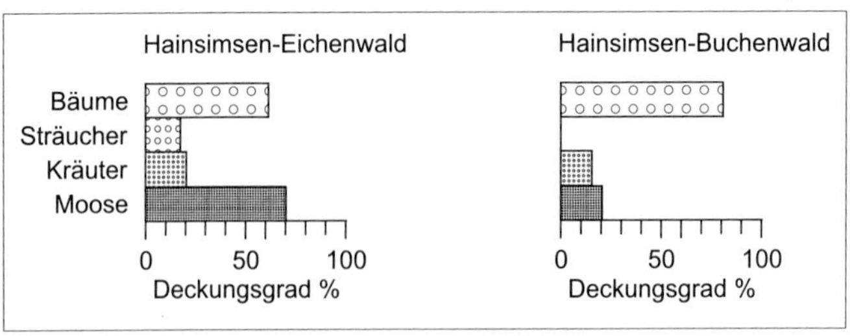


*Verändert aus: Dierschke, H.: Pflanzensoziologie. Verlag Eugen Ulmer GmbH & Co., Stuttgart (1994), S. 111.*

**M 3** **Die Rentierflechte *(Cladonia rangiferina)***

## A Wechselbeziehung zwischen Alge und Pilz

Eine Flechte ist keine einheitliche Pflanze, sondern ein Doppelorganismus, gebildet aus zwei gänzlich verschiedenen Lebewesen: aus einer Alge und einem Schlauchpilz. Der Flechtenkörper ist bei *Cladonia rangiferina* ein strauchförmiger Thallus. Im Inneren sind die Algenzellen von den Pilzhyphen (Pilzfäden) umhüllt (B). Die völlig chloroplastenfreien Pilzhyphen schützen die chlorophyllhaltigen Algenzellen u. a. vor Austrocknung.

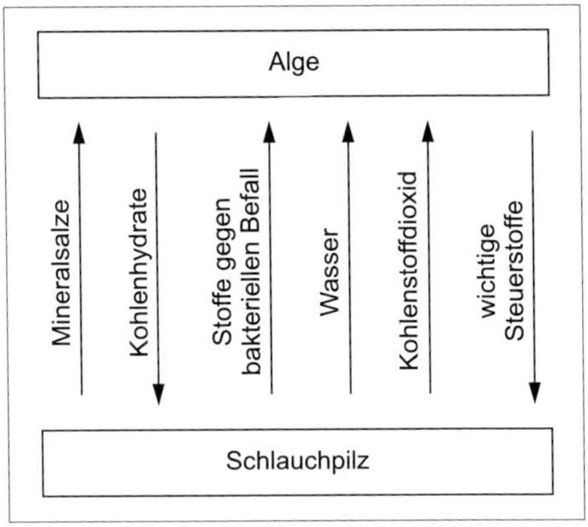


## B Anatomie und Morphologie der Rentierflechte

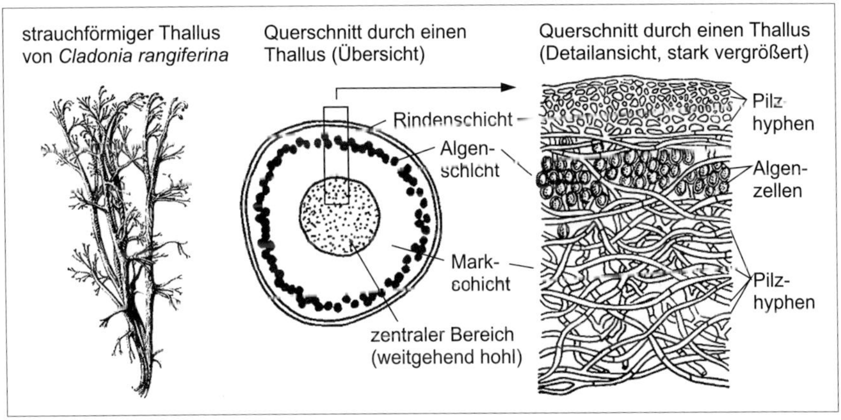

## C Informationen zur Rentierflechte *Cladonia rangiferina* und $CO_2$-Gaswechsel

Die Rentierflechte kommt bei uns in nährstoffarmen, sehr trockenen Kiefernwäldern vor. Die strauchförmige Flechte bildet am Boden oft einen zusammenhängenden Flechtenrasen. Dieser ist Brutstätte, Lebensraum und Überwinterungsquartier unzähliger Kleinlebewesen. Weiterhin ist der Flechtenrasen von außerordentlicher Wichtigkeit für den Wasserhaushalt des Waldes. Er sieht das ganze Jahr über gleichbleibend grünlich aus. Die Rentierflechte ist insbesondere an die kalte Jahreszeit angepasst, was besonders durch den $CO_2$-Gaswechsel (Abb. unten) deutlich wird.

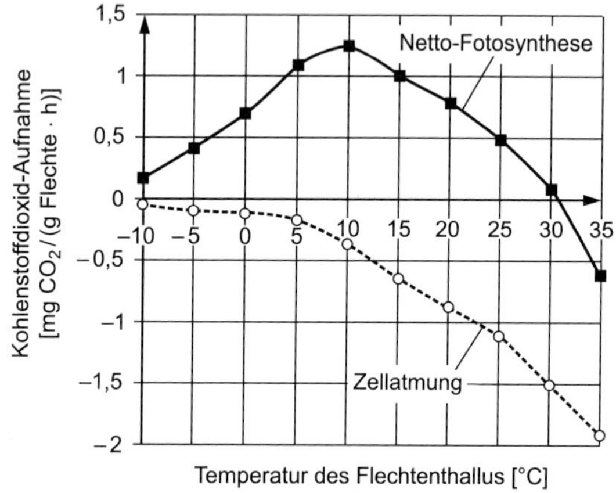


*Materialgrundlage:*
*Bertalanffy, L. von (Hrsg.): Handbuch der Biologie, Band IV. Akad. Verlagsgesellschaft Athenaion, Potsdam (1942), S. 315 f.*
*Bibliograph. Inst. (Hrsg.): Meyers Konversations-Lexikon. Verlag des Bibl. Instituts, Hiltburghausen (1874), Tafel „Flechten“.*
*Ricek, E. W.: Flechten und Moose. Trauner-Druck, Linz (1974), S. 6–7.*
*Türk, R.: Laboruntersuchungen über den $CO_2$-Gaswechsel von Flechten (…). In: Phyton 21 (1981), S. 203–234.*
*Türk, R., Wittmann, H.: Die bunte Welt der Flechten (…). In: Katal. Österr. Landesm. n. F. 5 (1986), S. 5 ff.*

## M 4 Energiefluss in einem mitteleuropäischen Laubmischwald

**HINWEISE:** Die Werte der Energiebeträge sind in Milliarden Joule angegeben und auf einen Hektar Wald während eines Jahres bezogen. Verwenden Sie die Energiebeträge für Ihre Erläuterung.

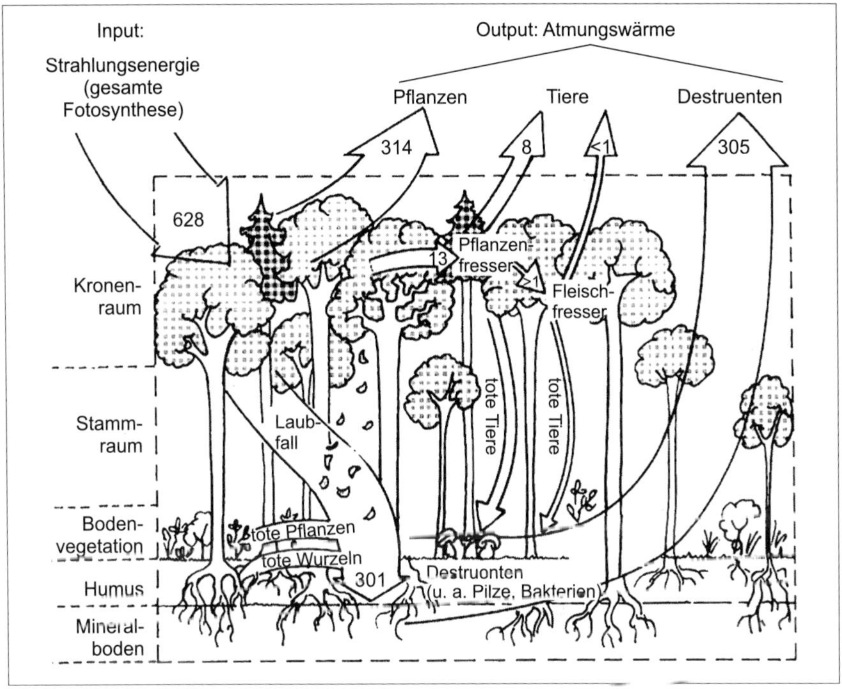


*Verändert aus:*
*Otto, H.-J.: Waldökologie. Verlag Eugen Ulmer GmbH & Co., Stuttgart (1994), S. 291.*

## M 5 Muscarin und Atropin – Tödliche Gifte im Wechselspiel

Giftstoffe werden nur vergleichsweise langsam vom Körper abgebaut. Jedem Pilzsammler ist der Fliegenpilz *Amanita muscaria* bekannt. Dessen roter Pilzhut mit den weißen Punkten ist auf dem Waldboden besonders auffällig. Fliegenpilze enthalten den Wirkstoff Muscarin.

„Belladonna“ werden in Italien schöne Frauen mit bezaubernden Augen genannt. So tropften sich die feinen Damen den Saft der Tollkirsche in die Augen. Daraufhin weiteten sich die Pupillen und die Augen schienen größer. Hierfür ist der Wirkstoff Atropin verantwortlich.

| Toxin | Mechanismus am Wirkungsort |
|---|---|
| Muscarin | Muscarin ist dem Acetylcholin in der Struktur so ähnlich, dass es an dessen Stelle an den Acetylcholinrezeptoren reversibel anlagern und die entsprechenden Ionenkanäle in der postsynaptischen Membran öffnen kann. Es wird im Gegensatz zum Acetylcholin nicht über die Acetylcholinesterase abgebaut. |
| Atropin | Atropin kann sich reversibel an die Acetylcholinrezeptoren in der postsynaptischen Membran anlagern, es öffnet jedoch nicht die entsprechenden Ionenkanäle. |

*Daten nach:*
*www.chemie-im-alltag.de/articles/0099/ (zuletzt abgerufen am 29. 12. 2013).*

## M 6 Spaltöffnungsschluss und die Einwirkung des Pilzes *Fusicoccum amygdali*

### M 6a Informationen und Experiment mit dem parasitären Pilz *Fusicoccum amygdali*

Parasitäre Pilze versuchen ständig, in Pflanzen einzudringen. Diejenigen, die Blätter infizieren, dringen oft durch die Spaltöffnungen ein. Diese müssen dabei geöffnet sein. Man beobachtete, dass Blätter, die mit dem Pilz *Fusicoccum amygdali* befallen waren, besonders schnell welken und schließlich zu Boden fallen. Man identifizierte in dem Pilz als wirksame Substanz das Fusicoccin.

**Experiment:** Blätter mit intakten Spaltöffnungen wurden in ein geeignetes Medium mit und ohne Fusicoccin gegeben und mit einer Lichtintensität von $70\ J \cdot m^{-2} \cdot s^{-1}$ bestrahlt oder im Dunkeln gehalten. Weiterhin veränderte man die $CO_2$-Konzentration. Die Beobachtungen sind in folgender Tabelle festgehalten worden.

| | Spaltöffnungsweite ohne Zugabe von Fusicoccin | Spaltöffnungsweite in Anwesenheit von Fusicoccin |
|---|---|---|
| Belichtung, kein $CO_2$ | groß | sehr groß |
| Belichtung, viel $CO_2$ | sehr gering | sehr groß |
| Dunkelheit, kein $CO_2$ | sehr gering | sehr groß |
| Dunkelheit, viel $CO_2$ | sehr gering | sehr groß |

*Materialgrundlage:*
*Simons, P.: Pflanzen in Bewegung – Das Muskel- und Nervensystem der Pflanzen. Birkhäuser Verlag, Basel (1994), S. 172.*
*Squire, G. R., Mansfield, T. A.: The action of fusicoccin on stomatal guard cells (…). In: New Phytol. 73 (1974), S. 436.*

## M 6b Spaltöffnungsapparat und Membranpotenzial der Schließzellenmembran

Durch den Öffnungsgrad der Spaltöffnungen reguliert die Pflanze sowohl die $CO_2$-Versorgung als auch den Wasserdampfaustritt. Die an die Nebenzellen (NZ) grenzenden Zellwände sind unverdickt und elastisch, die übrigen Zellwände sind verdickt und daher relativ starr. Dadurch können sich die Schließzellen (SZ) bei erhöhtem Innendruck (Turgor) in die Nebenzellen hinein wölben und so den Spalt öffnen. Bei Wassermangel produziert die Pflanze in großen Mengen das Pflanzenhormon Abscisinsäure (ABA).

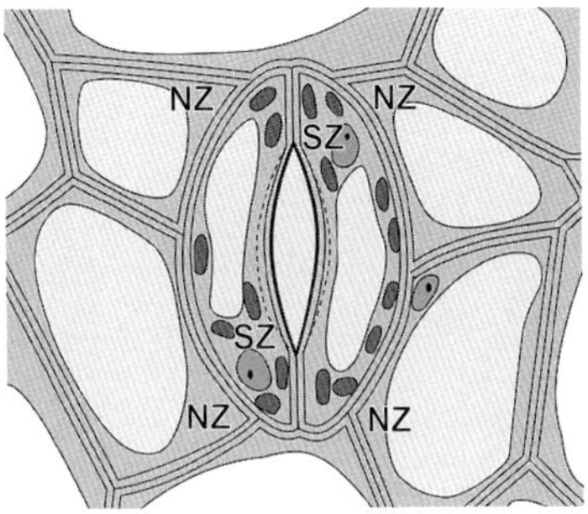


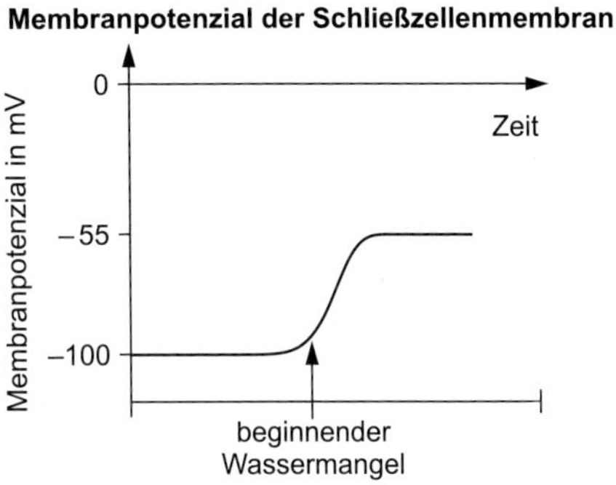


**Vorgänge beim Öffnen des Spaltes (verkürzt):**

Konzentrationen von Ionen in den Schließzellen zum Zeitpunkt der Öffnung des Spaltes: $Cl^-$-Ionen: hoch, $K^+$-Ionen: hoch; Malat-Ionen: hoch

Konzentrationen von Ionen in den Nebenzellen zum Zeitpunkt der Öffnung des Spaltes: $Cl^-$-Ionen: niedrig; $K^+$-Ionen: niedrig; Malat-Ionen: niedrig

Aufgrund der hohen Ionenkonzentrationen diffundiert Wasser in die Schließzellen. Der Innendruck in den Schließzellen steigt. Die Schließzellen wölben sich. Der Spalt wird geöffnet.

*Materialgrundlage:*
*Beyer, I., et al.: Natura – Biologie für Gymnasien, Stoffwechsel, Lehrerband. Ernst Klett Verlag GmbH, Stuttgart (2006), S. 93.*
*Jungbauer, W. (Hrsg.): CD zum Aufgabenhandbuch Biologie, Band 1. Aulis Verlag, Köln (2010), Kap. 26, S. 2.*

**M 6 c** **Abfolge der molekularen Vorgänge in einer Schließzelle bei der Schließung des Spaltes**

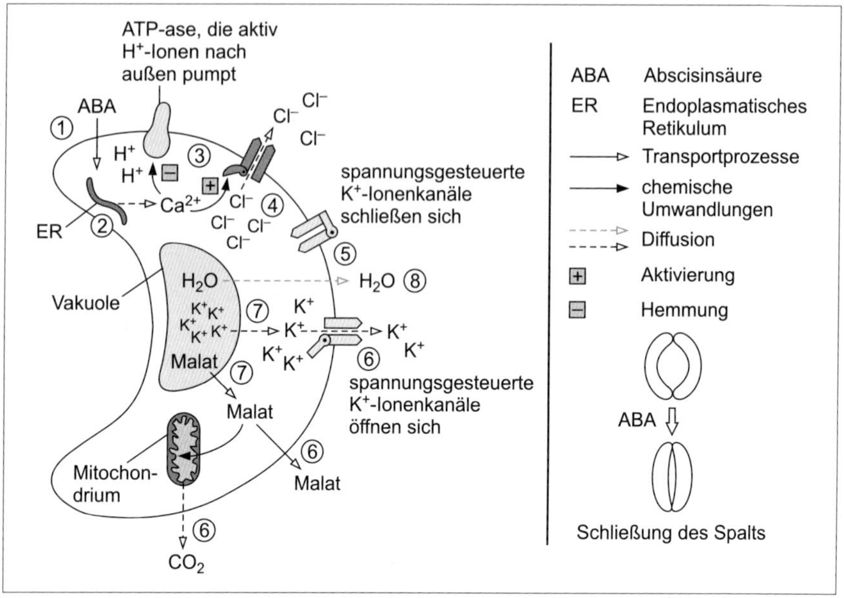


*Verändert aus:*
*Weiler, E. W., Nover, L.: Allgemeine und molekulare Botanik. Georg Thieme Verlag, Stuttgart (2008), S. 245.*

## Lösungsvorschlag

Die Aufgabe beinhaltet die folgenden Themen:
- Stoffwechselbiologie: Netto-Fotosynthese, Zellatmung
- Ökologie: Symbiose, Parasitismus, Nahrungsbeziehungen, Schichtungsdiagramm im Laubwald, Temperatur als Ökofaktor, Energiefluss im Ökosystem Wald, Transpiration
- Neurobiologie: Bau u. Funktion chemischer Synapsen, Neurotoxine, Membranpotenzial

1.1 **TIPP** *Anforderungsbereich: I, Bewertungseinheiten: 12*

Stellen Sie hier die Vernetzung der Nahrungsbeziehungen im Wald unter Verwendung der in M 1 angeführten Organismen und pflanzlichen Strukturen in Form einer Skizze dar. Wichtig ist dabei, dass Ihre Skizze fünf Trophiestufen enthält.

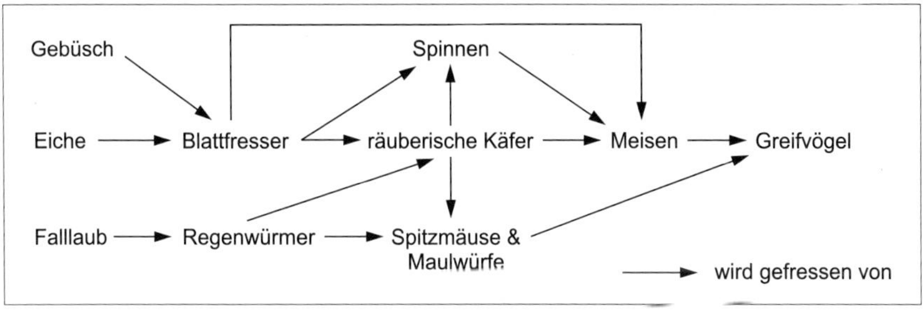


1.2 **TIPP** *Anforderungsbereiche: I – II, Bewertungseinheiten: 14*

In dieser Teilaufgabe ist es erforderlich, dass Sie die in zwei Diagrammen dargestellten Sachverhalte durch zusätzliche Informationen verständlich machen. Achten Sie dabei darauf, die Inhalte der Diagramme in einen vergleichenden Zusammenhang zu stellen.

Die Diagramme zeigen den Deckungsgrad der verschiedenen vertikalen Vegetationsschichten in einem Hainsimsen-Eichenwald und einem Hainsimsen-Buchenwald im Sommer.
Während die Baumschicht im Hainsimsen-Eichenwald nur etwa 60 % der Gesamtfläche bedeckt, nimmt sie im Hainsimsen-Buchenwald 80 % der Gesamtfläche ein. Die Blätter der Bäume absorbieren dabei den Großteil des einfallenden Lichts, sodass im Hainsimsen-Eichenwald deutlich mehr Licht die unteren Schichten erreicht als im Hainsimsen-Buchenwald. Während im Hainsimsen-Eichenwald auch Sträucher auftreten, die ca. 18 % der Gesamtfläche bedecken, gibt es diese Strauchschicht im Hainsimsen-Buchenwald nicht. Hier reicht die geringe Sonneneinstrahlung unterhalb der Baumkronen für die Entwicklung von Sträuchern nicht mehr aus.

Mit einem Deckungsgrad von 20 % ist die Krautschicht im Hainsimsen-Eichenwald ebenfalls etwas stärker ausgeprägt als im Hainsimsen-Buchenwald, dessen Krautschicht nur etwa 15 % der Gesamtfläche bedeckt. Ursache dafür ist ebenfalls die höhere Lichteinstrahlung in diesem Bereich des Hainsimsen-Eichenwalds.
Besonders deutlich ist der Unterschied im Deckungsgrad der Moosschicht. Nimmt diese im Hainsimsen-Eichenwald ca. 70 % der Gesamtfläche ein, sind es im Hainsimsen-Buchenwald nur etwa 20 %. Moose können noch bei sehr geringen Lichtmengen Fotosynthese betreiben und so überleben. Im Hainsimsen-Eichenwald, in dem mehr Licht die Bodenschichten erreicht, wachsen Moose gut und sind stark verbreitet, während Moose im schattigeren Hainsimsen-Buchenwald nur auf einem geringen Anteil der Gesamtfläche gedeihen.

1.3 **TIPP** *Anforderungsbereiche: II – III, Bewertungseinheiten: 17*

Analysieren Sie zunächst die beschriebene Lebensgemeinschaft im Hinblick auf den Nutzen für die beteiligten Organismen und anschließend die Angepasstheit dieses „Doppelorganismus" an niedrige Temperaturen.

Die Rentierflechte ist kein einheitlicher Organismus, sondern eine Lebensgemeinschaft zwischen einer Alge, die Chloroplasten besitzt, und einem Schlauchpilz, der Zellfäden – sogenannte Pilzhyphen – ausbildet. Dabei bilden die beiden Organismen eine pflanzenförmige Einheit, die als Thallus bezeichnet wird und äußerlich einem Kleinstrauch ähnelt. Im Querschnitt wird der Thallus der Rentierflechte nach außen hin durch eine Rindenschicht aus dicht gelagerten Pilzhyphen abgegrenzt. Die Anordnung der Pilzfäden bietet der Flechte neben einem Schutz vor mechanischen Einflüssen auch einen Verdunstungsschutz, da nur wenige oder kleine Interzellularräume vorliegen. An dieses Gewebe schließt sich zum Inneren des Flechtenkörpers ein mehrschichtiges Gewebe aus chloroplastenhaltigen Algenzellen an, das die Aufgabe der $CO_2$-Fixierung besitzt und so organische Stoffe herstellt. Weiter zur Mitte des Thallusquerschnitts folgt eine dicke Schicht aus lockerer angeordneten Pilzhyphen, die Markschicht. Da die Pilzfäden von den Algen mit Nährstoffen in Form von Kohlehydraten versorgt werden, können sie, ebenso wie die Hyphen der Rindenschicht, Zellatmung betreiben und auf diese Weise den Algenzellen das benötigte $CO_2$ liefern. Auch die Wasserversorgung (Wasseraufnahme über die Flechtenoberfläche) und die Mineralsalzversorgung der Algenzellen erfolgt über die Pilzfäden.
Darüber hinaus profitiert die Alge von Stoffen, die der Pilz gegen bakteriellen Befall produziert, und der Pilz profitiert von Steuerstoffen, die die Algen an ihn abgeben. Beide Organismen ziehen also einen Nutzen aus dieser Lebensgemeinschaft, sodass diese als Symbiose bezeichnet werden kann.
Betrachtet man den Gaswechsel der Rentierflechte, so stellt man fest, dass sie im Temperaturbereich von –10 °C bis 5 °C nur wenig Zellatmung betreibt, da die $CO_2$-Abgabe hier im Bereich von ca. 0,05 bis 0,2 mg pro Gramm Flechte und Stunde liegt. Im Vergleich dazu erhöht sich die Netto-Fotosyntheserate in diesem Temperaturbereich bei einem Temperaturanstieg stark. Die $CO_2$-Aufnahme steigt dabei von ca. 0,2 auf

1,1 mg · $g^{-1}$ Flechte · $h^{-1}$. Die reale Fotosyntheseleistung liegt noch höher, da sich die Netto-Fotosynthese aus der Differenz von Brutto-Fotosynthese und Zellatmung ergibt. Steigt die Temperatur weiter an, nimmt die Netto-Fotosyntheseleistung noch weiter zu; bei 10 °C beträgt die $CO_2$-Aufnahme ca. 1,3 mg · $g^{-1}$ Flechte · $h^{-1}$. Ursache dafür ist die Temperaturabhängigkeit der enzymkatalysierten Sekundärreaktionen der Assimilation. Mit steigender Temperatur erhöht sich die Beweglichkeit der an den Reaktionen beteiligten Moleküle und damit auch die Umsatzgeschwindigkeit der Enzymmoleküle. Ab 10 °C, dem Erreichen des Temperaturoptimums, arbeiten die an der $CO_2$-Fixierung beteiligten Enzyme mit maximaler Geschwindigkeit und die $CO_2$-Aufnahme erreicht ihren Höchstwert.
Im Bereich von 5 °C bis 35 °C steigt allerdings auch die Zellatmung, also die $CO_2$-Abgabe der Algen- und Pilzzellen stark an, da auch die Enzyme dieser Prozesse temperaturabhängig arbeiten. Dies führt bei Temperaturen über 10 °C zu einem Absinken der Netto-Fotosyntheserate, wobei die Brutto-Fotosyntheseleistung oberhalb von 10 °C offenbar gleichbleibt. Ab Temperaturen oberhalb von 30 °C beginnen die beteiligten Enzymmoleküle zu denaturieren, wodurch ihre Umsatzleistung abnimmt.
Ab einer Temperatur von ca. 32 °C überwiegen die dissimilatorischen Prozesse der Zellatmung gegenüber den assimilatorischen Prozessen der Fotosynthese. Die Flechte gibt dann mehr $CO_2$ ab, als sie im Rahmen der Fotosynthese verbraucht.
Die Angepasstheit der Flechte an niedrige Temperaturen zeigt sich im Bereich von −10 °C bis ca. 10 °C. Hier steigt die Fotosyntheseleistung der Algen temperaturabhängig stark an, während die Zellatmung, die von Algen und Pilzen betrieben wird, relativ gering ist und nur unwesentlich zunimmt. Die Flechte kann daher besonders gut in Lebensräumen mit niedrigen Temperaturen existieren.

1.4 **TIPP** *Anforderungsbereiche: II – III, Bewertungseinheiten: 17*

In dieser Teilaufgabe gilt es den Energiefluss in einem Laubwald anhand der Abbildung durch erläuternde Informationen und unter Einbeziehung der Energiebeträge verständlich zu machen. Gehen Sie dabei auch auf die Rolle der Pilze ein.

Von der jährlich auf einen Hektar Laubwald einfallenden Strahlungsenergie werden 628 Mrd. J von der Baum-/Pflanzenschicht absorbiert und zum Aufbau organischer Biomasse verwendet. Die Hälfte (314 Mrd. J) der dabei chemisch gespeicherten Energie wird bei katabolen Stoffwechselprozessen der Pflanzen selbst als Atmungswärme wieder abgegeben. Weitere 301 Mrd. J sind in Laub und abgestorbenem Pflanzenmaterial gespeichert, die auf den Waldboden gelangen. Konsumenten 1. Ordnung, die pflanzliche Biomasse fressen, stellen eine Energiequelle von 13 Mrd. J dar. 8 Mrd. J davon setzen sie ebenfalls in ihrem katabolen Stoffwechsel als Atmungswärme frei. Die Biomasse, die zur nächsten Trophiestufe, den carnivoren Lebewesen, gelangt, speichert nur noch etwas mehr als 1 Mrd. J der Energie. Davon wird etwas weniger als 1 Mrd. J als Atmungswärme durch die Fleischfresser abgegeben. In den Ausscheidungen und Kadavern aller Konsumenten sind schließlich etwa 4 Mrd. J Energie gespeichert.

Das auf den Waldboden gelangte, abgestorbene Material kann letztlich mit ca. 305 Mrd. J (301 + ca. 4 Mrd. J) energetisch genutzt werden. Destruenten, zu denen u. a. Pilze und Bakterien zählen, zersetzen das tote organische Material, um daraus die für ihre Lebensvorgänge notwendige Energie zu gewinnen. Bei diesen Zersetzungsprozessen wird das tote organische Material letztlich wieder zu Mineralsalzen, $CO_2$ und Wasser abgebaut, die im Kreislauf der Stoffe den Primärproduzenten erneut zur Verfügung stehen. Dabei setzen die Destruenten die im organischen Material gespeicherte chemische Energie vollständig als Atmungswärme frei (305 Mrd. J). Fast die Hälfte der in der Bruttoprimärproduktion gespeicherten Energie wird also von den Destruenten verwertet. Die dabei produzierte Atmungswärme übertrifft die der Konsumenten um mehr als das 30-fache. Ihre enorme Bedeutung für den Energiefluss wird so deutlich.

Insgesamt wird die für die Primärproduktion absorbierte Energiemenge eines Jahres durch Atmungsprozesse aller im Wald lebenden Organismen wieder in Form von Wärmeenergie in die Atmosphäre abgeführt (314 + 8 + 305 + [< 1]).

**2.1** **TIPP** *Anforderungsbereiche: I – II, Bewertungseinheiten: 10*

Achten Sie bei der Anfertigung Ihrer Skizze auf eine übersichtliche Darstellung. Die Vorgänge sollten durch Beschriftungen und Pfeile verständlich werden.

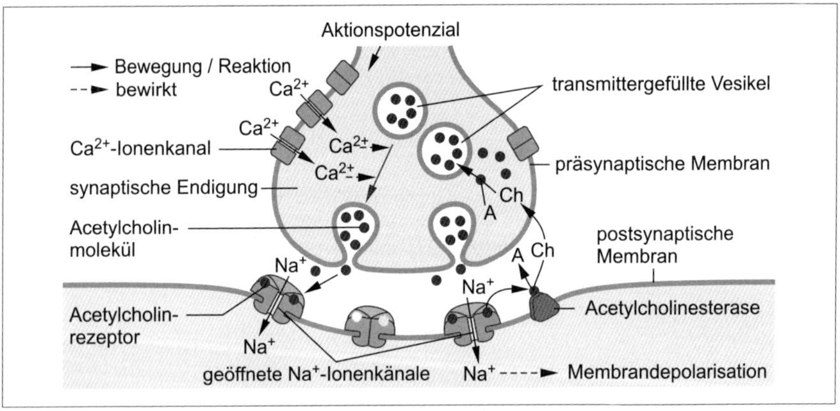


**2.2** **TIPP** *Anforderungsbereiche: II – III, Bewertungseinheiten: 11*

In dieser Aufgabe und im zugehörigen Material wird stark vereinfacht angegeben, dass Muscarin wie Acetylcholin die Ihnen bekannten *(nikotinischen)* Acetylcholinrezeptoren aktiviert, die beispielsweise an der neuromuskulären Synapse vorkommen. Genau genommen aktiviert Muscarin jedoch sogenannte *muskarinische* Acetylcholinrezeptoren an den postganglionären Synapsen des parasympathischen

Nervensystems, und wirkt daher nicht direkt auf die Skelettmuskulatur. Aufgrund der Materialangaben (und Ihres Vorwissens) dürfen Sie aber in Ihrer Lösung von Muscarin als Aktivator nikotinischer Acetylcholinrezeptoren ausgehen.

Muscarin besitzt eine dem Acetylcholin ähnliche molekulare Struktur, weshalb es wie dieses reversibel an Acetylcholinrezeptoren der postsynaptischen Membran einer cholinergen Synapse binden kann. Infolgedessen werden dort Ionenkanäle geöffnet, sodass $Na^+$-Ionen entlang ihres Konzentrationsgefälles in die postsynaptische Zelle einströmen. Dadurch wird die postsynaptische Membran depolarisiert.

TIPP Muscarin bewirkt genau genommen die Aktivierung G-Protein-gekoppelter Acetylcholinrezeptoren und löst dadurch eine Signalkaskade in der postsynaptischen Zelle aus, die z. B. eine intrazelluläre Erhöhung der Calciumkonzentration oder die Öffnung von $K^+$-Ionenkanälen nach sich zieht.

Im Gegensatz zu Acetylcholin kann Muscarin nicht durch die in die postsynaptische Membran integrierte Acetylcholinesterase abgebaut werden. Damit verbleibt Muscarin länger im synaptischen Spalt und kann dadurch die $Na^+$-Ionenkanäle länger geöffnet halten, sodass die Depolarisation stärker bzw. länger ausfällt als bei Ausschüttung einer vergleichbaren Menge von Acetylcholin. Da die Skelettmuskulatur des Menschen durch cholinerge Synapsen innerviert wird, könnte Muscarin somit an Muskelfasern EPSPs auslösen, die nach Erreichen eines Schwellenwerts Aktionspotenziale (APs) generieren. APs bewirken die Kontraktion von Muskelzellen. Eine dauerhafte Depolarisierung der Muskelzellen könnte zu unkontrollierten Muskelbewegungen und Muskelkrämpfen führen.

TIPP Muskarinische Acetylcholinrezeptoren kommen nicht an neuromuskulären Synapsen vor, sondern z. B. an Herzmuskelzellen, glatter Muskulatur, Speichel- und Schweißdrüsen und am Auge. Eine dauerhafte Aktivierung der Rezeptoren infolge einer Muscarinvergiftung führt u. a. zu vermehrtem Speichel- und Tränenfluss, Schweißausbrüchen, Pupillenverengung und Kreislaufkollaps.

Atropin, das Gift der Tollkirsche, kann ebenfalls reversibel an Acetylcholinrezeptoren in der postsynaptischen Membran binden, es wirkt jedoch antagonistisch: Im Gegensatz zu Acetylcholin und Muscarin werden die entsprechenden Ionenkanäle dabei nicht geöffnet, weshalb eine Erregung der postsynaptischen Zelle verhindert wird. Liegt eine Muscarinvergiftung vor, könnte Atropin somit als Gegenmittel fungieren, da es im synaptischen Spalt mit Muscarin kompetitiv um die Bindungsstellen an den Acetylcholinrezeptoren konkurriert. Muscarin kann daher weniger Rezeptoren aktivieren und die Depolarisation der postsynaptischen Membran fällt deutlich geringer aus.

TIPP Atropin wirkt als Antagonist von Acetylcholin und Muscarin, aber vorwiegend an muskarinischen Rezeptoren und hemmt daher den Parasympathikus.

Um die Wirkung des Muscarins völlig zu unterbinden, müsste die Atropinmenge die Muscarinmenge übersteigen. Eine genaue Dosierung des Atropins dürfte jedoch schwierig sein, da bei einer Pilzvergiftung die aufgenommene Muscarinmenge meist nicht bekannt ist. Bei einer Überdosierung von Atropin konkurriert dieses auch mit Acetylcholin. Dadurch wird die Signalweiterleitung gehemmt, was im schlimmsten Fall zu einer Muskellähmung führen könnte. Vor diesem Hintergrund sollte Atropin als Gegengift bei einer Muscarinvergiftung nur mit großer Vorsicht angewendet werden.

**TIPP** Tatsächlich kommt Muscarin im Fliegenpilz nur in sehr geringen, toxikologisch unbedenklichen Konzentrationen vor. Ursächlich für die Giftwirkung des Fliegenpilzes ist hauptsächlich Ibotensäure (bzw. Muscimol).

**3.1** **TIPP** *Anforderungsbereiche: I – II, Bewertungseinheiten: 11*

Machen Sie hier die Auswirkungen eines Pilzgiftes auf Pflanzen durch zusätzliche Informationen verständlich, indem Sie experimentelle Daten auswerten. Berücksichtigen Sie dabei auch das weitere Material umfassend.

Um den Einfluss des Giftes Fusicoccin, das von einem parasitären Pilz produziert wird, auf Pflanzen zu ermitteln, wurde die Öffnungsweite der Stomata von Blättern mit und ohne Gifteinwirkung bei unterschiedlicher $CO_2$-Konzentration und Beleuchtung gemessen. Dabei zeigte sich, dass Stomata im Normalfall – also ohne Gifteinfluss – nur bei Belichtung und geringer $CO_2$-Konzentration weit geöffnet sind. Eine hohe $CO_2$-Konzentration führt ebenso zur Verengung der Spaltöffnungen wie fehlende Belichtung.
Unter Lichteinfluss betreibt die Pflanze Fotosynthese, für die sie $CO_2$ benötigt. Liegt $CO_2$-Mangel vor, öffnen Pflanzen ihre Stomata sehr weit, um eine ausreichende $CO_2$-Versorgung zu gewährleisten. Liegt eine hohe $CO_2$-Konzentration in der Umgebungsluft vor, bleiben die Spaltöffnungen auch im Licht fast geschlossen, da der $CO_2$-Nachschub aus dem Schwammgewebe ausreichend ist. Bei Dunkelheit laufen die Primärprozesse der Fotosynthese nicht ab. Eine $CO_2$-Aufnahme erfolgt nicht, da keine Energie- und Reduktionsäquivalente im Stroma der Chloroplasten vorliegen.
Unter dem Einfluss von Fusicoccin sind die Stomata unabhängig von der Beleuchtung sowie von der $CO_2$-Konzentration sehr weit geöffnet. Neben dem Gaswechsel reguliert die Pflanze über die Öffnungsweite ihrer Stomata auch ihren Wasserhaushalt. Sind die Spaltöffnungen weit geöffnet, diffundiert auch viel Wasserdampf aus der Pflanze hinaus. Diese Transpiration erzeugt einen Sog in die unteren Pflanzenteile, sodass Wasser aus dem Erdreich aufgenommen wird. Liegt im Wurzelbereich der Pflanze nicht ausreichend Wasser vor, kann der Wasserverlust durch die Transpiration nicht mehr ausgeglichen werden. Die Zellen in den Blättern verlieren zunehmend Wasser, sodass

die Blätter welken und zu Boden fallen. Über die weit geöffneten Spaltöffnungen können die Fusicoccin-produzierenden Pilze in die Pflanze eindringen. Die gesamte Pflanze wird durch den Wasserverlust und die Parasitierung stark geschwächt.

3.2 **TIPP** *Anforderungsbereiche: II – III, Bewertungseinheiten: 13*

In dieser Teilaufgabe sollen Sie die umfangreichen Informationen des Materials im Hinblick auf die molekularen Prozesse beim Verschluss der Stomata ordnen. Dabei ist es hilfreich, wenn Sie sich an der Nummerierung der Prozesse in M 6c orientieren und in Ihren Ausführungen möglichst viele der im Material M 6b angegebenen Informationen verwenden.

Ein Verschluss des Spalts erfolgt unter anderem, wenn die Pflanze unter Wassermangel leidet, da sie so den Wasserverlust durch Transpiration einschränken kann. Dabei produziert sie zunächst große Mengen des Hormons Abscisinsäure (ABA). ABA gelangt in das Cytoplasma der Schließzellen, wo es die Freisetzung von $Ca^{2+}$-Ionen aus dem Endoplasmatischen Retikulum bewirkt. Diese $Ca^{2+}$-Ionen hemmen einerseits in der Zellmembran integrierte ATP-asen, die aktiv Protonen aus der Zelle hinauspumpen können. Andererseits lösen die $Ca^{2+}$-Ionen auch die Öffnung von $Cl^-$-Ionenkanälen aus. Durch die Freisetzung der $Ca^{2+}$-Ionen kommt es so zu einem Anstieg der positiven Ladung im Cytoplasma der Schließzelle: Einerseits können die ATP-asen keine Protonen mehr aus der Zelle hinaustransportieren, andererseits diffundieren negativ geladene $Cl^-$-Ionen durch die geöffneten $Cl^-$-Ionenkanäle entlang ihres Konzentrationsgefälles aus der Zelle, da der Gehalt an $Cl^-$-Ionen während der Öffnung des Spaltes in den Schließzellen relativ hoch ist (M 6b). Das führt dazu, dass die Schließzellenmembran depolarisiert wird (Kurvendiagramm). Infolge dieser Depolarisation schließen sich einerseits spannungsgesteuerte $K^+$-Ionenkanäle, die einen $K^+$-Ioneneinstrom ermöglichen. Spannungsabhängige $K^+$-Ionenkanäle, die einen Ionenstrom nach außen zulassen, werden durch die Depolarisation hingegen geöffnet. Der $K^+$-Ionenausstrom aus dem Cytoplasma in die Nebenzellen erfolgt, da der Gehalt an $K^+$-Ionen im Cytoplasma der Schließzellen während der Öffnung des Spalts relativ hoch und in den Nebenzellen niedrig ist (M 6b).

Parallel dazu wird Malat aus dem Cytoplasma der Schließzellen in die Nebenzellen und in die Mitochondrien der Schließzellen transportiert, wo es unter Freisetzung von $CO_2$, das aus der Zelle diffundiert, abgebaut wird. Diese Prozesse, der $K^+$-Ionenausstrom in die Nebenzellen sowie der Transport des Malats aus dem Cytoplasma in die Mitochondrien und in die Nebenzellen, ziehen den Transport von Malat und die Diffusion von $K^+$-Ionen aus der Vakuole der Schließzellen in das Cytoplasma nach sich. Infolgedessen strömt auch Wasser passiv nach und aus den Schließzellen hinaus. Dadurch sinkt der Turgor (Innendruck) der Schließzellen und steigt in den Nebenzellen. Die Schließzellen erschlaffen und wölben sich nicht mehr in die Nebenzellen hinein. Der dort ansteigende Druck schiebt die Schließzellen wieder aufeinander zu, sodass sich der Spalt zwischen ihnen schließt.

BE

## BÄREN – MEHR ALS NUR RAUBTIERE?

Bären sind eine Säugetierfamilie aus der Ordnung der Raubtiere. Als Einzelgänger lebend sind sie heute hauptsächlich in Europa, Asien und Nordamerika beheimatet und kommen dort von den Polargebieten bis hin zu den tropischen Regenwäldern vor. Sie zeigen dabei eine Vielzahl verschiedener Lebensweisen. Halten einige Arten Winterruhe, so sind andere ganzjährig aktiv. Auch bei der Nahrungssuche zeigen Bären großes Geschick, wie z. B. beim Lachsfang. Andere Arten ernähren sich dagegen hauptsächlich vegetarisch. In ihren jeweiligen Ökosystemen nehmen Bären wichtige Stellungen ein. Allerdings sind viele Bärenarten in ihren Beständen bedroht.
Im Folgenden sollen Sie sich mit stoffwechselbiologischen, ökologischen und evolutionsbiologischen Aspekten bei ausgewählten Bärenarten auseinandersetzen.

### 1 Stoffwechselbiologische Aspekte bei Amerikanischen Braunbären

**1.1** Skizzieren Sie einen beschrifteten Querschnitt eines Mitochondriums. 6

**1.2** Fassen Sie die Vorgänge an der inneren Mitochondrienmembran bei der chemiosmotischen ATP-Synthese zusammen. 10

**1.3** Beschreiben Sie die in M 1 dargestellten Befunde beim Amerikanischen Braunbären. 9

**1.4** Erklären Sie die Befunde in M 1 zur Stoffwechselrate und zur Körpertemperatur eines ruhenden Amerikanischen Braunbären bei wechselnder Umgebungstemperatur. 17

### 2 Ökologische Aspekte bezüglich Lachs fangender Amerikanischer Braunbären

**2.1** Beschreiben Sie das in M 2c dargestellte Diagramm. 10

**2.2** Begründen Sie unter Berücksichtigung von M 2a und M 2b die Veränderungen im Jagd- und Fressverhalten der Amerikanischen Braunbären (M 2c). 10

**2.3** Werten Sie unter Berücksichtigung von M 2a und M 2b die Befunde zur Bedeutung der Lachse für die Wälder Alaskas (M 2d und M 2e) bezüglich der Auswirkungen der zunehmenden Überfischung der Lachsbestände auf die flussnahen Wälder in Alaska aus. 16

## 3 Evolutionsbiologische Aspekte zum Großen Panda

**3.1** Erläutern Sie anhand von M 3a, wie man früher die Bären in einen Stammbaum eingeordnet hat. 13

**3.2** Prüfen Sie für jeden der in M 3c dargestellten Stammbäume, inwiefern er im Einklang mit den genetischen Distanzen in M 3b steht. 14

### M 1 Stoffwechselrate und Körpertemperatur eines ruhenden Braunbären bei unterschiedlichen Umgebungstemperaturen

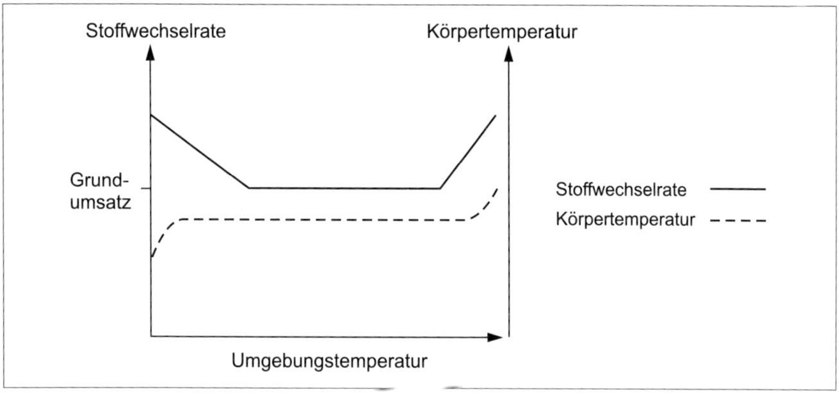


*Verändert aus:*
*Moyes, D. et al.: Tierphysiologie. Pearson Studium, München (2008), S. 665.*

### M 2 Ökologische Aspekte bezüglich Lachs fangender Amerikanischer Braunbären

#### M 2a Informationen zur Wanderung der Lachse

Pazifische Lachse leben mehrere Jahre im offenen Meer, fressen, wachsen und legen dabei Energiespeicher an. Zur Fortpflanzung wandern die geschlechtsreifen Tiere aus dem Meer in die Flüsse und paaren sich in den Laichgründen, in denen sie geboren wurden. Die Tiere schwimmen dabei teilweise mehr als 1 000 km gegen die Strömung und überwinden sogar Wasserfälle. Besonders an diesen Stellen machen Amerikanische Braunbären Jagd auf die Lachse. Da die Lachse während ihrer Wanderung zu den Laichplätzen keine Nahrung aufnehmen, sterben sie nach dem Ablaichen an Entkräftung. Die Jungfische schlüpfen aus den befruchteten Eiern. Sie wandern immer weiter die Flüsse in Richtung Meer hinab, wo sie sich bis zum Erreichen der Geschlechtsreife aufhalten.

*Materialgrundlage:*
*Moyes, D. et al.: Tierphysiologie. Pearson Studium, München (2008), S. 612.*
*Gende, S. et al: Bären als Umweltschützer. In: Spektrum der Wissenschaft (2006), S. 60–65.*

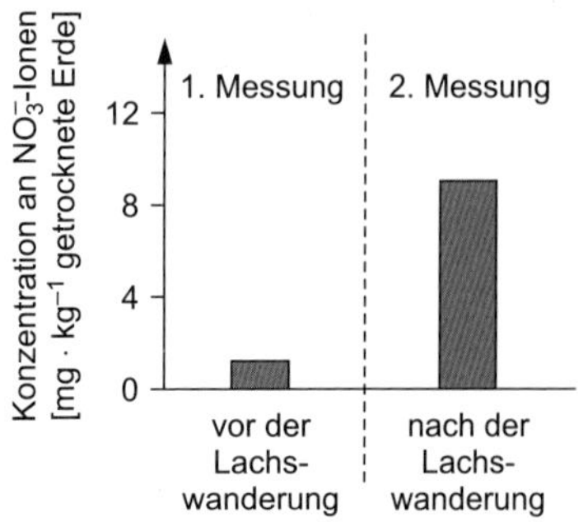


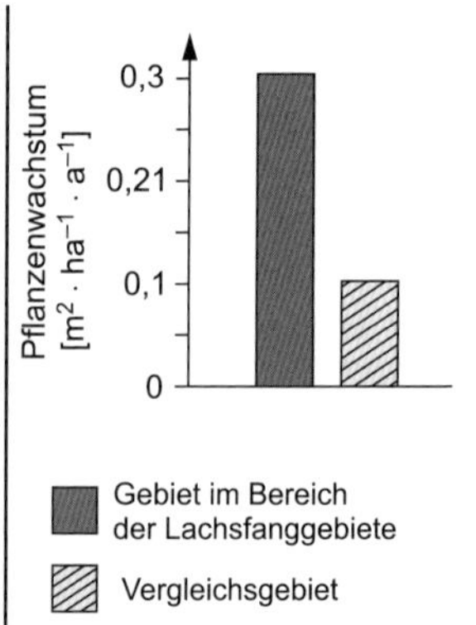


**HINWEIS:** Der Nitratgehalt im Vergleichsgebiet entsprach bei der ersten Messung in etwa dem Wert, der auch im Bereich der Lachsfangplätze gemessen wurde. Bei der zweiten Messung (nach der Lachswanderung) war der Nitratgehalt im Vergleichsgebiet nur unwesentlich erhöht.

*Daten nach:*
*Holtgrieve, G. W., Schindler, D. E., Jewett, P. K.: Large predators and biogeochemical hotspots: brown bear (Ursus arctos) predation on salmon alters nitrogen cycling in riparian soils. In: Ecological Research 24 (5) (2009), S. 1125–1135.*

## M 3 Evolutionsbiologische Aspekte zur Einordnung des Großen Pandas

### M 3a Großer Panda, Kleiner Panda und Amerikanischer Schwarzbär im Vergleich

Das Verwandtschaftsverhältnis des Großen Pandas zu den anderen Bären war lange Zeit nicht eindeutig geklärt. Früher erfolgte die taxonomische Einordnung dieser Art nur auf der Grundlage von Merkmalsvergleichen mit anderen Arten.

| Kriterium | Großer Panda | Kleiner Panda | Amerikanischer Schwarzbär |
|---|---|---|---|
| Lebensraum | Bergwälder mit dichtem Bambus-dickicht | niedere Berghänge mit Mischwäldern und dichtem Bam-busdickicht | vorwiegend Wälder mit dichtem Unter-wuchs |
| Aktivität | ganzjährig aktiv | ganzjährig aktiv | Winterruhe |
| Laut-äußerungen | blökend und zischend | blökend und zischend | brummend und brüllend |
| Nahrung | Pflanzenkost, vor allem Bambus | Pflanzenkost, vor allem Bambus | Pflanzen- und Fleischkost |

| | | | |
|---|---|---|---|
| Handskelett | Sesambein bildet zusätzlichen „Finger“ | Sesambein bildet zusätzlichen „Finger“ | kein zusätzlicher „Finger“ |
| Schwanz-länge | kurz | waschbärenartig, lang | kurz |
| Fortbewegung | Passgang | kein Passgang | Passgang |

*Materialgrundlage:*
*Jaenicke, J. (Hrsg.): Materialien-Handbuch Kursunterricht Biologie, Band 6, Evolution. Aulis Verlag, Köln (1997), S. 397.*
*Jungbauer, W. (Hrsg.): Aufgabenhandbuch Biologie, Band 5, Evolution. Aulis Verlag, Köln (2011), S. 41.*

## M 3b Genetische Distanzen zwischen verschiedenen Arten

Aus den Mitochondrien verschiedener Arten wurden Basensequenzen von vergleichbaren RNA-Abschnitten bestimmt. Anhand der dabei festgestellten Unterschiede wurden die genetischen Distanzen der Arten zueinander ermittelt.

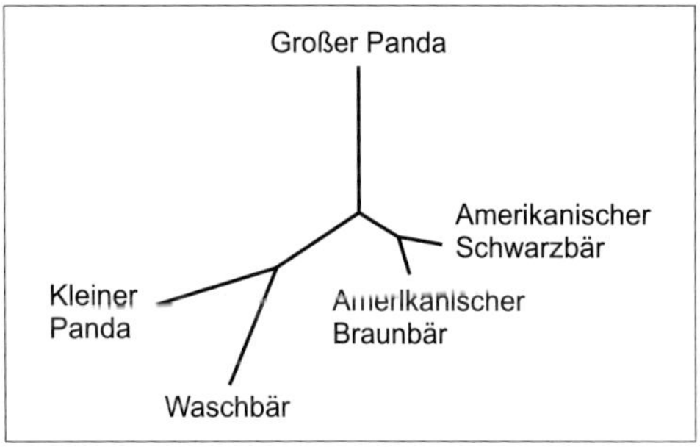


**HINWEIS:** Die Länge der Strecken zwischen zwei Arten ist ein Maß für die Anzahl der Unterschiede in den RNA-Abschnitten bei den heute lebenden Arten.

*Materialgrundlage:*
*Maier, C. A.: Building phylogenetic trees from DNA sequence data: Investigating polar bear & giant panda ancestry. In: The American Biology Teacher 63 (9) (2001), S. 645.*

## M 3c Zwei hypothetische Stammbäume

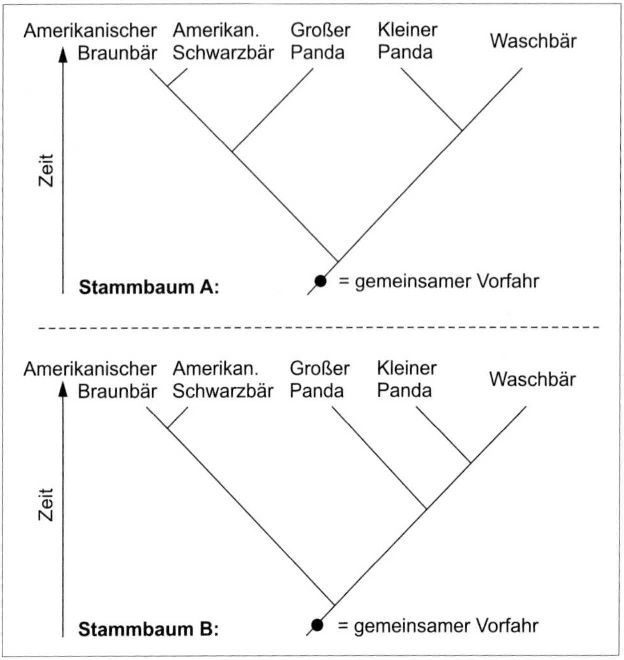


*Materialgrundlage: Maier, C. A.: Building phylogenetic trees from DNA sequence data: Investigating polar bear & giant panda ancestry. In: The American Biology Teacher 63 (9) (2001), S. 645.*

## Lösungsvorschlag

Die Aufgabe beinhaltet die folgenden Themen:
- Stoffwechselbiologie: Kompartimentierung, Aufbau der Mitochondrien, chemiosmotische ATP-Bildung, Homöostase der Körpertemperatur
- Ökologie: intraspezifische Konkurrenz, Nahrungsbeziehungen, Destruenten und ihre Bedeutung in Ökosystemen
- Evolutionsbiologie: Stammbaum, molekularbiologische sowie anatomisch-morphologische Homologien zur Untersuchung phylogenetischer Verwandtschaft

1.1 **TIPP** *Anforderungsbereich: I, Bewertungseinheiten: 6*

Achten Sie bei Ihrer Skizze auf eine ausreichende Größe, sodass alle Strukturen gut erkennbar sind. Beschriften Sie das Zellorganell vollständig und gut lesbar.

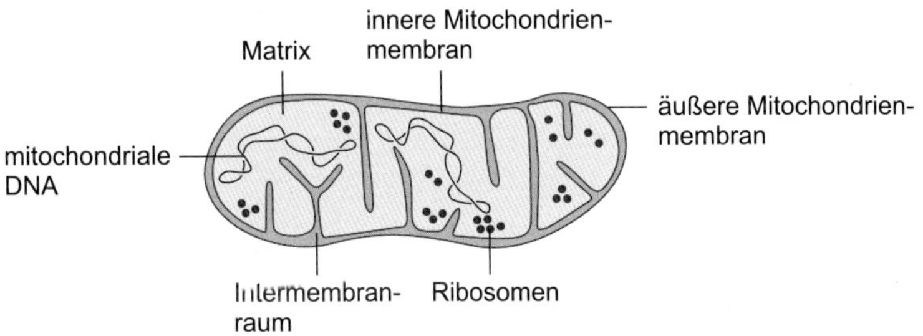


1.2 **TIPP** *Anforderungsbereich: I, Bewertungseinheiten: 10*

Geben Sie bei dieser Zusammenfassung der Vorgänge, die sich an der inneren Mitochondrienmembran bei der ATP-Synthese abspielen, Ihr erworbenes Wissen reproduktiv wieder.

Die chemiosmotische ATP-Synthese beruht auf der Erzeugung einer protonenmotorischen Kraft, die auf einem Protonen-Konzentrationsgefälle sowie auf einem Ladungsgradienten über der inneren Mitochondrienmembran basiert. Diese Gradienten werden mithilfe der bei Dissimilationsprozessen gewonnenen Reduktionsäquivalente NADH $+H^+$ sowie $FADH_2$ und einer in der inneren Mitochondrienmembran lokalisierten Elektronentransportkette erzeugt.
Der Ladungsgradient wird dadurch aufgebaut, dass Protonen aktiv, d. h. gegen ihr Konzentrationsgefälle, in den Intermembranraum gepumpt werden. Dadurch erhöht sich dort der Anteil an positiver Ladung, während in der Matrix der Anteil negativer Ladung steigt. Gleichzeitig wird so ein Protonengradient über der Membran erzeugt.

Am Aufbau dieser Gradienten sind drei Proteinkomplexe (I, III und IV) beteiligt, die die innere Membran des Mitochondriums vollständig durchziehen, sowie ein Komplex II, der nur in den Teil der Lipiddoppelschicht integriert ist, der an die Matrix grenzt. Diese Proteinkomplexe fungieren als Redoxsysteme und transferieren die Elektronen der Reduktionsäquivalente entlang ihres elektrochemischen Potenzials.
Zwischen den Komplexen I bzw. II und III überträgt ein hydrophobes Nicht-Protein-Molekül (Ubichinon) im lipophilen Bereich der inneren Mitochondrienmembran Elektronen und Protonen. Vom Komplex III zum Komplex IV transportiert ein weiteres (peripher an der Außenseite der inneren Mitochondrienmembran gebundenes) Nicht-Protein (Cytochrom c) Elektronen, aber keine Protonen. Am Komplex IV werden die Elektronen letztlich auf elementaren Sauerstoff übertragen, der zusammen mit Protonen in der Matrix Wasser bildet, was den elektrochemischen Gradienten noch verstärkt.
Während NADH $+H^+$ seine Elektronen an das Redoxsystem im Proteinkomplex I abgibt, kann $FADH_2$ dies aufgrund seines elektrochemischen Potenzials nur am Komplex II. Der Weg der Elektronen über die Kette der Redoxsysteme stellt Redoxreaktionen dar, die allesamt exergonisch verlaufen. Ein Teil der dabei frei werdenden Energie wird dazu genutzt, Protonen entgegen ihrem Konzentrationsgefälle in den Intermembranraum zu transportieren. Dies geschieht an den Proteinkomplexen I, III und IV.
Die daraus resultierende protonenmotorische Kraft treibt eine ebenfalls in der inneren Membran lokalisierte ATP-Synthase an, mit deren Hilfe bei der Rückdiffusion der Protonen in die Mitochondrienmatrix das Energieäquivalent ATP aus ADP und $P_i$ synthetisiert wird.

1.3 **TIPP** *Anforderungsbereich: I, Bewertungseinheiten: 9*

In dieser Teilaufgabe geht es um die sachgerechte Beschreibung von Befunden, die einem Diagramm mit zwei verschiedenen Ordinaten zu entnehmen sind. Da keine konkreten Zahlenangaben vorliegen, achten Sie besonders darauf, die dargestellten Abhängigkeiten nicht zu vermischen.

Das Diagramm stellt sowohl die Abhängigkeit der Körpertemperatur als auch die Abhängigkeit der Stoffwechselrate eines ruhenden Braunbären von der Umgebungstemperatur dar. Da Bären zu den gleichwarmen Tieren zählen, können sie ihre Körpertemperatur unabhängig von der Temperatur der Umgebung auf einem konstanten Wert halten. Dies geht aus der Abbildung hervor und gilt für einen breiten mittleren Temperaturbereich. Bei sehr niedrigen Außentemperaturen sinkt die Körpertemperatur des Bären jedoch ab. Auch bei sehr hohen Außentemperaturen ändert sich die Körpertemperatur des Bären, sie steigt an.
Die Stoffwechselrate des Bären bleibt ebenfalls im Bereich mittlerer Umgebungstemperaturen konstant auf dem Wert des Grundumsatzes. Allerdings ist das Spektrum der Außentemperaturen, in der die Stoffwechselrate konstant bleibt, kleiner als die Temperaturspanne, in der sich die Körpertemperatur nicht ändert. Bei einem Absinken der

Umgebungstemperatur unter einen gewissen Wert steigt die Stoffwechselrate an, während die Körpertemperatur zunächst noch konstant bleibt. Erreicht die Umgebungstemperatur des ruhenden Bärs relativ hohe Werte, steigt die Stoffwechselrate des Tieres ebenfalls an. Dieser Anstieg beginnt bereits bei etwas niedrigeren Außentemperaturen als der Anstieg der Körpertemperatur.

1.4 **TIPP** *Anforderungsbereiche: II – III, Bewertungseinheiten: 17*

Machen Sie nun die in Aufgabe 1.3 dargestellten Befunde nachvollziehbar und mit Bezug auf Gesetzmäßigkeiten und Ursachen verständlich.

Die Amerikanischen Braunbären zählen als Säugetiere zu den homoiothermen Organismen, die ihre Körpertemperatur über eine breite Spanne von steigenden Umgebungstemperaturen konstant halten können. Diese Regulation gelingt mithilfe des Stoffwechsels. Innerhalb einer spezifischen Temperaturspanne der Umgebung (thermoneutraler Bereich) liegt die Stoffwechselrate konstant auf dem Wert des Grundumsatzes. Die dabei ablaufenden katabolen Prozesse halten alle notwendigen Lebensfunktionen des ruhenden Bärs aufrecht. Bei diesen Prozessen handelt es sich um dissimilatorische Vorgänge, bei denen die in organischen Stoffen gespeicherte chemische Energie in chemisch verfügbare Energie in Form von ATP umgewandelt wird. Dabei kann jedoch nicht der komplette Energiegehalt chemisch verfügbar gemacht werden, sodass immer auch ein Teil als Wärmeenergie freigesetzt wird. Durch die Wärme, die beim ruhenden Bären beim Grundumsatz seines Stoffwechsels abgegeben wird, kann die Körpertemperatur konstant gehalten werden, solange sich die Umgebungstemperatur im thermoneutralen Bereich bewegt. Begrenzt wird dieser Bereich durch eine untere und eine obere kritische Temperatur der Umgebung. Werden diese Temperaturwerte erreicht, beginnt die Stoffwechselrate zu steigen, wodurch dem Wärmeverlust bzw. der Erwärmung des Bärs entgegengewirkt werden kann. Sinken die Umgebungstemperaturen unter den unteren kritischen Wert, wird die Energiebereitstellung über Dissimilationsprozesse gesteigert. Damit können einerseits Muskelkontraktionen wie Muskelzittern ausgelöst werden, wodurch die an die Umgebung abgegebene Körperwärme ausgeglichen wird. Andererseits werden mithilfe dieser Energie auch die Durchblutung der Körperoberfläche und damit der Wärmeverlust gemindert. Eine weitere Möglichkeit der Wärmeproduktion liefern dissimilatorische Prozesse im braunen Fettgewebe, bei denen chemisch gespeicherte Energie direkt in Wärme umgesetzt wird. Somit kann die Körpertemperatur des ruhenden Bärs über eine größere Spanne der Umgebungstemperatur konstant gehalten werden als der thermoneutrale Bereich der Stoffwechselrate. Sinkt die Umgebungstemperatur jedoch unter einen kritischen niedrigen Temperaturwert im Toleranzbereich des Bären, reichen die Stoffwechselprozesse nicht mehr aus, den Wärmeverlust an die Umgebung auszugleichen, und der Bär kühlt zunehmend aus.

Erreicht die Umgebungstemperatur des Bären den oberen kritischen Temperaturwert des thermoneutralen Bereichs, steigt die Stoffwechselrate ebenfalls an. Auch hier werden Dissimilationsprozesse gesteigert, die vermehrt chemisch verfügbare Energie liefern. Diese Energie wird hier dazu genutzt, den Bären vor der Wärmeaufnahme aus der Umgebung zu schützen. Dies kann z. B. durch Hecheln geschehen, wodurch die entstehende Verdunstungskälte die Aufnahme der Wärmemenge reduziert. Der Effekt dieser Kühlung wird allerdings dadurch beeinträchtigt, dass die erhöhte Stoffwechseltätigkeit zusätzlich Wärme von innen erzeugt. Ein Überschreiten des Maximalwerts des Temperaturtoleranzbereichs des Bären führt daher dazu, dass die Stoffwechselprozesse die Erwärmung seines Körpers nicht mehr ausgleichen können und dass seine Körpertemperatur steigt.

**2.1** **TIPP** *Anforderungsbereich: I, Bewertungseinheiten: 10*

In dieser Teilaufgabe steht die Beschreibung eines Diagramms im Vordergrund. Achten Sie dabei darauf, die biologischen Sachverhalte herauszustellen und nicht nur mathematische Zusammenhänge zu formulieren.

Das Diagramm zeigt Daten zum Fressverhalten Amerikanischer Braunbären. Zum einen wird der Anteil der von Bären getöteten Lachse, die in den Wald gebracht wurden, mit der Anzahl der im Fluss vorhandenen Lachse korreliert. Dabei ist der Anteil an getöteten und in den Wald transportierten Lachse in Prozent dargestellt, während für die Lachszahl im Fluss absolute Werte vorliegen. Zum anderen wird die Abhängigkeit des prozentualen Anteils des Lachskörpers, der von Bären gefressen wird, von der absoluten Zahl der im Fluss vorhandenen Lachse dargestellt.
Das Diagramm zeigt, dass der Anteil der getöteten und in den Wald transportierten Lachse mit steigender Lachszahl im Fluss zunimmt. Werden bei ca. 2 000 Lachsen im Fluss etwa 30 % der getöteten Lachse in den Wald transportiert, so sind es bei ca. 11 000 Fischen im Fluss etwa 55 % der getöteten Tiere. Bei 20 000 Lachsen im Fluss werden ca. 75 % der erbeuteten Lachse von den Bären in den Wald transportiert.
Der Anteil des Lachskörpers, der von Bären gefressen wird, sinkt mit steigender Anzahl an Lachsen im Fluss. Dieses Absinken erfolgt mit zunehmenden Lachszahlen erst sehr deutlich, bei weiter ansteigenden Lachszahlen immer weniger stark. So beträgt der Anteil des Fisches, den ein Bär frisst, etwa 70 %, wenn im Fluss nur etwa 1 000 Lachse vorkommen. Bei 5 000 Lachsen im Fluss werden nur noch ca. 35 % eines getöteten Fisches gefressen und bei einem Vorkommen von 20 000 Fischen im Fluss nur noch 5 %.
Je mehr Lachse im Fluss vorhanden sind, desto mehr getötete Lachse werden also in den Wald transportiert und desto weniger wird von den einzelnen Fischen verzehrt.

**2.2** **TIPP** *Anforderungsbereich: II, Bewertungseinheiten: 10*

Hier gilt es die Veränderungen im Jagd- und Fressverhalten, die im Diagramm von M 2c deutlich werden, zu erklären, wobei die Informationen weiterer Materialien einzubeziehen sind. Es ist sinnvoll, wenn Sie möglichst viele Textstellen des Materials adäquat nutzen, um sicherzustellen, dass Sie eine ausführliche Auswertung vornehmen.

Zur Zeit der Lachswanderung ernähren sich Amerikanische Braunbären nahezu ausschließlich von Lachsen, um mithilfe der aufgenommenen Nährstoffe eine Fettschicht für den Winter aufzubauen. Bei geringen Lachszahlen im Fluss fressen die Bären einen größeren Teil des erbeuteten Fisches als bei einem höheren Lachsvorkommen im Fluss, da der Aufwand für den Fang der Beute erheblich größer ist als bei hohen Lachsbeständen. Je höher hingegen die Lachszahlen sind, desto häufiger ist die Jagd für die Bären erfolgreich und desto weniger müssen sie von der Beute verzehren, um ihre Fettschicht aufzubauen. Der Nutzen durch den Verzehr nur der fettreichen Teile des Fisches überwiegt die Kosten durch den Beutefang bei hohem Nahrungsangebot. Pro Zeiteinheit erlangen die Bären auf diese Weise mehr fetthaltige Nahrung und können ihre Fettschicht schneller aufbauen.
Für den Beutefang sind Plätze besonders an Wasserfällen für die Bären erfolgversprechend. Die Lachse können diese Barrieren nur unter hohem Energieverbrauch springend überwinden. Dafür müssen die Fische auf ihre Energiespeicher zurückgreifen, da sie während der Wanderung keine Nahrung zu sich nehmen. Wasserfälle stellen somit Orte dar, an denen die Wahrscheinlichkeit des Beuteerfolgs für die Bären erhöht ist. Direkt an den Flüssen fressen bevorzugt dominante Bären, die schwächere Artgenossen vertreiben und diesen häufig deren Beute abnehmen. Dies ist umso wahrscheinlicher, je geringer die Lachszahlen im Fluss sind, da dann die intraspezifische Konkurrenz steigt. Mit zunehmenden Lachszahlen im Fluss können auch die unterlegenen Bären mehr Beute erzielen, die sie im angrenzenden Wald verzehren, um so dem Konkurrenzdruck der stärkeren Tiere zu entgehen. Aus diesem Grund steigt der Anteil an getöteten Fischen, die in den Wald gebracht werden, mit steigendem Lachsbestand im Fluss an.

**2.3** **TIPP** *Anforderungsbereich: II, Bewertungseinheiten: 16*

Hier sollen Sie anhand von Materialinformationen die Bedeutung der Lachse für die Waldökosysteme Alaskas herausarbeiten und dabei die zunehmende Überfischung der Lachsbestände berücksichtigen.

Um die Folgen abzuschätzen, die eine Überfischung der Lachsbestände auf die Waldgebiete hat, die die Fische bei ihrer Wanderung zu den Laichplätzen passieren, wurden über einen Zeitraum von 2000 bis 2008 in einem Forschungsgebiet unterschiedliche Untersuchungen durchgeführt.

Einerseits wurde der Eintrag an Lachskadavern durch Bären in dieses Waldgebiet in Abhängigkeit von der Anzahl an Lachsen im Fluss ermittelt. Bei ca. 4 000 Lachsen im Fluss liegt die Gesamtmasse der Lachskadaver, die jährlich in den angrenzenden Waldbereich transportiert werden, bei etwa 1 200 kg. Mit steigenden Fischzahlen im Fluss steigt die Masse an Kadavern nahezu linear an. So beträgt die Gesamtmasse der von Bären in den Wald transportierten Lachskadaver etwa 6 500 kg, wenn ca. 20 000 Lachse im Fluss vorhanden sind. Dieser Anstieg an Fischkadavern im Wald ist zum einen darauf zurückzuführen, dass bei hohen Lachsbeständen im Fluss vermehrt schwächere Bären erfolgreich jagen, die ihre Beute zum ungestörten Verzehr in den Wald transportieren. Zum anderen ist der Anteil des Lachskörpers, den die Bären fressen, umso geringer, je mehr Lachse im Fluss vorhanden sind. Dann fressen die Bären bevorzugt nur die fettreichen Teile der Fische und die Masse an Fischkadavern steigt.
Andererseits wurde der Nitratgehalt des Waldbodens in der Nähe der Lachsfanggebiete der Bären untersucht. Nach der Lachswanderung liegt dieser mit einer Konzentration von 9 mg/kg getrocknete Erde deutlich über dem Nitratgehalt vor der Wanderung der Fische (1 mg/kg getrocknete Erde). Parallel dazu wurde in diesem Gebiet mit 0,3 $m^2$ pro Hektar und Jahr ein dreimal höheres Pflanzenwachstum als in einem mehrere Kilometer davon entfernten Vergleichsgebiet gemessen. Da der Nitratgehalt im Vergleichsgebiet nach der Lachswanderung nur unwesentlich höher liegt als vor der Wanderung, lässt sich vermuten, dass ein Zusammenhang zwischen dem erhöhten Nitratgehalt und dem stärkeren Pflanzenwachstum besteht. Bei der Zersetzung der Lachskadaver durch die Destruenten des Waldbodens wird Nitrat freigesetzt, das von den Pflanzen als Mineralnährstoff verwertet wird. Nitrat wird von den Pflanzen zum Aufbau stickstoffhaltiger Verbindungen wie z. B. Aminosäuren oder Oxidationsäquivalenten in Form von $NAD^+$ oder $NADP^+$ genutzt. Da ein erhöhter Nitratgehalt in den Wäldern der Lachsfanggebiete ein verstärktes Pflanzenwachstum bewirkt, scheint die Nitratkonzentration hier ein begrenzender Ökofaktor zu sein.
Die Überfischung der Lachsbestände der Meere durch den Menschen führt dazu, dass weniger Lachse zu ihren „heimischen" Gewässern zurückkehren, um sich fortzupflanzen und zu laichen. Damit sinkt die Zahl der Beutefische der Bären in den Flüssen. Das hat zur Folge, dass der Lachseintrag durch Bären in die flussnahen Wälder ihrer Fanggebiete sinkt, da die Bären bei geringem Nahrungsangebot weniger Fische in die Wälder transportieren und einen höheren Anteil ihrer Beutefische fressen. Dadurch verringert sich auch die Zahl an Lachskadavern, die von Destruenten zu Nitrat mineralisiert werden. Daraus resultiert wiederum ein geringeres Pflanzenwachstum, also eine geringere Biomasseproduktion. Für die davon abhängigen Konsumenten vermindert sich dadurch das Nahrungsangebot. In ihrer Summe werden diese Folgen zu einer veränderten Zusammensetzung des Waldökosystems führen, da Veränderungen in der (Biodiversität der) Flora auch Veränderungen in der Zusammensetzung der Fauna nach sich ziehen.

**3.1** **TIPP** *Anforderungsbereich: II, Bewertungseinheiten: 13*

Stellen Sie in dieser Teilaufgabe die verwandtschaftlichen Beziehungen dreier Bärenarten auf der Basis von Merkmalsvergleichen dar. Es geht dabei nicht darum, diese ursprüngliche Methode der taxonomischen Einordnung zu bewerten.

Früher nahm man an, dass Tierarten umso näher miteinander verwandt seien, je mehr gemeinsame Merkmale sie besäßen. Vergleicht man die drei Bärenarten diesbezüglich, so stellt man fest, dass Großer und Kleiner Panda, was die Aktivität, die Lautäußerungen, die Nahrung sowie das Handskelett betrifft, jeweils gleiche Merkmale aufweisen. Auch in Bezug auf den Lebensraum gibt es Übereinstimmungen. So bevorzugt der Große Panda Bergwälder mit dichtem Bambusdickicht, während sich der Kleine Panda vorzugsweise an niederen Berghängen aufhält, die neben dichtem Bambusdickicht auch Mischwälder aufweisen. Deutliche Unterschiede zeigen die beiden Tierarten hinsichtlich ihrer Schwanzlänge und der Art ihrer Fortbewegung. Während der Große Panda nur einen kurzen Schwanz besitzt, ist der des Kleinen Pandas, ähnlich dem des Waschbären, lang. Darüber hinaus bewegt sich der Große Panda im Gegensatz zum Kleinen Panda im Passgang fort.
Der Vergleich des Großen Pandas mit dem Amerikanischen Schwarzbär offenbart deutlich mehr Unterschiede. So hält der Amerikanische Schwarzbär Winterruhe und äußert sich mit brummenden und brüllenden Lauten, während der Große Panda ganzjährig aktiv ist und sich blökend und zischend bemerkbar macht. Anders als der Große Panda, der ausschließlich Pflanzen frisst, zählt der Amerikanische Schwarzbär zu den Allesfressern. Auch besitzt dieser an seinem Handskelett keinen zusätzlichen „Finger" wie der Große Panda. Im Hinblick auf den Lebensraum besiedelt der Amerikanische Schwarzbär Wälder mit dichtem Unterwuchs, der Große Panda Bambus-Bergwälder. Beide Arten haben jedoch einen kurzen Schwanz und bewegen sich im Passgang fort. Vom Kleinen Panda unterscheidet sich der Amerikanische Schwarzbär in fast allen genannten Merkmalen. Gemeinsam ist beiden lediglich, dass sie pflanzliche Kost aufnehmen und in Wäldern leben.
Aufgrund der höheren Anzahl von Übereinstimmungen ging man früher davon aus, dass Großer und Kleiner Panda von den drei Bärenarten am nächsten miteinander verwandt seien. Aufgrund der Merkmalsunterschiede wurde darüber hinaus die verwandtschaftliche Distanz zwischen Kleinem Panda und Amerikanischem Schwarzbär größer eingeschätzt als zwischen Großem Panda und Amerikanischem Schwarzbär.

**3.2** **TIPP** *Anforderungsbereiche: II – III, Bewertungseinheiten: 14*

Hier sollen Sie zwei Stammbäume auf der Basis von Informationen zu genetischen Distanzen analysieren und eventuelle Widersprüche aufdecken. Dazu ist es hilfreich, in der Grafik in M 3b zunächst die einzelnen Strecken auszumessen, um Angaben zu den Unterschieden in den RNA-Basensequenzen machen zu können.

Je weniger Unterschiede die untersuchten RNA-Abschnitte zweier Arten aufweisen, desto geringer ist die genetische Distanz zwischen den beiden Arten und desto näher sind sie vermutlich miteinander verwandt. Als Maß für die Anzahl der Unterschiede in den untersuchten RNA-Abschnitten lassen sich die Längen der Verbindungslinien in M 3b verwenden. Demnach liegen die wenigsten RNA-Unterschiede zwischen dem Amerikanischen Schwarzbär und dem Amerikanischen Braunbär vor. Die genetische Distanz zwischen Kleinem Panda und Waschbär ist deutlich größer. Zwischen Großem Panda und Schwarzbär sowie Braunbär ist die Verbindungslinie noch länger. Dabei zeigt der Große Panda geringfügig mehr Unterschiede zum Braunbär als zum Schwarzbär. Die nächstgrößere Distanz besteht zwischen Kleinem Panda/Waschbär und Braunbär/Schwarzbär. Am längsten sind schließlich die Verbindungslinien zwischen Großem Panda und Kleinem Panda bzw. Waschbär. Zwischen diesen Arten liegt die größte genetische Distanz und damit vermutlich die entfernteste Verwandtschaft vor.
Vergleicht man diese genetischen Distanzen mit den Stammbäumen A und B, so fällt auf, dass die relativ nahe Verwandtschaft sowohl zwischen den amerikanischen Bären als auch den Kleinbären in beiden Stammbäumen korrekt dargestellt wird. Entsprechend den genetischen Unterschieden liegt die Aufspaltung der Vorfahren der amerikanischen Bären am wenigsten weit zurück. Die Trennung der gemeinsamen Vorfahren der rezenten Kleinbärenarten hat sich bereits etwas früher vollzogen. Die größere genetische Distanz zwischen den Kleinbären und den amerikanischen Bären spiegelt sich in der Auftrennung der Population des gemeinsamen Vorfahrens vor deutlich längerer Zeit wieder. Unterschiede zwischen den Stammbäumen zeigen sich in der Einordnung des Großen Pandas. Nach Stammbaum A geht die Linie des Großen Pandas auf einen gemeinsamen Vorfahren mit den Ahnen der amerikanischen Bären zurück. Das entspricht den genetischen Distanzen, die zwischen diesen Bärengruppen geringer sind als zu den Kleinbären. Stammbaum B gibt hingegen an, dass der Große Panda einen gemeinsamen Vorfahren mit dem Ahnen der Kleinbären hatte. Das steht nicht im Einklang mit den genetischen Distanzen, da diese zwischen Großem Panda und den Kleinbären deutlich größer sind als zwischen Großem Panda und den amerikanischen Bären. Somit berücksichtigt Stammbaum A die genetischen Unterschiede besser als Stammbaum B.
Stammbaum A weist allerdings für die Abspaltung der Vorfahren der rezenten Großen Pandas von den Vorfahren der amerikanischen Bären einen früheren Zeitpunkt aus als für die Auftrennung der Population der Vorfahren der Kleinbären. Dies wird durch die genetischen Differenzen nicht unbedingt bestätigt, da zwischen den Kleinbären etwas mehr Unterschiede in den Basensequenzen vorliegen als zwischen Großem Panda und den amerikanischen Bären.

BE

## AMEISEN – WAHRE ERFOLGSMODELLE IM TIERREICH

Ameisen sind eine sehr artenreiche Familie der Insekten, die fast alle Lebensräume der Erde bevölkern. Allen Ameisenarten ist gemein, dass sie sehr prägend und gestaltend auf ihren jeweiligen Lebensraum wirken, indem sie u. a. die dortigen Lebensgemeinschaften nachhaltig beeinflussen. So zeigen beispielsweise Ameisen der Gattung *Crematogaster* spezielle Wechselwirkungen mit Bäumen der Gattung *Macaranga*. Einige Ameisenarten kommen sogar in sehr lebensfeindlichen Gebieten, wie der Sahara, vor. Dort geraten Ameisen unter extremen Hitzestress. Darunter versteht man eine durch hohe Temperaturen bedingte belastende Situation für einen Organismus.
Im Folgenden sollen Sie sich mit genetischen, stoffwechselbiologischen und ökologischen Aspekten im Zusammenhang mit ausgewählten Ameisenarten auseinandersetzen.

### 1 Genetische Aspekte bei Wüstenameisen der Gattung *Cataglyphis*

**1.1** Beschreiben Sie das in M 1 dargestellte Schema sowie die biologische Bedeutung des alternativen Spleißens. 11

**1.2** Erläutern Sie unter Bezug auf M 3 a die Befunde zur Hitzestress-Antwort in M 3 b im Hinblick darauf, dass Ameisen der Art *C. mauritanica* bei einer Temperatur von 40 °C einen sehr langen Zeitraum überleben können.
Erklären Sie anhand von M 3 a und M 3 b, weshalb Ameisen der Art *C. mauritanica* bereits nach kurzer Zeit bei einer extrem hohen Temperatur von 60 °C sterben. 21

**1.3** Begründen Sie anhand von M 3 c, auf welche Weise Hitzestress zur Bildung von induzierten HSP führt und die Bildung von neuen HSP (M 3 a) durch die Konzentration an freien HSP im Zellplasma reguliert wird. 11

### 2 Stoffwechselbiologische Aspekte bei Wüstenameisen

**2.1** Fassen Sie unter Berücksichtigung der ATP-Synthese die wesentlichen Vorgänge der Endoxidation im Mitochondrium zusammen. 9

**2.2** Erläutern Sie anhand von M 4 die Zusammenhänge zwischen Aktivität der ATP-Synthase, ATP-Produktion und Protonendurchlässigkeit der Mitochondrienmembran.
Begründen Sie anhand von M 4, warum eine Hitzestress-Antwort das Überleben bei sehr hohen Umgebungstemperaturen nicht zwingend ermöglicht. 21

## 3 Ökologische Aspekte zu Ameisen der Gattung *Crematogaster*

**3.1** Werten Sie M 5 a, M 5 b und M 5 c im Hinblick auf die Wechselbeziehung zwischen Ameisen der Gattung *Crematogaster* und *Macaranga*-Bäumen aus. 20

**3.2** Planen Sie auf der Grundlage einer Auswahl der angegebenen Materialien eine experimentelle Vorgehensweise zur Überprüfung der genannten Hypothese (M 5 d). 12

## M 1 Allgemeines Schema des alternativen Spleißens

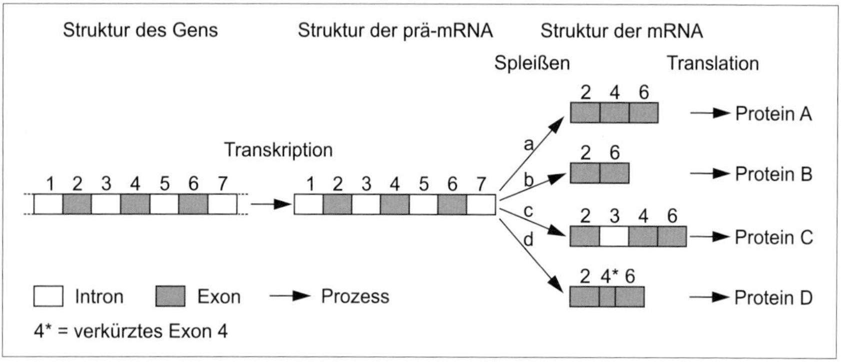


*Erstellt durch:*
*Zentralabiturkommission 2018: Allgemeines Schema des alternativen Spleißens.*

## M 2 Allgemeine Informationen zu Ameisen

Ameisen leben in arbeitsteilig organisierten Insektenstaaten. Ein Ameisenvolk kann in drei Gruppen unterteilt werden: fruchtbare Weibchen (Königinnen), Männchen und Arbeiterinnen. Die letzte Gruppe stellt die größte Fraktion im Staat dar und ist u. a. für die Verteidigung des Nestes, die Versorgung der Nachkommen und der Königinnen und die Nahrungsbeschaffung zuständig. Die Nester sind in heißen und trockenen Gebieten häufig unterirdisch angelegt und weisen daher gemäßigtere Lebensbedingungen auf. Ameisen nutzen viele verschiedene Nahrungsressourcen, wobei einzelne Arten aber häufig auf bestimmte Nahrungsquellen spezialisiert sind.

*Verändert aus:*
*http://de.m.wikipedia.org/wiki/Ameisen (zuletzt abgerufen am 05. 04. 2017).*

## M 3 Genetische Aspekte bei Wüstenameisen der Gattung *Cataglyphis*

### M 3a Untersuchungen der Hitzestress-Antwort bei Wüstenameisen der Gattung *Cataglyphis*

Besondere Hitzestressproteine (HSP) ermöglichen es Ameisen (M 2), auch bei hohen Temperaturen zu überleben. Es gibt zwei verschiedene Typen von Hitzestressproteinen: konstitutionelle HSP und induzierte HSP. Konstitutionelle HSP liegen ständig in allen Zellen vor und sorgen u. a. für die korrekte Faltung neu gebildeter Proteine und den Schutz vor Denaturierung, indem sie an diese Proteine binden und somit deren Struktur stabilisieren. Ein vollständiger Schutz vor der Denaturierung aller Proteine ist hierdurch jedoch nur über einen sehr kurzen Zeitraum gegeben.
Induzierte HSP werden erst bei hohen Temperaturen durch Proteinbiosynthese gebildet. Sie renaturieren bereits denaturierte Proteine, jedoch erst, nachdem einige Zeit für die Synthese verstrichen ist. Ameisen der Art *Cataglyphis mauritanica* sind in der Lage, eine hohe Umgebungstemperatur von 40 °C über einen sehr langen Zeitraum auszuhalten. Sie überleben extrem hohe Temperaturen von um die 60 °C jedoch nur für einen sehr kurzen Zeitraum von wenigen Minuten. Um die Bedeutung von induzierten HSP für diese Ameisenart zu ergründen, wurden Versuche durchgeführt. Tests ergaben, dass *C. mauritanica* nur eine geringe Konzentration konstitutioneller HSP aufweist. Bei Versuchen wurden jeweils Gruppen dieser Art bei verschiedenen Temperaturen für bestimmte Zeiten gehalten. Dabei entspricht die Temperatur von 37 °C einem leichten, die von 40 °C einem mittleren und die von 45 °C einem extremen Hitzestress. Die Überlebensraten (A) und die relative Aktivität eines HSP-Gens (B) wurden bestimmt (M 3b).

*Zusammengestellt und verändert aus:*
*Cerdá, X. et al.: Critical thermal limits in Mediterranean ant species: trade-off between mortality risk and foraging performance. In: Functional Ecology 12 (1998), S. 45–47.*
*Jungbauer, W. (Hrsg.): Aufgabenhandbuch Biologie, Band 4. Genetik. Aulis Verlag, Köln (2011), S. 179–181.*
*Williot, Q. et al.: Proteome stability, heat hardening, and heat-shock protein expression profiles in Cataglyphis desert ants. In: Journal of Experimental Biology 220 (2017), S. 1 721–1 728.*

### M 3b Befunde zu Untersuchungen der Hitzestress-Antwort bei *C. mauritanica*

Grafik A zeigt den Anteil der überlebenden Ameisen, die unterschiedlichem Hitzestress ausgesetzt waren. Grafik B zeigt die relative Aktivität eines HSP-Gens bei verschiedenen Versuchsbedingungen am Versuchsende.

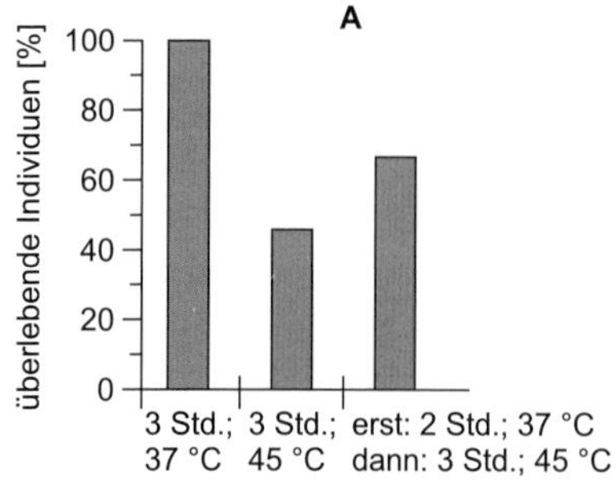


**B**

| Ansatz | Versuchs-bedingungen | Genaktivität [rel. Einheiten] |
|---|---|---|
| 1 | 3 h bei 25 °C | 0 |
| 2 | 3 h bei 40 °C | 100 |
| 3 | erst: 3 h bei 40 °C dann: 1 h bei 25 °C | 0 |

*Verändert aus: Williot, Q. et al.: Proteome stability, heat hardening, and heat-shock protein expression profiles in Cataglyphis desert ants. In: J. Exp. Biol. 220 (2017), S. 1 721–1 728.*

## M 3 c Regulation der Genexpression eines induzierten Hitzestressproteins

**HINWEIS:** Die Zahlen geben die zeitliche Reihenfolge der Teilprozesse der Hitzestress-Antwort wieder. Zum Zeitpunkt 1 erfolgt der Hitzestress.

**Legende:** HSF = Hitzestressfaktor; HSP = Hitzestressprotein; HSE = Hitzestresselement (regulatorischer DNA-Abschnitt)

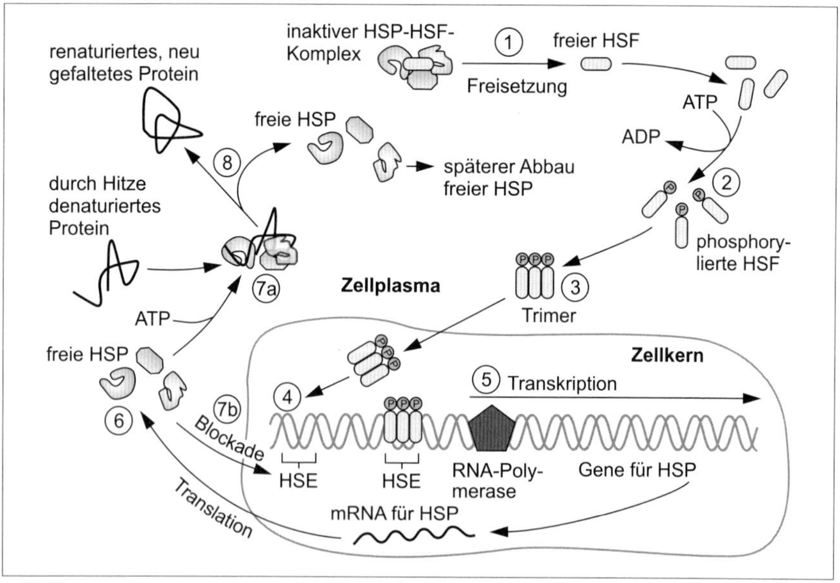


*Verändert aus: Tomanek, L. et al.: Interspecific- and acclimation-induced variation in levels of heat-shock proteins 70 (hsp70) and 90 (hsp90) and heat-shock transcription factor-1 (HSF1) in congeneric marine snails (genus Tegula): implications for regulation of hsp gene expression. In: Journal of Experimental Biology 205 (2002), S. 678.*

## M 4 Protonendurchlässigkeit der inneren Mitochondrienmembran und ATP-Produktion

Hitzestress tritt erst bei hohen Umgebungstemperaturen ein.
Die Hitzestress-Antwort des Organismus schwächt die negativen Auswirkungen des Hitzestresses ab. Für die dabei ablaufenden Prozesse in den Zellen der Wüstenameisen wird viel ATP benötigt.

**HINWEIS:** Die Protonendurchlässigkeit der inneren Mitochondrienmembran beruht auf der Tatsache, dass Protonen nicht nur über die ATP-Synthase, sondern auch über andere membrangebundene Proteine durch diese Membran diffundieren können. Die Gründe für die Temperaturabhängigkeit dieser Transportvorgänge sollen nicht betrachtet werden.

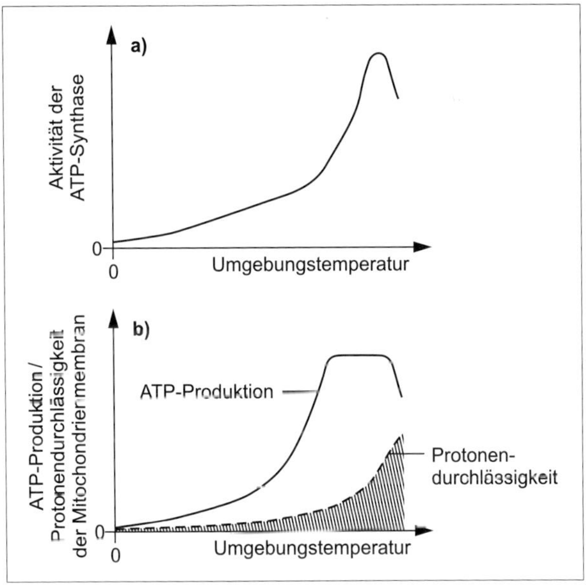


*Verändert aus: Angilletta, M. J. Jr.: Thermal Adaption. Oxford University Press, New York (2009), S. 45.*

## M 5 Ökologische Aspekte zur Ameisengattung *Crematogaster*

### M 5a Die Ameisen der Gattung *Crematogaster* und *Macaranga*-Bäume

In Malaysia gibt es viele Baumarten der Gattung *Macaranga*, die u. a. als Pionierpflanzen bei der Wiederaufforstung von tropischen Regenwäldern von großer Bedeutung sind. Die Bäume geben an ihren Blättern eine zuckerreiche Flüssigkeit ab, den sogenannten Blattnektar, welcher von Insekten als Nahrung genutzt wird. Auch bilden die Pflanzen kleine Knöllchen aus, sogenannte Futterkörperchen. Auf einigen *Macaranga*-Arten existieren dauerhaft Völker der Ameisengattung *Crematogaster*. Diese Ameisen ernähren sich fast ausschließlich von pflanzlichen Stoffen.

*Verändert aus: Jungbauer, W. (Hrsg.): Aufgabenhandbuch Biologie, Band 2. Ökologie. Aulis Verlag, Köln (2010), S. 140–141.*

### M 5b Experiment zur Bedeutung der Futterkörperchen

In einem Experiment wurden auf den Blättern von *Macaranga*-Pflanzen zusätzliche Futterkörperchen angebracht bzw. entfernt. Einige Pflanzen wurden nicht verändert. Nach einem Monat wurden Ameiseneier, -larven, -puppen und Ameisen auf den Pflanzen gezählt (Diagramm unten).

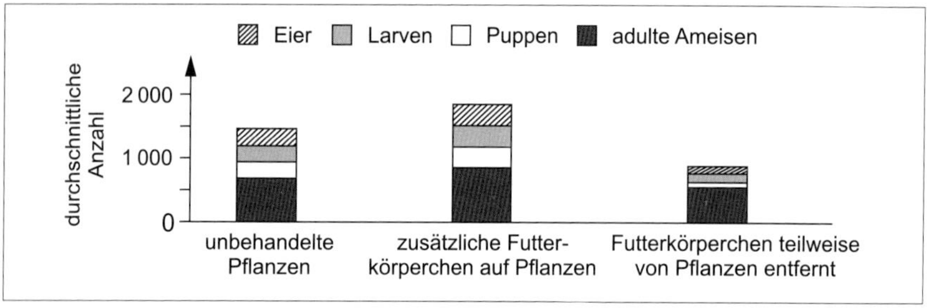


*Verändert aus: Jungbauer, W. (Hrsg.): Aufgabenhandbuch Biologie, Band 2. Ökologie. Aulis Verlag, Köln (2010), S. 140–141.*

### M 5c Einfluss von Ameisen der Gattung *Crematogaster* auf *Macaranga*-Bäume

Um den Einfluss der Ameisen auf *Macaranga*-Bäume zu untersuchen, wurden von einigen Bäumen der Art *Macaranga triloba*, die für gewöhnlich ständig von Ameisen besiedelt sind, die Ameisen vollständig entfernt und vor Neubesiedlung durch Ameisen geschützt. Für die von Ameisen besiedelten und unbesiedelten Bäume wurde das Pflanzenwachstum bestimmt (A). Zusätzlich wurden jeweils die Fraßschäden an den Blättern ermittelt (B) und jeweils der Anteil der Jungbäume bestimmt, die von Kletterpflanzen überwuchert wurden (C).

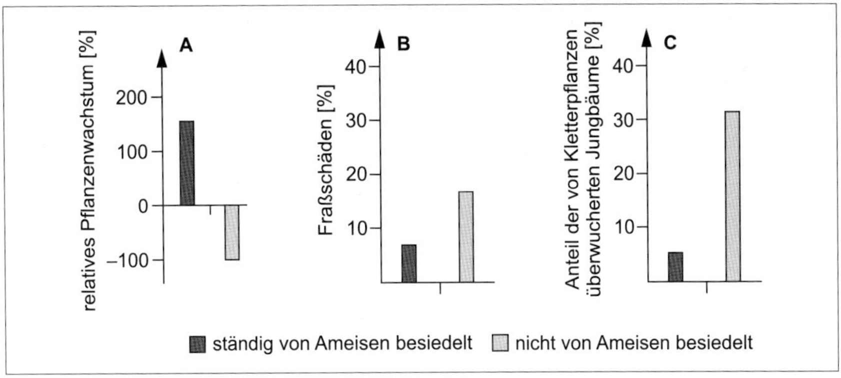


In einem weiteren Experiment setzte man Raupen auf Bäume der Art *Macaranga triloba*, die von Ameisen besiedelt worden sind.

| **auf Pflanzen gesetzte Raupen** | **Reaktion der Ameisen auf Raupen** | | **Folgen des Angriffs für die Raupe** | | | |
|---|---|---|---|---|---|---|
| | Angriff | kein Angriff | keine | verlässt Blatt | wird von Ameisen getötet | wird von Ameisen abtransportiert |
| 100 % | 83 % | 17 % | 3 % | 63 % | 17 % | 17 % |

*Zusammengestellt und verändert aus:*
*Jungbauer, W. (Hrsg.): Aufgabenhandbuch Biologie, Band 2. Ökologie. Aulis Verlag, Köln (2010), S. 134–135, 142.*
*Fiala, B. et al.: Studies of a South East Asian ant-plant association: protection of Macaranga trees by Crematogaster borneensis. In: Oecologia 79 (1989), S. 466.*

## M 5d Untersuchungen zur Ursache der gesteigerten Blattnektarproduktion

*Macaranga*-Bäume, die von Fraßschädlingen befallen worden sind und daher Fraßschäden an den Blättern aufweisen (M 5a, M 5c), produzieren eine deutlich erhöhte Menge an Blattnektar. Forscher haben die folgende Hypothese aufgestellt:
„Eine Substanz im Inneren der Blattzellen, die Jasmonsäure, wird bei Verletzungen in die Luft freigesetzt. Sie dient als Signalstoff und führt zur gesteigerten Blattnektarproduktion."
Für die Untersuchungen stehen folgende Materialien zur Verfügung:
*Macaranga*-Setzlinge, abgeschnittene und verletzte Blätter des *Macaranga*-Baumes, Jasmonsäure, Blattnektar, Gaschromatograph zum Nachweis von Jasmonsäure, Werkzeug zum Verletzen der Blätter, Messkammern, Material zum quantitativen Nachweis von Blattnektar.

*Verändert aus: Spieler, M. et al.: Ameisenpflanzen – Vor- und Nachteile des Zusammenlebens. In: Unterricht Biologie 306 (2005), S. 55.*

## Lösungsvorschlag

Die Aufgabe beinhaltet die folgenden Themen:

- Genetik und Molekularbiologie: Proteinbiosynthese, mRNA-Synthese und alternatives Spleißen, Regulation der Genaktivität
- Stoffwechselbiologie: chemiosmotische Bildung von ATP, Teilprozesse der Atmungskette und Endoxidation im Mitochondrium, Hitzestress auf molekularer Grundlage
- Ökologie: ökologische Wechselbeziehungen, abiotische und biotische Faktoren, Symbiose

**TIPP** **Allgemeine Hinweise zur Lösung der Aufgabe**

Anhand von experimentellen Befunden und Feldstudien sollen Sie in dieser Aufgabe am Beispiel verschiedener Ameisenarten spezielle molekulargenetische, stoffwechselphysiologische und ökologische Aspekte bearbeiten. Dabei müssen Sie Ihre Kenntnisse und Einsichten insbesondere zur Proteinbiosynthese, zur Bedeutung und Produktion von ATP sowie zur Abhängigkeit der Lebewesen von abiotischen und biotischen Faktoren im jeweiligen Lebensraum einbringen.
Nehmen Sie sich angesichts der umfangreichen Materialien zunächst Zeit für einen Überblick. Berücksichtigen Sie dann jeweils genau die Aufgabenstellung und die Bedeutung der Operatoren, um hinsichtlich der geforderten Tiefe und der Detailliertheit Ihrer Ausführungen hilfreiche Hinweise zu erhalten.

1.1 **TIPP** *Anforderungsbereich: I, Bewertungseinheiten: 11*

In der im Wesentlichen reproduktiv angelegten Einstiegsaufgabe geht es um die exakte Beschreibung eines vorgegebenen, allgemeinen Schemas zum alternativen Spleißen. Gehen Sie abschließend auch auf die Bedeutung dieses Vorgangs im Rahmen der Proteinbiosynthese bei Eukaryoten ein.

Das schematisiert dargestellte Gen besteht aus sieben Abschnitten, wovon vier als Introns (Abschnitt 1, 3, 5, und 7) und drei als Exons (Abschnitt 2, 4 und 6) gekennzeichnet sind. Bei der Transkription des Gens werden alle Abschnitte vollständig und in derselben Reihenfolge in die prä-mRNA übersetzt. Vor der Translation findet bei Eukaryoten das Spleißen der prä-mRNA statt, bei dem die Introns herausgeschnitten und die Exons zur endgültigen mRNA zusammengesetzt werden. Für diesen Vorgang sind verschiedene Möglichkeiten (a–d) angegeben: Es können entweder alle Exons miteinander verbunden werden (a) oder es wird nur ein Teil der Exons zusammengefügt (b). Außerdem ist es möglich, dass ein Intron in der mRNA verbleibt (c) oder dass ein Exon beim Spleißen verkürzt wird (d). Je nach Zusammensetzung der mRNA werden bei der nachfolgenden Translation vier unterschiedliche Proteine A bis D gebildet.

Die biologische Bedeutung des Spleißens liegt demnach darin, dass aus einem einzigen Gen durch Neukombination der mRNA-Sequenz eine Reihe verschiedenartiger Proteine mit vermutlich unterschiedlichen Funktionen entstehen können.

1.2 **TIPP** *Anforderungsbereiche: I – II, Bewertungseinheiten: 21*

Beachten Sie bei dieser Teilaufgabe, dass es sich um zwei getrennt zu bearbeitende Arbeitsaufträge handelt und dass zum Operator „erläutern“ neben beschreibenden auch erklärende Aspekte gehören. Wichtig ist, dass Sie erst M 3 a und b gedanklich erfassen und dann die Daten in Arbeitsmaterial M 3 b zusammenfassend beschreiben. Achten Sie darauf, dass zunächst nur für das Überleben der Ameisenart *C. mauritanica* bei 40 °C eine Erklärung gefordert ist. Im zweiten Arbeitsauftrag sollen Sie dann auf den Teilaspekt der Überlebenszeit der Ameisen bei 60 °C eingehen.

*Erläutern:* Grafik A gibt den Anteil von überlebenden Ameisen der Art *C. mauritanica* bei unterschiedlichen Hitzestressbedingungen wieder, während Grafik B für dieselbe Art Angaben zur Aktivität eines Gens für ein Hitzestressprotein (HSP) bei verschiedenen Temperaturen enthält.
Bei einem Hitzestress von 37 °C für drei Stunden überleben 100 % der Ameisen. Bei 45 °C für ebenfalls drei Stunden ist die Überlebensrate auf ca. 45 % der Tiere deutlich verringert. Bei zunächst 37 °C für zwei Stunden und anschließender Temperaturerhöhung auf 45 °C für drei Stunden bleiben dagegen etwa 65 % der Ameisen am Leben. Die Untersuchungen der Aktivität des HSP-Gens der Ameisen zeigen, dass bei einer Umgebungstemperatur von 25 °C für drei Stunden keine Genaktivität festzustellen ist, während man bei Ameisen nach drei Stunden in einer Umgebungstemperatur von 40 °C eine sehr hohe Aktivität des HSP-Gens (100 rel. Einheiten) misst. Beim dritten Ansatz, für den die Ameisen zunächst drei Stunden bei 40 °C und anschließend eine Stunde bei 25 °C gehalten wurden, zeigt das HSP-Gen keine Aktivität.
Auf der Grundlage der Daten zur Genaktivität und der Textinformationen ergibt sich, dass bei Hitzestress um 37 bis 40 °C viele induzierte HSP von *C. mauritanica* produziert werden. Bei anschließender Temperaturerniedrigung kommt die HSP-Bildung zum Erliegen. Man kann also davon ausgehen, dass die Ameisen die Fähigkeit besitzen, die Aktivität der HSP-Gene so zu regulieren, dass bei leichtem bis mittlerem Hitzestress von ca. 37–40 °C genügend HSP produziert werden, um das Überleben für einen relativ langen Zeitraum unter diesen Bedingungen zu sichern. Bei einer Temperaturerhöhung auf 45 °C steigt daher die Überlebensrate der Ameisen deutlich, wenn eine Vorlaufphase bei leichtem Hitzestress vorausging, in der genügend induzierte HSP gebildet wurden. HSP erhöhen die Überlebensfähigkeit bei hohen Temperaturen, da sie bereits denaturierte Proteine renaturieren können.

*Erklären:* Einen sehr kurzen, aber extremen Hitzestress von 60 °C können die Ameisen der Art *C. mauritanica* nicht überleben, da einerseits nur wenig konstitutionelle HSP zur Verfügung stehen und andererseits die (ausreichende) Produktion induzierter HSP relativ viel Zeit in Anspruch nimmt. Ohne einen ausreichenden Schutz der Proteine durch genügend HSP denaturieren viele Proteine bei 60 °C schon nach kurzer Zeit und eine Renaturierung der Proteine ist nicht rechtzeitig möglich. Die Ameisen sterben daher nach einem kurzen, aber extremen Hitzestress recht schnell, da lebenswichtige Proteine funktionslos werden.

1.3 **TIPP** *Anforderungsbereiche: II – III, Bewertungseinheiten: 11*

Diese Teilaufgabe bezieht sich auf die genregulatorischen, molekularbiologischen Hintergründe zur Bewältigung des Hitzestresses bei Ameisen. Erfassen Sie dazu zuerst die Bestandteile des Schemas anhand der Hinweise gedanklich und verbalisieren Sie dann in Ihren Ausführungen ausgehend vom Hitzestress die schematisierten Teilschritte zur Bildung von freien Hitzestressproteinen. Gehen Sie anschließend darauf ein, wie es über einen negativen Rückkopplungsmechanismus zur Deaktivierung der HSP-Gene kommt.

Zunächst inaktive Hitzeschockprotein-Hitzestressfaktor-Komplexe (HSP-HSF-Komplexe) werden im Cytoplasma infolge Hitzestresses so gespalten, dass HSF freigesetzt werden und nach Phosphorylierung durch ATP-Spaltung als phosphorylierte HSF zu Trimeren verbunden werden. Diese Trimere gelangen in den Zellkern und binden dort an ein Hitzestresselement (HSE), einen regulatorischen DNA-Abschnitt. Dadurch werden in der Nähe des HSE liegende Hitzeschockprotein-Gene aktiviert und mRNA für HSP produziert. Im Zellplasma erfolgt dann durch Translation dieser mRNA die Bildung freier HSP. Die HSP binden unter ATP-Verbrauch an Proteine, die durch den Hitzestress denaturiert wurden, und stabilisieren bzw. renaturieren diese. Während des Hitzestresses gibt es daher nur wenige freie HSP im Zellplasma, nach Ende der Hitzestresssituation erhöht sich jedoch deren Menge. Liegen viele freie HSP vor, vermitteln sie im Zellkern durch negative Rückkopplung die Blockade des HSE, sodass dort die Transkription der mRNA für HSP gestoppt wird. Infolgedessen unterbleibt auch die weitere Proteinbiosynthese zur Produktion von HSP. Die verbleibenden freien HSP werden später im Zellplasma abgebaut.

2.1 **TIPP** *Anforderungsbereich: I, Bewertungseinheiten: 9*

In dieser rein reproduktiv angelegten Teilaufgabe wird erwartet, dass Sie die Vorgänge der Endoxidation im Mitochondrium zusammenfassend darlegen, ohne alle Details im Einzelnen zu nennen. Berücksichtigen Sie auf jeden Fall die Bedeutung von $NADH + H^+$, $FADH_2$ und ATP sowie die jeweils beteiligten Reaktionsräume.

Die in der Glykolyse und dem Citratzyklus gebildeten Reduktionsäquivalente (Cofaktoren) $NADH + H^+$ sowie $FADH_2$ erreichen in der Mitochondrienmatrix die innere Mitochondrienmembran und werden dort zu $NAD^+$ bzw. FAD oxidiert, wobei die abgegebenen Elektronen von einem Proteinkomplex aufgenommen werden und über verschiedene weitere Proteinkomplexe, die als Redoxsysteme fungieren, entlang eines elektrischen Spannungsgefälles weitergegeben werden, bis sie letztlich zum molekularen Sauerstoff als Endakzeptor gelangen und diesen zu $O^{2-}$-Ionen reduzieren. Mithilfe der in den Redoxsystemen dieser Elektronentransportkette nach und nach freigesetzten Energie werden die u. a. bei der Oxidation produzierten $H^+$-Ionen aus der Mitochondrienmatrix in den Intermembranraum gepumpt, sodass ein $H^+$-Ionenkonzentrationsgefälle (Protonengradient) als Energiespeicher aufgebaut wird. Dieser Effekt wird noch dadurch verstärkt, dass $H^+$-Ionen in der Matrix durch die am Ende der Elektronentransportkette gebildeten $O^{2-}$-Ionen gebunden werden, sodass als Endprodukte Wassermoleküle entstehen. Den $H^+$-Ionenüberschuss im Intermembranraum verwertet das Enzym ATP-Synthase, das ebenfalls in der inneren Mitochondrienmembran eingelagert ist. Es befördert $H^+$-Ionen durch die Membran und nutzt die durch den $H^+$-Ioneneinstrom in die Matrix frei werdende Energie zur Phosphorylierung von ADP, sodass große Mengen des Energieträgermoleküls ATP produziert werden.

2.2 **TIPP** *Anforderungsbereich: II, Bewertungseinheiten: 21*

Die Teilaufgabe baut auf Ihren Kenntnissen zu Teilaufgabe 2.1 auf und enthält zwei Arbeitsaufträge zum Zusammenhang von ATP-Synthese und Umgebungstemperatur, die am besten in der vorgegebenen Reihenfolge zu bearbeiten sind. Gehen Sie im ersten Arbeitsauftrag nach kurzer, zusammenfassender Beschreibung der wesentlichen Aussagen der Diagramme erklärend auf die Zusammenhänge zwischen der ATP-Produktion und der Aktivität der ATP-Synthase sowie der Membrandurchlässigkeit für Protonen in Abhängigkeit von der Temperatur ein. Beachten Sie auch den besonderen Hinweis zur zusätzlichen Durchlässigkeit der inneren Mitochondrienmembran für $H^+$-Ionen.

*Erläutern:* Bei niedriger Umgebungstemperatur ist die Aktivität der ATP-Synthase gering, sodass auch nur wenig ATP produziert wird. Mit steigender Umgebungstemperatur nimmt die Aktivität des Enzyms ATP-Synthase zu, sodass auch die ATP-Produktion gesteigert wird, während die Membrandurchlässigkeit für $H^+$-Ionen nur allmählich größer wird. Bei weiterer Temperaturzunahme erhöht sich die Aktivität der ATP-Synthase weiter und die ATP-Produktion zeigt einen exponentiellen Anstieg bis zu einem vorläufig konstanten, maximalen Wert. Dieses Plateau der ATP-Produktion ist darauf zurückzuführen, dass durch den Temperaturanstieg zwar die ATP-Synthaseaktivität, gleichzeitig aber auch die Membrandurchlässigkeit für $H^+$-Ionen deutlich zunimmt, sodass es zu einer Abschwächung des $H^+$-Ionengradienten kommt. In dieser Phase wiegt also die gesteigerte Aktivität der ATP-Synthase die zunehmende Durchlässigkeit der Membran für $H^+$-Ionen durch andere Membranproteine auf und die ATP-Produktion bleibt konstant. Erhöht man die Temperatur weiter, überschreitet die Aktivität der ATP-Synthase ein Maximum und sinkt dann stark ab. Infolgedessen nimmt auch die ATP-Produktion schnell ab. Dies ist auf eine temperaturbedingte, zunehmende Denaturierung des Enzyms ATP-Synthase zurückzuführen, während die Membrandurchlässigkeit für $H^+$-Ionen bei steigender Temperatur weiter zunimmt.

*Begründen:* Nach Überschreiten eines Temperaturmaximums können die Zellen nur noch wenig oder gar kein ATP mehr produzieren, da die ATP-Synthase aufgrund Denaturierung kaum mehr aktiv und der Protonengradient über der Membran stark abgeschwächt ist. Eine erfolgreiche Hitzestress-Antwort erfordert jedoch sehr viel ATP. Die dafür notwendigen Stoffwechselprozesse für überlebenswichtige Gegenmaßnahmen können in den Zellen der Wüstenameisen nicht mehr in ausreichendem Maße ablaufen, sodass die Ameisen unter diesen Bedingungen sterben.

3.1 **TIPP** *Anforderungsbereich: II, Bewertungseinheiten: 20*

Diese ökologisch ausgerichtete Teilaufgabe bezieht sich auf mehrere experimentell ermittelte Datensätze zu den Wechselbeziehungen zwischen den Ameisen der Gattung *Crematogaster* und den *Macaranga*-Bäumen im tropischen Regenwald. Beachten Sie, dass Sie bei der Bearbeitung viel Zeit zur Erfassung des komplexen Materials und zur Strukturierung Ihrer Argumentation benötigen. Fassen Sie jeweils die Ergebnisse der dargestellten Experimente zusammen und liefern Sie entsprechende Schlussfolgerungen hinsichtlich der Bedeutung der Futterkörperchen und der Ameisen für die *Macaranga*-Bäume. Zum Abschluss Ihrer Überlegungen sollten Sie nicht versäumen, eine ökologische Charakterisierung der Wechselbeziehungen vorzunehmen.

Zwischen Bäumen der Gattung *Macaranga* und Ameisen der Gattung *Crematogaster* in Malaysia findet man eine Reihe von Wechselbeziehungen, die genauer untersucht wurden. Die Bäume geben zuckerreichen Blattnektar ab, der von Insekten, z. B. von den dort lebenden Ameisen, als Nahrung genutzt wird. Außerdem bilden sie auf den Blättern Futterkörperchen aus. In Experimenten zur Bedeutung dieser Futterkörperchen (M 5b) zeigt sich deren Einfluss auf alle Ameisenstadien: Wird die Zahl der Futterkörperchen auf den Blättern erhöht, nimmt die Zahl der Ameisen und ihrer Entwicklungsstadien gegenüber ihrer Zahl auf unbehandelten Bäumen zu. Entfernt man hingegen teilweise die Futterkörperchen, sinkt die Anzahl der auf den Bäumen lebenden Ameisen und insbesondere ihrer Entwicklungsstadien nach einem Monat deutlich, d. h., die Vermehrungsrate sinkt. Man kann daher davon ausgehen, dass die Ameisen von den *Macaranga*-Bäumen als Lebensraum und Nahrungsquelle profitieren.
Die Daten aus den Untersuchungen in M 5c zeigen, dass auch die *Macaranga*-Bäume Vorteile aus der Anwesenheit der Ameisen ziehen: Werden die Ameisen von den Bäumen der Art *Macaranga triloba* vollständig entfernt und wird eine Wiederbesiedelung verhindert, registriert man einen starken Rückgang der Baummasse (negatives Pflanzenwachstum), etwa eine Verdopplung der Fraßschäden an den Blättern sowie ca. sechsmal mehr von Kletterpflanzen überwucherte Jungpflanzen. Demnach verhin-

dern die Ameisen also eine Schädigung der Bäume durch Fressfeinde und eine Beschattung durch Konkurrenten, die sich jeweils negativ auf das Pflanzenwachstum auswirken, sei es durch direkte Schädigung oder durch Konkurrenz um Ressourcen (z. B. um Licht für Fotosyntheseprozesse). Die Versuche, in denen Raupen auf den *Macaranga*-Bäumen ausgesetzt wurden, bestätigen die Vorteile der Anwesenheit von Ameisen auf den Bäumen: Die meisten der vermutlich blattfressenden und damit wachstumsschädigenden Raupen werden von den Ameisen angegriffen (83 %). Von diesen werden die meisten vertrieben (63 %), getötet oder abtransportiert, sodass nur wenige der angegriffenen Exemplare auf den Bäumen verbleiben (3 %).
Für beide Arten bestehen also in diesem System von Wechselbeziehungen jeweils Vorteile durch das Zusammenleben mit der anderen Art. Es handelt sich daher um eine Symbiose.

3.2 **TIPP** *Anforderungsbereich: III, Bewertungseinheiten: 12*

Diese Teilaufgabe bezieht sich weniger auf fachliche Inhalte, sondern zielt v. a. auf Ihre prozessbezogenen Kompetenzen ab. Sie sollen anhand der Hypothese zur Freisetzung und Bedeutung von Jasmonsäure bei der Steigerung der Blattnektarproduktion nach Fraßschäden und auf der Grundlage methodischer Vorgaben passende Experimente zur Prüfung der Hypothese entwickeln. Beachten Sie, dass es sich eigentlich um zwei Hypothesen handelt, sodass Sie zwei Experimentszenarien entwickeln müssen. Lesen Sie genau, welche Materialien für die Experimente zur Verfügung stehen, und stellen Sie zunächst die für die Versuche notwendigen Bestandteile zusammen. Denken Sie auch an die bei Experimenten einzuhaltenden Randbedingungen, um eine hinreichende Aussagekraft zu gewährleisten.

Um zu prüfen, ob bei Verletzungen der Blätter Jasmonsäure an die Luft abgegeben wird, kann man folgendermaßen vorgehen: Mindestens zwei jeweils gleich große Gruppen oder Pflänzchen von *Macaranga*-Setzlingen werden jeweils unter identischen Bedingungen in zwei Messkammern kultiviert. Bei einer Setzlingsgruppe werden die Blätter möglichst in der gleichen Weise mit einem Messer angeritzt. Die andere Setzlingsgruppe dient als Kontrolle. Nach einem bestimmten Zeitraum kann man aus beiden Messkammern Luftproben entnehmen und diese mit einem Gaschromatographen auf Jasmonsäure testen. Der erste Teil der Hypothese trifft zu, wenn nur in der Gruppe der verletzten Setzlinge Jasmonsäure nachgewiesen wird.
Der zweite Teil der Hypothese sagt aus, dass es sich bei Jasmonsäure um einen Signalstoff handelt, der die Blattnektarproduktion steigert. Wieder werden zwei gleich große Setzlingsgruppen in jeweils gleichen Messkammern unter identischen Bedingungen kultiviert. In eine Messkammer wird eine bestimmte Menge oder kontinuierlich Jasmonsäure zugeführt. Die Messkammer mit der anderen Setzlingsgruppe dient wieder als Kontrolle. Nach einem vorgegebenen Zeitraum werden jeweils die Mengen des produzierten Nektars pro Pflanze und Zeitraum bestimmt. Lässt sich bei den mit Jasmonsäure behandelten Pflanzen eine signifikant höhere Nektarproduktion als in der Kontrollgruppe nachweisen, ist der zweite Teil der Hypothese bestätigt.

BE

## SULAWESI – BIODIVERSITÄTENHOTSPOT IM INDOMALAIISCHEN ARCHIPEL

Als „Biodiversitätenhotspots" bezeichnet man Regionen, die einen hohen Anteil endemischer Tiere und Pflanzen beherbergen, also solche Arten, die nur dort vorkommen. Die indonesische Insel Sulawesi ist ein solcher Hotspot und liegt inmitten der Inselkette zwischen Asien und Australien. Es ist eine höchst arten- und formenreiche Region. Auf Sulawesi haben komplizierte geologische Vorgänge eine Bühne bereitet, auf der die Natur beeindruckende Meisterstücke in Sachen Evolution inszeniert, wie z. B. die Entstehung lebendgebärender Gabelzungenfrösche oder die erstaunliche Vielfalt der Sulawesi-Regenbogenfische.
Im Folgenden sollen Sie sich mit ökologischen, evolutionsbiologischen und neurobiologischen Aspekten bei ausgewählten Arten Sulawesis auseinandersetzen.

### 1 Ökologische und evolutionsbiologische Aspekte in den Süßwasserseen Sulawesis

**1.1** Beschreiben Sie die Struktur eines typischen Süßwassersees während des Sommers. 9

**1.2** Erklären Sie den Temperaturverlauf und den Sauerstoffgehalt im Breiten Lucin (M 1 a) sowie den Temperaturverlauf im Towuti-See auf Sulawesi (M 1 b). 16

**1.3** Erläutern Sie mithilfe von M 1 c, inwiefern die fünf verschiedenen Arten der Sulawesi-Regenbogenfische im Towuti-See nebeneinander existieren können. 14

### 2 Evolution ausgewählter Froscharten Sulawesis

**2.1** Werten Sie unter Bezug auf M 2 a die in M 2 b dargestellten Befunde zur Körpergröße, zur Spannhaut zwischen den Zehen und zur Fortpflanzung der Froscharten als Angepasstheiten aus. 14

**2.2** Erläutern Sie unter Bezug auf M 2 a und M 2 b eine mögliche Entstehung der Vielfalt der heute auf Sulawesi vorkommenden Arten der Gabelzungenfrösche (M 2 c), ohne detailliert auf die unterschiedlichen ökologischen Nischen einzugehen. 23

## 3 Neurobiologische Aspekte beim Seitenlinienorgan der Gabelzungenfrösche

**3.1** Beschreiben Sie allgemein die Weiterleitung von Aktionspotenzialen am Axon einer Nervenzelle mit Schnürringen, wie sie auch bei Gabelzungenfröschen vorkommt. 10

**3.2** Werten Sie mithilfe der in M 3 a und M 3 b dargestellten Vorgänge an einer Haarsinneszelle des Seitenlinienorgans bei Ablenkung der Cilien die Versuche in M 3 c aus. 19

## M 1 Der Towuti-See im Vergleich mit einem See der gemäßigten Breiten

### M 1 a Temperatur und Sauerstoffgehalt im Breiten Lucin

**INFORMATION:** Der Breite Lucin ist ein See der gemäßigten Breiten und liegt in Mecklenburg (Deutschland). Die Messwerte wurden an einem Sommertag erhoben.

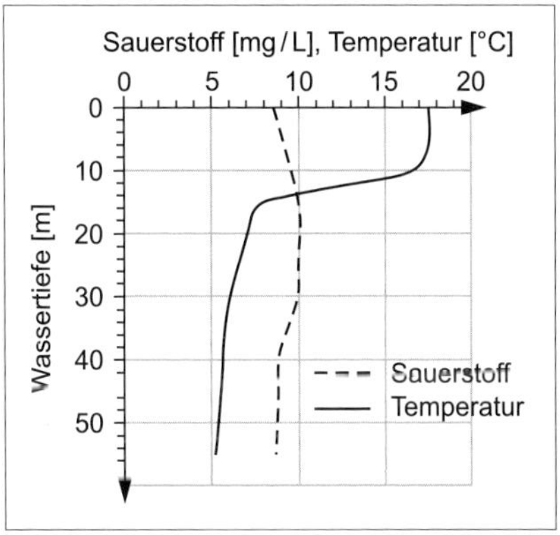


*Verändert aus: Ruttner, F.: Grundriß der Limnologie. Walter de Gruyter & Co., Berlin (1962), S. 94.*

### M 1 b Informationen über die Insel Sulawesi und den Towuti-See

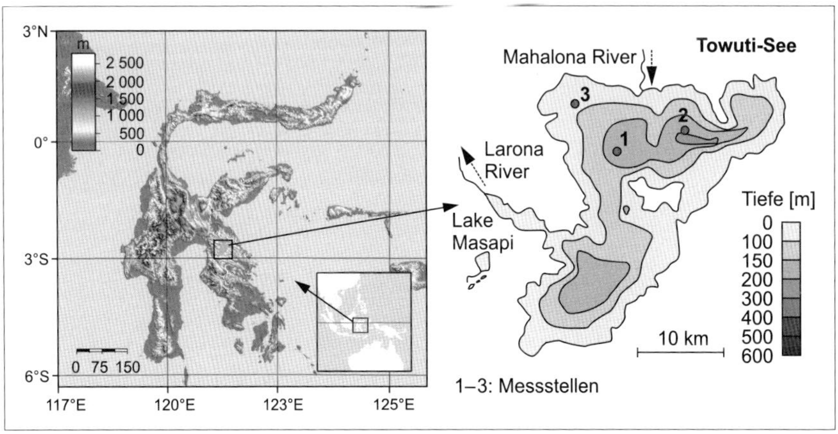

Der Towuti-See ist der größte See des Malili-Seensystems auf Sulawesi, Indonesien. Er hat eine Größe von 560 $km^2$ und eine maximale Tiefe von 203 m.

Das Klima am Towuti-See ist über das ganze Jahr hinweg tropisch warm und feucht. Die Temperatur beträgt tagsüber im Flachland ganzjährig zwischen 28 und 32 °C. Die Niederschläge betragen gemittelt etwa 2 540 mm pro Jahr. Eine deutliche Trockensaison gibt es nicht. Der Wind weht im Mittel mäßig bis stark. Man hat die Temperatur an den Messstellen 1–3 gemessen. Die Temperatur war vergleichbar. Die in der Abbildung dargestellten Messdaten blieben zudem über das ganze Jahr nahezu konstant.

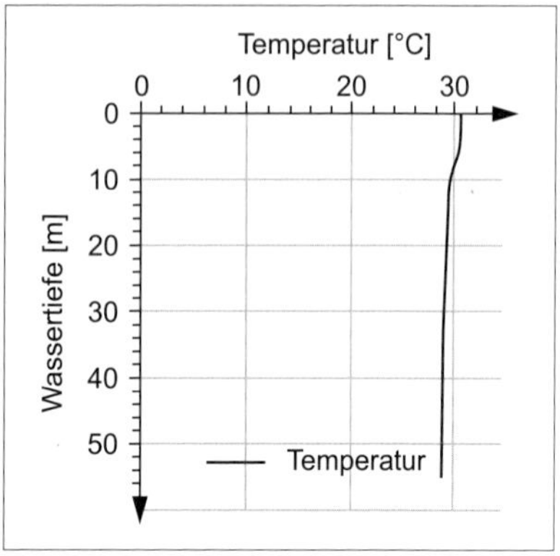


*Zusammengestellt und verändert aus:*
*Vuillemin A. et al.: Geomicrobiological features of ferrruginous sediments from Lake Towuti, Indonesia. In: Frontiers in Microbiology 7 (2016).*
*https://de.wikipedia.org/wiki/Datei:Sulawesi_Topography.png, Sadalmelik, lizenziert unter CC BY-SA 3.0 (zuletzt abgerufen am 04. 11. 2017).*

## M 1 c Regenbogenfische des Towuti-Sees

Der Towuti-See in Zentral-Sulawesi ist Teil des Malili-Seensystems. Dies ist ein Süßwasser-Biodiversitätenhotspot, gekennzeichnet durch seine Vielfalt an endemischen, also nur dort vorkommenden Arten, wie die Schnecken-, Fisch-, Garnelen- und Krabbenvielfalt. Die Vorfahren der heutigen Regenbogenfische Sulawesis (Gattung *Telmatherina*) haben die Insel vermutlich über verschiedene Wege erreicht und von dort die Seen von den Flüssen aus besiedelt.

Folgende Informationen wurden für einige Arten zusammengestellt, wobei für zwei dieser Arten noch kein wissenschaftlicher Name festgelegt wurde:

| Art | Habitus | bevorzugte Nahrung | bevorzugter Lebensraum |
|---|---|---|---|
| *T. sp „elongated"* |  | kleine Fische und Garnelen | sandiger Boden mit vielen Felsen durchsetzt |
| *T. sp „thicklip"* |  | Garnelen | steiniger Boden |
| *T. opudi* |  | Insekten, Schnecken, Hüpferlinge | sandiger Boden mit Felsen, von Buschwerk beschattetes Wasser |

| Art | Habitus | bevorzugte Nahrung | bevorzugter Lebensraum |
| --- | --- | --- | --- |
| *T. wahjui* |  | Insekten, Schnecken, Hüpferlinge | schlammiger Boden |
| *T. sarasinorum* |  | Fischlaich | sandiger Boden |

*Verändert aus:*
*Pfaender J. et al.: Rugged adaptive landscapes shape a complex sympatric radiation. In: Proceedings of the Royal Society of London B 283 (2015), S. 2 342.*

## M 2 Evolution der Gabelzungenfrösche auf Sulawesi

### M 2a Informationen zur Evolution und Angepasstheit der Gabelzungenfrösche

Vor etwa 10 Millionen Jahren vereinigten sich infolge geologischer Aktivitäten der zuvor getrennte Ost- und Westteil zur heutigen Insel Sulawesi. Die ältesten Vorfahren der Gabelzungenfrösche auf Sulawesi werden auf etwa 6 Millionen Jahre datiert. Der Ursprung der Gattung liegt in Asien. Von dort aus gelangten Vorfahren der heutigen Gabelzungenfrösche vermutlich über die Molukken, eine Inselgruppe, die östlich von Sulawesi liegt, auf die Insel Sulawesi. Die Art *Limnonectes sp I* kommt sowohl auf Sulawesi als auch auf den Molukken vor. Von allen heute auf Sulawesi vorkommenden *Limnonectes*-Arten zeigt diese Art größere genetische Übereinstimmungen mit den Gabelzungenfröschen der östlich von Sulawesi liegenden Inseln als die übrigen auf Sulawesi vorkommenden *Limnonectes*-Arten. Die Gabelzungenfrösche sind kollektiv als „fanged frogs" bekannt, weil sie ungewöhnlich große Zähne haben, die bei anderen Fröschen klein sind oder fehlen. Die indonesische Insel Sulawesi beherbergt 15 Arten dieser Frösche.
Einige dieser Froscharten weisen bestimmte Angepasstheiten auf. Eine reduzierte Spannhaut zwischen den Zehen ist eine Spezialisierung von Fröschen für terrestrische Lebensräume. Diese leben vorwiegend in der Nähe von Flüssen in Bereichen mit viel Falllaub. Frösche mit großen Körpern sind nur in schnell fließenden Flüssen vorhanden. Große Spezies der Gattung *Limnonectes* haben relativ stark ausgeprägte Spannhaut zwischen den Zehen im Vergleich zu den anderen Arten. Dies sind besondere Angepasstheiten an aquatische Lebensräume.

*Zusammengestellt und verändert aus:*
*Iskandar, D. T.: A novel reproductive mode in frogs: a new species of fanged frog with internal fertiliziation and birth of tadpoles. In: PLOS One 12 (2014), S. 1–14.*
*Setiadi, M. I. et al.: Adaptive radiation and ecological opportunity in Sulawesi and Philippine Fanged Frog (Limnonectes) communities. In: The American Naturalist 178/2 (2011), S. 221–240.*
*Stelbrink, B. et al.: The biogeography of Sulawesi revisited: Is there evidence for a vicariant origin of taxa on Wallace's "anomalous island"? In: Evolution 66/7 (2012), S. 2 252–2 271.*

## M 2b Vergleich von vier ausgewählten *Limnonectes*-Arten Sulawesis

| **Art** | ***L. larvaepartus*** | ***L. arathooni*** | ***L. microtympanum*** | ***L. modestus*** |
|---|---|---|---|---|
| **Körpergröße der Männchen** | durchschnittlich 37,4 mm | durchschnittlich 36,6 mm | durchschnittlich 78,4 mm | durchschnittlich 70,2 mm |
| **Fortpflanzung** | lebendgebärend, bis zu 100 Eier entwickeln sich im Eileiter zu Kaulquappen, lebende Kaulquappen werden geboren | Eier werden an Land an feuchten Uferböschungen gelegt, Männchen bewachen die Eier, geschlüpfte Kaulquappen rutschen dann in das Wasser | „normale" Fortpflanzung: Eier werden in schwach fließendem Gewässer abgelegt und entwickeln sich dort zu Kaulquappen | „normale" Fortpflanzung: Eier werden am Rand schwach fließender Gewässer abgelegt |
| **Spannhaut** | vergleichsweise schwach ausgeprägte Spannhaut zwischen den Zehen | reduzierte Spannhaut zwischen den Zehen | stark ausgeprägte Spannhaut zwischen den Zehen | stark ausgeprägte Spannhaut zwischen den Zehen |
| **Lebensraum** | in Wäldern, auf Felsen oder Pflanzen in der Nähe langsam fließender Gewässer, bleibt schnell fließenden und tiefen Gewässern eher fern, deutlich unterhalb von 1 000 Metern bis in niedrige Lagen | in Höhen über 1 200 Metern, in langsam fließenden Gewässern und angrenzenden Wäldern | in schnell fließenden Gewässern und angrenzenden Bergwäldern in Höhen über 1 000 Metern | in schnell fließenden Gewässern, toleriert auch Brackwasser, kommt bis in niedrige Lagen sogar in Mangrovenwäldern in Küstennähe vor |

*Zusammengestellt und verändert aus:*
*Setiadi, M. I. et al.: Adaptive radiation and ecological opportunity in Sulawesi and Philippine Fanged Frog (Limnonectes) communities. In: The American Naturalist 178/2 (2011), S. 221–240.*
*Iskandar, D. T.: A novel reproductive mode in frogs: a new species of fanged frog with internal fertiliziation and birth of tadpoles. In: PLOS One 12 (2014), S. 1–14.*
*http://amphibiaweb.org/species ... (div. Arten, zuletzt abgerufen am 27. 06. 2017).*

## M 2c Verbreitung und Stammbaum der *Limnonectes*-Arten Sulawesis

### Verbreitung der *Limnonectes*-Arten

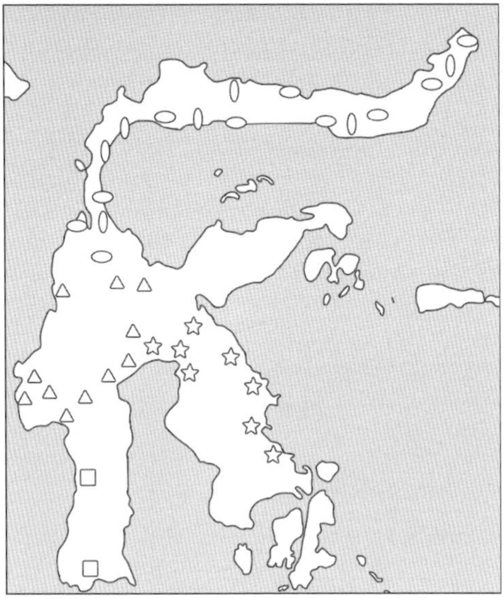

### Stammbaum der *Limnonectes*-Arten

Der folgende Stammbaum wurde auf der Basis von DNA-Analysen entwickelt. Die DNA-Sequenzen wurden mit Computern ausgewertet und die genetischen Distanzen in eine Stammbaumdarstellung umgesetzt. Insgesamt wurden nur fünf der auf Sulawesi vorkommenden *Limnonectes*-Arten dargestellt.

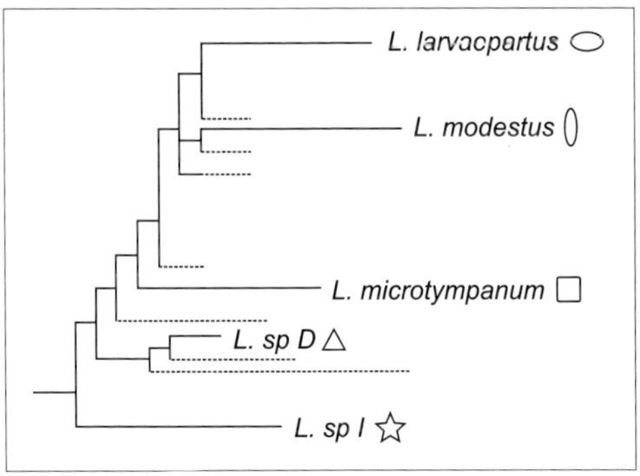


*Zusammengestellt und verändert aus:*
*Setiadi, M. I. et al.: Adaptive radiation and ecological opportunity in Sulawesi and Philippine Fanged Frog (Limnonectes) communities. In: The American Naturalist 178/2 (2011), S. 221–240.*
*Iskandar, D. T.: A novel reproductive mode in frogs: a new species of fanged frog with internal fertilization and birth of tadpoles. In: PLOS One 12 (2014), S. 1–14.*

## M 3 Das Seitenlinienorgan der Gabelzungenfrösche

### M 3a Signaltransduktion bei einer Haarsinneszelle des Seitenlinienorgans

In den Seitenlinienorganen der Frösche befinden sich spezielle Haarsinneszellen. Diese besitzen ins Wasser hineinragende Fortsätze, sogenannte Cilien, die durch Wasserströmung abgelenkt werden können. Der Großteil der Zellen wird von jeweils einer afferenten Faser, die Aktionspotenziale von den Sinneszellen zum Zentralnervensystem leitet, innerviert.
Zusätzlich gibt es efferente Fasern, die bei Eigenbewegung des Frosches auf die Haarsinneszellen einwirken. Diese Fasern leiten Aktionspotenziale zu den Haarsinneszellen hin. Es wird in der Folge ein hemmend wirkender Transmitter ausgeschüttet. Die Cilien (Kinocilium und Stereocilien), die durch einen Proteinfaden (Tip-Link) miteinander verbunden sind, lassen sich durch einen mechanischen Reiz (z. B. Wasserbewegung) ablenken. Zur Vereinfachung der nachfolgenden Darstellung ist das Kinocilium nicht mit abgebildet.

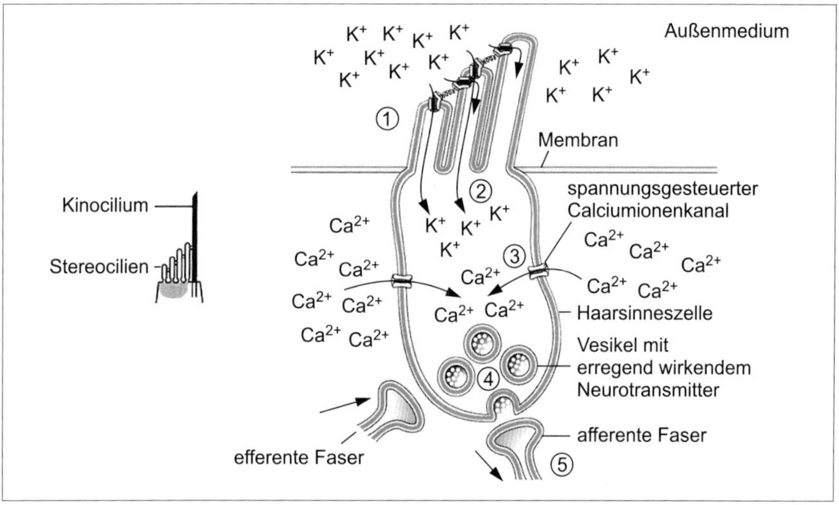


*Zusammengestellt und verändert aus:*
*Bear, M. F. et al.: Neurowissenschaften. Spektrum Akademischer Verlag, Hamburg (2008), S. 391.*
*Eckert, R., Randall, R., Burggren, W., French, K.: Tierphysiologie. Georg Thieme Verlag, Stuttgart, New York (2002), S. 259.*
*Heldmaier, G., Neuweiler, G.: Vergleichende Tierphysiologie, Band 1. Springer-Verlag, Berlin, Heidelberg (2003), S. 137.*

### M 3b Einstrom von Kaliumionen im Bereich der Stereocilien

Bei einer Wasserströmung in Richtung Kinocilium öffnen die Tip-Links Ionenkanäle an der Spitze der Stereocilien. Im nicht abgelenkten Zustand sind nur einige Kanäle etwas geöffnet. Im umgebenden Wasser sind positiv geladene Ionen gelöst. Zur Vereinfachung werden nur die Kaliumionen ($K^+$) angegeben.

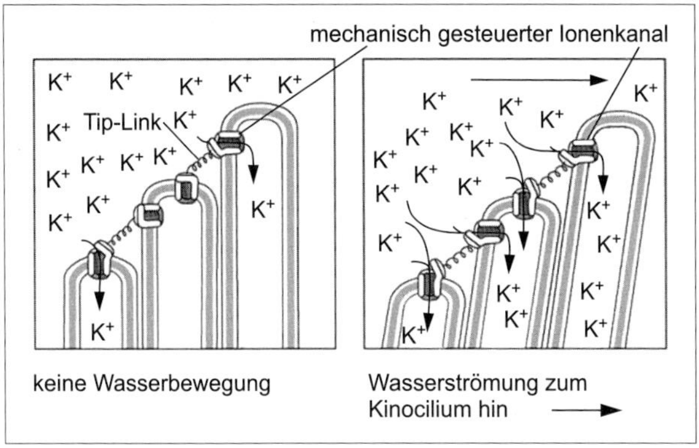


*Zusammengestellt und verändert aus:*
*Bear, M. F. et al.: Neurowissenschaften. Spektrum Akademischer Verlag, Hamburg (2008), S. 391.*
*Eckert, R., Randall, R., Burggren, W., French, K.: Tierphysiologie. Georg Thieme Verlag, Stuttgart, New York (2002), S. 259.*
*Heldmaier, G., Neuweiler, G.: Vergleichende Tierphysiologie, Band 1. Springer-Verlag, Berlin, Heidelberg (2003), S. 137.*

## M 3c Experiment zur Untersuchung der Signaltransduktion an einer Haarsinneszelle

In einer Versuchsreihe wurde die Funktion der Haarsinneszellen beim Seitenlinienorgan eines Frosches untersucht. Dabei hat man das Membranpotenzial an der Membran der Haarsinneszelle, die Frequenz der Aktionspotenziale am afferenten Neuron und die Frequenz der Aktionspotenziale am efferenten Axon gemessen. Folgende Messungen wurden durchgeführt:

**Messung 1:** Der ruhende Frosch befindet sich im Wasser. Das Wasser ist unbewegt.
**Messung 2:** Der ruhende Frosch befindet sich im Wasser. Das Wasser ist in Bewegung und lenkt die Cilien in Richtung des Kinociliums ab.
**Messung 3:** Der Frosch befindet sich im Wasser und bewegt sich. Das Wasser ist ebenfalls in Bewegung. Die Cilien werden in Richtung des Kinociliums abgelenkt.

**Beobachtungen:**

| | Membranpotenzial der Haarsinneszelle [mV] | AP-Frequenz am afferenten Neuron | AP-Frequenz am efferenten Neuron |
|---|---|---|---|
| **Messung 1** | −60 | mäßig | keine |
| **Messung 2** | −50 | hoch | keine |
| **Messung 3** | −60 | mäßig | mäßig |

*Zusammengestellt und verändert aus:*
*Eckert, R., Randall, R., Burggren, W., French, K.: Tierphysiologie. Georg Thieme Verlag, Stuttgart, New York (2002), S. 259.*
*Heldmaier, G., Neuweiler, G.: Vergleichende Tierphysiologie, Band 1. Springer-Verlag, Berlin, Heidelberg (2003), S. 137.*
*Lingenheil, M.: Theorie der Beuteortung beim Krallenfrosch. Diplomarbeit, TU München (2004).*

## Lösungsvorschlag

Die Aufgabe beinhaltet die folgenden Themen:

- Ökologie: Struktur des Ökosystems See, abiotische und biotische Faktoren im Ökosystem See
- Evolutionsbiologie: Angepasstheiten im Lebensraum, Entstehung der Artenvielfalt, Evolutionsfaktoren, Stammbaumanalyse
- Neurobiologie: Bau und Funktion von Neuronen, Membran-, Ruhe- und Aktionspotenzial, Signaltransduktion bei Sinneszellen, Vorgänge an Synapsen

**TIPP** **Allgemeine Hinweise zur Lösung der Aufgabe**

Anhand verschiedener Aspekte einer arten- und formenreichen Inselregion Indonesiens sollen Sie in dieser Aufgabe gewässerökologische, evolutionsbiologische und neurobiologische Kenntnisse und Einsichten einbringen. Orientieren Sie sich bei allen Teilaufgaben exakt an der Aufgabenstellung, insbesondere an den Operatoren, und beziehen Sie die jeweils eingrenzenden Hinweise ein, um das geforderte Maß der Bearbeitung und auch den Zeitrahmen nicht zu überschreiten.

1.1 **TIPP** *Anforderungsbereich: I, Bewertungseinheiten: 9*

Geben Sie in dieser rein reproduktiv angelegten Einstiegsaufgabe Ihre Kenntnisse zum Aufbau und zur Schichtung eines Süßwassersees im Sommer strukturiert wieder.

Ein typischer Süßwassersee unserer Region lässt sich hinsichtlich seiner Lebensbedingungen in verschiedene Zonen unterteilen: Man unterscheidet die Bodenzone (Benthal) von der Freiwasserzone (Pelagial). Die Bodenzone umfasst den Uferbereich (Litoral) und den vegetationslosen Tiefenbereich. Der Uferbereich gliedert sich in die unmittelbar am Seeufer liegende Röhrichtzone, den Bereich der Schwimmblattpflanzen (z. B. Seerosen) sowie im tieferen Wasser den Bereich der Tauchblattpflanzen.
Die Freiwasserzone eines Süßwassersees im Sommer setzt sich aus der Nährschicht im Oberflächenwasser und der Zehrschicht in den tieferen Wasserschichten zusammen. Nur in der lichtdurchfluteten Nährschicht können die Fotosynthese betreibenden Organismen existieren und Sauerstoff produzieren, sodass die Fotosyntheserate die Dissimilationsrate übertrifft. Unterhalb dieser Schicht verhindert die schwache Belichtung zunehmend Fotosyntheseprozesse. Es beginnt die Zehrschicht, in der nur heterotrophe Lebewesen existieren können und der Sauerstoffverbrauch durch Atmung überwiegt. Zwischen Nährschicht und Zehrschicht findet man je nach Eindringtiefe der Lichtstrahlung die Kompensationsebene, in der sich die Sauerstoffproduktion durch Fotosynthese und der Sauerstoffverbrauch durch Atmungsprozesse die Waage halten.

Physikalisch ergibt sich in einem Süßwassersee im Sommer auch eine Temperaturschichtung. Die Schicht des wärmeren, weniger dichten Oberflächenwassers (Epilimnion) bleibt von der Schicht des kälteren und dichteren Tiefenwassers (Hypolimnion) durch die Sprungschicht (Metalimnion) getrennt, da eine Durchmischung im Sommer kaum erfolgt.

**1.2** **TIPP** *Anforderungsbereiche: II – III, Bewertungseinheiten: 16*

Erklären Sie jeweils die in M 1 a dargestellten Daten der abiotischen Faktoren Temperatur und Sauerstoff in einem mitteleuropäischen See und die Angaben in M 1 b zum Temperaturverlauf im Towuti-See auf Sulawesi. Für Ihren Begründungsansatz müssen Sie die zusätzlichen Informationen in M 1 b genau beachten. Ein ausdrücklicher Vergleich der beiden Seen wird nicht erwartet.

Der Breite Lucin als typischer, mitteleuropäischer See zeigt im Sommer ein charakteristisches, dauerhaftes Temperaturprofil: Ab ca. 10 m Tiefe fällt die Wassertemperatur von 18 °C rasch auf ca. 7 °C in 16 m Tiefe ab. Bedingt durch die Sonneneinstrahlung hat sich eine Schicht von wärmerem Oberflächenwasser mit einer geringeren Dichte gebildet, das aufgrund der nur geringen Zirkulation im Sommer (durch Windeinwirkung) nicht mehr mit dem Tiefenwasser vermischt wird. Das kältere Tiefenwasser kann mit einer Temperatur von 5–7 °C aufgrund seiner hohen Dichte nicht mehr aufsteigen. Zwischen beiden Zonen besteht daher ein deutlicher Temperatursprung.
Die von der Oberfläche bis in eine Tiefe von ca. 50 m etwa gleichbleibend hohe Sauerstoffkonzentration zeigt, dass es sich um einen oligotrophen See handelt. Das für die Fotosynthese im See benötigte Licht dringt offenbar bis in eine Tiefe von 50 m ein, sodass auch in den tiefen Bereichen des Sees noch Sauerstoff produziert wird. Diese hohe Lichtdurchlässigkeit des Wasserkörpers lässt auf eine geringe Planktondichte schließen. Dass der Sauerstoffgehalt unterhalb von 30 m geringfügig abnimmt, wird dadurch erklärbar, dass die Lichteinstrahlung mit zunehmender Tiefe etwas geringer wird und damit die Fotosyntheserate sinkt, sowie dadurch, dass im See nur sehr wenig abgestorbene Biomasse anfällt. Daher finden geringfügige, sauerstoffverbrauchende Prozesse statt. Die im Oberflächenbereich leicht abnehmende Sauerstoffkonzentration lässt sich durch die Abgabe von Sauerstoff an die Luft erklären.
Der Towuti-See zeigt von der Oberfläche bis an den Grund während des gesamten Jahres eine nahezu konstante Wassertemperatur von ca. 29 °C. Der See wird das ganze Jahr über aufgrund der gleichbleibenden Lufttemperaturen an der Oberfläche gleichmäßig erwärmt. Da es fortwährend zur Einwirkung mäßiger bis starker Winde auf den See kommt, wird, auch aufgrund der großen Seeoberfläche, der gesamte Wasserkörper regelmäßig umgewälzt, sodass das aufgewärmte Oberflächenwasser ständig bis in die tiefen Seebereiche zirkuliert. Die hohe Temperatur des Oberflächenwassers verteilt sich so gleichmäßig über den gesamten See und eine Schichtung des Wassers bildet sich unter diesen Bedingungen nicht aus.

**1.3** **TIPP** *Anforderungsbereiche: I – II, Bewertungseinheiten: 14*

Für diese Teilaufgabe müssen Sie sämtliche Angaben der Tabelle heranziehen und miteinander vergleichen, um für alle fünf Fischarten jeweils unterschiedliche ökologische Nischen charakterisieren zu können.

Im Towuti-See gibt es verschiedene Arten von Regenbogenfischen, die jeweils unterschiedliche Nahrung und Lebensräume bevorzugen. *T. sp. „elongated"* ernährt sich ebenso wie *T. sp. „thicklip"* von Garnelen. Während *T. sp. „thicklip"* aber auf steinigem Boden lebt, bevorzugt *T. sp. „elongated"* sandigen, mit Felsen durchsetzten Boden und kann auf kleine Fische als Nahrung ausweichen. Auch *T. opudi* lebt auf sandigem Boden mit Felsen, der jedoch durch Buschwerk beschattet sein muss. Seine Nahrung besteht aus Insekten, Schnecken und Hüpferlingen, sodass er nicht in interspezifische Konkurrenz zu *T. sp. „elongated"* tritt. Auch *T. wahjui* ernährt sich von Insekten, Schnecken und Hüpferlingen, lebt und jagt aber auf schlammigem Boden. *T. sarasinorum* bevorzugt als Habitat wie *T. sp. „elongated"* und *T. opudi* sandigen Boden. Er ist jedoch auf Fischlaich als Nahrung spezialisiert.
Aus den Informationen geht also hervor, dass sich die fünf Regenbogenfischarten trotz mancher Überschneidungen in ihren Ansprüchen an den Lebensraum und an die Nahrungsquelle jeweils zumindest in einem ökologischen Aspekt unterscheiden. Sie haben also unterschiedliche ökologische Nischen ausgebildet und vermeiden so die direkte Konkurrenz. Daher können sie im Towuti-See gut nebeneinander existieren (Koexistenz).

**2.1** **TIPP** *Anforderungsbereich: II, Bewertungseinheiten: 14*

Hier geht es um die besonderen Angepasstheiten spezieller Froscharten auf Sulawesi. Beachten Sie die umfassenden Informationen der Tabelle in M 2b, um die vier Froscharten hinsichtlich ihrer besonderen Angepasstheiten in Bezug auf ihren Lebensraum zu charakterisieren. In M 2a finden Sie zusätzliche Informationen zur Bedeutung der angegebenen Angepasstheiten.

Die Gabelzungenfroscharten *L. lavaepartus* und *L. arathooni* sind mit durchschnittlichen Körpergrößen von 37,4 mm bzw. 36,6 mm relativ klein. Zwischen den Zehen weisen beide Arten eine relativ kleine Spannhaut auf. Während eine kleine Körpergröße als Angepasstheit an das Leben im langsam fließenden Wasser angesehen werden kann, ermöglichen kleine Spannhäute ein effizienteres Fortkommen an Land. Daher leben beide Arten in langsam fließenden Gewässern oder in der entsprechenden Begleitvegetation, *L. arathooni* allerdings in Höhen oberhalb von 1 200 m und *L. lavaepartus* weit unterhalb von 1 000 m bis in niedrige Lagen. *L. lavaepartus* gebärt lebende Kaulquappen, indem ein Teil der Entwicklung bis zur Kaulquappe im Eileiter abläuft. Die Fortpflanzungsphasen im Körper bieten guten Schutz vor Feinden und vor Austrocknung des Laichs. *L. arathooni* zeigt diesbezüglich andere Angepasstheiten an den

Lebensraum: Die Eiablage erfolgt an ausreichend feuchten Ufern, wo die Männchen die Eier in den ersten Entwicklungsphasen z. B. vor Laichräubern bewachen und die geschlüpften Kaulquappen schnell ins Wasser rutschen können.
*L. microtympanum* und *L. modestus* sind mit einer Länge von durchschnittlich 78,4 mm bzw. 70,2 mm relativ groß. Sie haben stark ausgeprägte Spannhäute zwischen den Zehen. Beide Merkmale kann man als Angepasstheiten an ihr Leben in schnell fließenden Gewässern deuten. Ihre großen und daher schwereren Körper werden nicht so leicht vom schnell fließenden Wasser mitgerissen und die großen Spannhäute ermöglichen ihnen eine zielgerichtete Fortbewegung in ihrem aquatischen Lebensraum. Ihre Eier legen beide Arten in schwach fließenden Gewässern oder an deren Rand ab, wo sie nicht so leicht verdriftet werden und sich zu Kaulquappen entwickeln können. *L. microtympanum* ist hinsichtlich des Lebensraumes an Höhenlagen über 1 000 m angepasst, während *L. modestus* sich als eher euryöke Art in verschiedensten Bereichen schnell fließender Gewässer aufhalten kann und sogar Brackwasserbereiche toleriert.

2.2 **TIPP** *Anforderungsbereiche: II – III, Bewertungseinheiten: 23*

Der Schwerpunkt dieser komplexen, aus 2.1 abgeleiteten Teilaufgabe liegt auf dem evolutionsbiologischen Aspekt der Entstehung der Artenvielfalt von Gabelzungenfröschen. Berücksichtigen Sie dabei unbedingt die Informationen des aus DNA-Analysen entwickelten Stammbaums als Beleg für Ihre Erläuterung. Denken Sie auch an alle möglicherweise wirksamen Evolutionsfaktoren und formulieren Sie einen plausiblen Ablauf der Artenentstehung ausgehend von den Daten des Stammbaums.

Ausgangspunkt der Entstehung der Artenvielfalt der Gabelzungenfrösche auf Sulawesi war vermutlich die Einwanderung von Vorfahren der heutigen Gabelzungenfrösche aus Asien über die Molukken (in den Südosten Sulawesis). Ein Hinweis darauf ist, dass die Art *Limnonectes sp. I* auf beiden Inselgruppen vorkommt und größere genetische Übereinstimmungen mit den Gabelzungenfröschen auf den östlich von Sulawesi liegenden Inseln zeigt als alle übrigen auf Sulawesi vorkommenden Arten der Gabelzungenfrösche. Man kann daher nach der Einwanderung von einer geografischen Isolation der Vorfahren der heutigen Sulawesi-Froscharten ausgehen.
Ausgehend von dieser Gründerpopulation der Vorfahren von *Limnonectes sp. I* entstanden im Laufe von Millionen von Jahren verschiedene Arten. Durch die Möglichkeit der Nutzung vieler verschiedener Nahrungsquellen und Lebensräume und aufgrund vermutlich fehlender Konkurrenz war zunächst eine rasche Vermehrung gewährleistet. Mit Zunahme der Populationsdichte stieg allmählich die intraspezifische Konkurrenz im ursprünglichen Lebensraum. Durch Mutations- und Rekombinationsereignisse erweiterten sich der Genpool und auch die phänotypische Variabilität der Population. Dadurch eröffneten sich Möglichkeiten für Teilpopulationen, neue ökologische Nischen auszubilden und so dem zunehmenden Selektionsdruck durch die intraspezifische Konkurrenz auszuweichen. Dadurch und aufgrund zusätzlicher, zufällig aufgetretener Anpassungsprozesse steigerte sich die reproduktive Fitness isolierter

Teilpopulationen. Auf diese Weise entstand, vermutlich auch durch räumliche Trennung begünstigt, die Art *Limnonectes sp. D*, die heute westlich vom Verbreitungsgebiet der Art *Limnonectes sp. I* in Zentralsulawesi vorkommt.
Ausgehend von den Vorfahren dieser Art könnten sich durch Wanderungsbewegungen Teilpopulationen in den südwestlichen und in den nördlichen Regionen von Sulawesi angesiedelt haben, in denen sie abermals räumlich isoliert waren. Auch hier bildeten sich vermutlich durch Mutation und Rekombination sowie Gendrift mit der Folge reproduktiver Isolation neue Arten. Der Stammbaum zeigt, dass es, ausgehend von den Vorfahren von *Limnonectes sp. D*, zur Aufspaltung in eine Entwicklungslinie der Vorfahren der nur im Südwesten vorkommenden Art *L. microtympanum* und in eine weitere Entwicklungslinie der Vorfahren von auf der nördlichen Halbinsel heimischen Arten kam. Diese „nördliche" Entwicklungslinie spaltete sich noch mehrmals auf, u. a. in die Linie der Vorfahren der Art *L. modestus* und in die Linie der Vorfahren der Art *L. larvaepartus*. Für diesen Ablauf spricht, dass letztere Arten nur im nördlichen Bereich von Sulawesi vorkommen und die geringste genetische Distanz aller Arten zueinander zeigen.
Eine geografische Isolation von Teilpopulationen der Vorfahren dieser Entwicklungslinie in der nördlichen Region von Sulawesi könnte sich eventuell durch die Besiedelung unterschiedlich schnell fließender Gewässer ergeben haben. Infolge von Mutations- und Selektionsprozessen könnte es dann zu den in M 2 b dargestellten Angepasstheiten und einer eigenständigen Entwicklung solcher Teilpopulationen bis hin zur Artbildung gekommen sein.

**3.1** **TIPP** *Anforderungsbereich: I, Bewertungseinheiten: 10*

Stellen Sie in dieser rein reproduktiv angelegten Teilaufgabe Ihr Wissen zur Weiterleitung von Nervenimpulsen in Form von Aktionspotenzialen an einem myelinisierten Axon in Textform dar. Gehen Sie dabei auch auf die zugrunde liegenden Ionenströme ein.

Axone mit Schnürringen sind von myelinhaltigen Hüllzellen (Gliazellen) umgeben. Im Bereich der Schnürringe wird diese gegenüber elektrischen Strömen isolierend wirkende Hülle durchbrochen, sodass an diesen Stellen Ionenkanäle und Ionenpumpen wirksam werden können. Ausschließlich an den Ranvier'schen Schnürringen (und am Axonhügel) entstehen daher Aktionspotenziale, die von Schnürring zu Schnürring weitergeleitet werden. Dies geschieht dadurch, dass nach einer kurzen Depolarisation über einen Schwellenwert am Schnürring eine Vielzahl von $Na^+$-Ionen über spannungsabhängige $Na^+$-Ionenkanäle in das Axon einströmen, sodass die Depolarisation nach dem Alles-oder-nichts-Prinzip bis auf ein Maximum ansteigt: Es wird ein Aktionspotenzial generiert. Da die eingeströmten $Na^+$-Ionen von den negativen Ionen in benachbarten Regionen des Axons angezogen werden, entsteht ein kurzzeitiger Stromfluss. Diese Ausgleichsströme von $Na^+$-Ionen erreichen sehr schnell den nächsten Schnürring und führen dort zur erneuten Depolarisation der Axonmembran, sodass sich dort der Vorgang wiederholt. Da die Aktionspotenziale so von Schnürring zu

Schnürring „springen", spricht man von saltatorischer Erregungsleitung. Das zuvor ausgelöste Aktionspotenzial klingt durch das Schließen der $Na^+$-Ionenkanäle und das kurzzeitige Öffnen spannungsabhängiger $K^+$-Ionenkanäle wieder ab. Dadurch wird das Ruhepotenzial wieder erreicht, die ursprüngliche Ionenverteilung von $Na^+$- und $K^+$-Ionen wird jedoch erst durch die fortwährende Tätigkeit von $Na^+$-/$K^+$-Ionenpumpen wiederhergestellt, die in der Axonmembran eingelagert sind und ATP verbrauchen. Während der Depolarisations- und Repolarisationsphasen des Aktionspotenzials sind die spannungsabhängigen $Na^+$-Ionenkanäle für kurze Zeit nicht erregbar, sodass in dieser Refraktärzeit am jeweiligen Schnürring kein neues Aktionspotenzial ausgelöst werden kann. Aktionspotenziale können daher nicht „zurückspringen", sondern nur in eine Richtung weitergeleitet werden.

3.2 **TIPP** *Anforderungsbereiche: II – III, Bewertungseinheiten: 19*

Die abschließende Teilaufgabe orientiert sich an drei datenreichen Materialien mit komplexen, Ihnen ggf. unbekannten Informationen zur Signaltransduktion bei Haarsinneszellen. Sie sollten sich daher zunächst die einzelnen Arbeitsmaterialien inhaltlich verdeutlichen. Bearbeiten Sie erst dann den eigentlichen Arbeitsauftrag, der sich allein auf den Ablauf der drei Versuche in M 3c und auf die Erklärung der Versuchsergebnisse zur Funktion der Haarsinneszellen bezieht. Für Ihre Argumentation zu den jeweiligen Versuchsansätzen müssen Sie dann alle passenden Informationen aus M 3a und b heranziehen.

In verschiedenen Experimenten wurde die Funktion von Haarsinneszellen im Seitenlinienorgan von Gabelzungenfröschen untersucht. Die Ergebnisse der Messungen unter drei verschiedenen Bedingungen lassen sich folgendermaßen auswerten:

**Versuch 1:** Der ruhende Frosch befindet sich in unbewegtem Wasser, sodass die ins Wasser hineinragenden Cilien der Haarsinneszellen nicht abgelenkt werden. Gemäß der Abbildung in M 3b gelangen über $K^+$-Ionenkanäle nur wenige $K^+$-Ionen durch die Cilien in die Haarsinneszelle. Als Folge strömen nur wenige $Ca^{2+}$-Ionen durch spannungsabhängige $Ca^{2+}$-Ionenkanäle in die Zelle und bewirken, dass nur wenige Vesikel, die erregend wirkende Transmitter enthalten, mit der Membran der Haarsinneszelle verschmelzen. Nur relativ wenige Transmittermoleküle erreichen daher über den synaptischen Spalt die Membran der afferenten Nervenfaser und bewirken dort über Bindung an Rezeptoren, Öffnung von Ionenkanälen und Ioneneinstrom eine Depolarisation. Am Axonhügel der afferenten Zelle wird dann eine mäßige Frequenz von Aktionspotenzialen ausgelöst, die im ZNS als Ruhefrequenz registriert wird.

**Versuch 2:** Der ruhende Frosch befindet sich im Wasser, das sich bewegt. Dadurch werden die Cilien der Haarsinneszelle in Richtung des Kinociliums abgelenkt. Bei dieser Ablenkung der Cilien werden über Tip-Links verstärkt $K^+$-Ionenkanäle geöffnet, sodass es aufgrund der hohen Konzentration von $K^+$-Ionen im Außenmedium zu einem starken Einstrom von $K^+$-Ionen in das Innere der Haarsinneszelle kommt. Dies führt zu einer Depolarisation der Zellmembran auf $-50$ mV. Daraufhin öffnen sich viele spannungsabhängige $Ca^{2+}$-Ionenkanäle, was zu einem starken Einstrom von $Ca^{2+}$-Ionen ins Zellinnere führt. Diese vermitteln die Ausschüttung vieler erregend wirkender Transmittermoleküle in den synaptischen Spalt. Die Transmitter binden an Rezeptoren in der postsynaptischen Membran und bewirken letztlich eine starke Depolarisation der Membran der afferenten Faser. Dadurch wird am Axonhügel der afferenten Faser eine hohe Aktionspotenzialfrequenz ausgelöst, die im ZNS als Signal für eine Wasserbewegung registriert wird. Eine Auslösung von Aktionspotenzialen im efferenten Neuron findet unter diesen Bedingungen nicht statt.

**Versuch 3:** Der Frosch bewegt sich im Wasser und gleichzeitig ist auch das Wasser in Bewegung. Die Wasserbewegung bewirkt wieder eine Auslenkung der Cilien in Richtung des Kinociliums. Als Folge kommt es zu einer ähnlich starken Depolarisation der Haarsinneszellmembran wie in Versuch 2. Da jedoch die efferenten Fasern bei Eigenbewegung des Frosches aktiv sind und infolge einer mäßigen Aktionspotenzialfrequenz hemmende Transmitter ausschütten, könnten diese z. B. über die Bindung an Rezeptoren und die Öffnung von Ionenkanälen einen Einstrom negativ geladener Ionen in Haarsinneszellen bewirken, sodass es in der Haarsinneszelle zur Abschwächung der Depolarisation kommt. Dadurch ergibt sich ein Membranpotenzial von $-60$ mV wie in Versuch 1 und nur geringe Mengen von erregend wirkenden Transmittern werden ausgeschüttet. In der afferenten Nervenfaser entsteht daher lediglich eine mäßige Aktionspotenzialfrequenz entsprechend der Ruhefrequenz in Versuch 1. Die Wahrnehmung der Wasserbewegung kann demnach unterdrückt oder verrechnet werden, soweit diese durch die Eigenbewegung des Frosches entsteht.

BE

## BIENEN IN GEFAHR

Sprechen wir von Bienen, dann meinen wir meistens die Westliche Honigbiene, die seit mehreren Tausend Jahren zur Gewinnung von Honig genutzt wird. Tatsächlich gibt es aber allein in Deutschland etwa 580 Bienenarten. Für die Landwirtschaft stellen die Bienen als Bestäuber einen wichtigen Faktor dar. In den letzten Jahren häufen sich allerdings Berichte über vermehrtes Bienensterben. In diesem Zusammenhang wird in großangelegten Forschungsprojekten der Einfluss von Monokulturen und Pestizideinsätzen untersucht. Auch tritt seit etwa 35 Jahren die Varroa-Milbe auf, die nachhaltig die Gesundheit der Bienenvölker schädigt.
Im Folgenden sollen Sie sich mit neurobiologischen, ökologischen und evolutionsbiologischen Aspekten im Zusammenhang mit ausgewählten Bienenarten auseinandersetzen.

### 1 Neuro- und evolutionsbiologische Aspekte bei der Bekämpfung der Varroa-Milbe

**1.1** Erläutern Sie die Phasen eines Aktionspotenzials am Axon einer Nervenzelle auch anhand einer selbst erstellten und beschrifteten grafischen Darstellung eines Aktionspotenzials in einem Spannungs-Zeit-Diagramm. 14

**1.2** Erklären Sie anhand von M 1 und M 2 die Wirkungsweise von Flumethrin auf spannungsgesteuerte $Na^+$-Ionenkanäle am Axon einer Nervenzelle sowie die Auswirkung von Flumethrin auf die Frequenz der Aktionspotenziale in der nachgeschalteten Nervenzelle. 16

* **1.3** Analysieren Sie M 3 im Hinblick auf Präadaptation. 12

### 2 Ökologische Aspekte bei Bienenarten

**2.1** Erläutern Sie an je einem selbst gewählten Beispiel, was man unter Parasitismus und Symbiose versteht. 10

**2.2** Ermitteln Sie anhand von M 4 die Bedeutung der Westlichen Honigbiene für den Ertrag an Feldfrüchten. 10

**2.3** Werten Sie die Untersuchungsergebnisse in M 6 zum Bienensterben im Zusammenhang mit Monokulturen (M 5) im Hinblick auf eine zeitliche und eine soziale Falle aus. 15

* Aufgabe stellt Anforderungen, die nach dem aktuellen KCGO (Stand 2017) nicht mehr prüfungsrelevant sind.

## 3 Evolutionsbiologische Aspekte zur Tanzsprache der Honigbienen

**3.1** Stellen Sie anhand von M 7 je eine proximate und eine ultimate Erklärung zum zielgerichteten Flug von Bienen zur Futterquelle dar. 10

**3.2** Beschreiben Sie die im Stammbaum in M 8a dargestellten Verwandtschaftsverhältnisse. Prüfen Sie, inwiefern die Ergebnisse des Basensequenzvergleichs in M 8b diesen Stammbaum (M 8a) stützen oder ihm widersprechen. 16

### M 1 Bekämpfung der Varroa-Milbe mit Pestiziden

Die Varroa-Milbe *(Varroa destructor)* ist ein Brutparasit, der in nahezu allen Honigbienenvölkern in Europa auftritt. Sie gilt als Hauptgrund dafür, dass ganze Völker der Honigbiene absterben. Zur Bekämpfung der Varroa-Milben werden verschiedene chemische Mittel eingesetzt. Eines dieser Pestizide mit dem Wirkstoff Flumethrin wirkt als Nervengift an den spannungsgesteuerten $Na^+$-Ionenkanälen in der Axonmembran von Nervenzellen der Milben.

*Verändert aus:*
*Jungbauer, W. (Hrsg.): Aufgabenhandbuch Biologie, Band 2. Ökologie. Aulis Verlag, Köln (2010), S. 84–85.*

### M 2 Experiment zur Auswirkung von Flumethrin auf die Erregungsleitung am Axon und die Erregungsübertragung an Synapsen

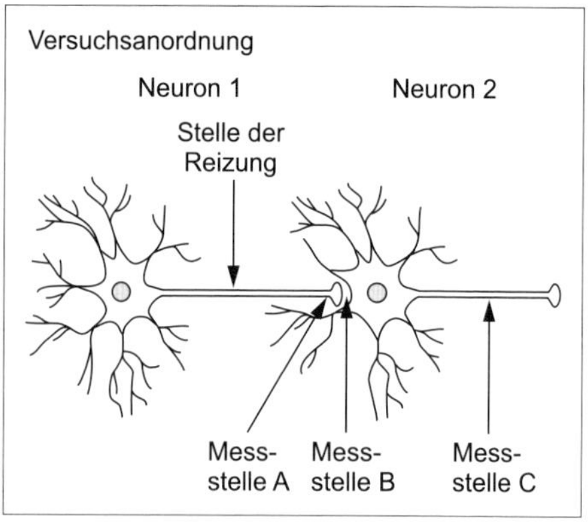


Um die Auswirkungen von Flumethrin (M 1) auf die Erregungsleitung an Neuronen zu untersuchen, wurden zwei Neuronen, die über eine Synapse mit Acetylcholin als Neurotransmitter miteinander verbunden sind, isoliert. In einem Versuch wurde am Axon des Neurons 1 künstlich ein Aktionspotenzial durch Reizung ausgelöst. An der Messstelle A wurde die Konzentration der $Na^+$-Ionen im Axoninnenraum und an der Messstelle B die Konzentration von Acetylcholin im synaptischen Spalt ermittelt. Des Weiteren wurde am Neuron 2 die Aktionspotenzialfrequenz an der Messstelle C ermittelt.
Anschließend wurde dieser Versuch wiederholt, nur dass zuvor an einem Bereich des Axons von Neuron 1 eine geringe Menge von Flumethrin eingewirkt hat, der direkt vor den spannungsabhängigen $Ca^{2+}$-Ionenkanälen der präsynaptischen Membran liegt.

Die Versuchsergebnisse für die Messstellen A und B sind in den beiden folgenden Diagrammen zusammengefasst dargestellt.

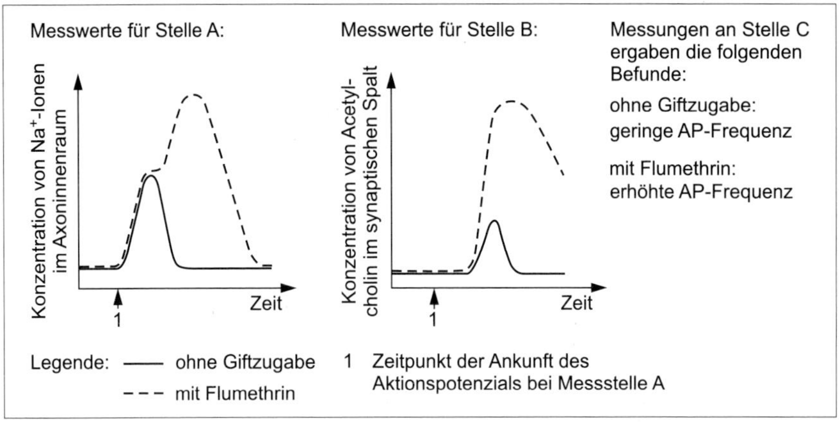


*Verändert aus:*
*Vijverberg, H. P. M. et al.: Neurotoxical effects and the mode of action of pyrethroid insecticides. In: Critical Reviews in Toxicology 21 (1990), S. 105–113.*

## M 3 Wirksamkeit von Flumethrin auf zwei Milbenpopulationen

In einem Versuch wurde die Wirksamkeit von Flumethrin (M 1) auf zwei verschiedene Populationen von Varroa-Milben aus zwei verschiedenen Gebieten untersucht. Dazu wurden 30 Milben aus jeder Population zufällig ausgewählt, die jeweils identisch mit dem Pestizid behandelt wurden.
Anschließend wurde der Anteil der abgetöteten Milben ermittelt.

**Hinweis:** Untersuchungen zeigen, dass die für die $Na^+$-Ionenkanäle codierenden Gene bei einigen Milben aus den Gebieten A und B geringfügig veränderte Basensequenzen aufweisen.

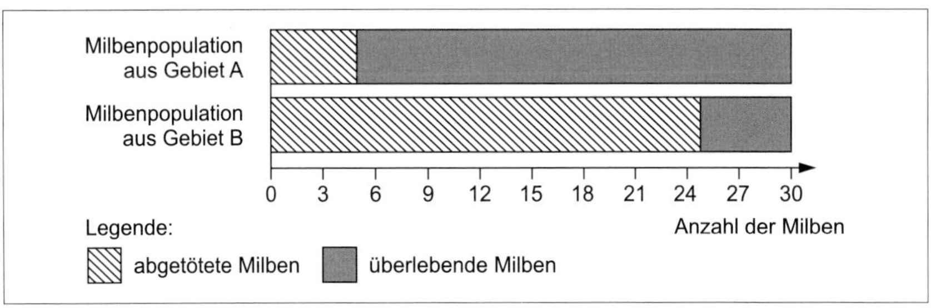


*Verändert aus:*
*Thompson, H. M. et al.: First report of Varroa destructor resistance to pyrethroids in the UK. In: Apidologie 33 (2002), S. 357–361.*

## M 4 Bedeutung der Westlichen Honigbiene *(Apis mellifera)*

Bei vielen Pflanzenarten ist die Menge der gebildeten Früchte oder Samen von der Bestäubung durch Insekten abhängig. Westliche Honigbienen sind relativ blütenstet, d. h., sie besuchen die Blüten einer Pflanze so lange, bis diese Nahrungsquelle erschöpft ist, bevor sie andere Pflanzen aufsuchen. Um den Einfluss der Honigbienen auf den Ernteertrag beim Raps, eine auf Insektenbestäubung angewiesene Pflanzenart, zu ermitteln, wurde folgendes Experiment durchgeführt:

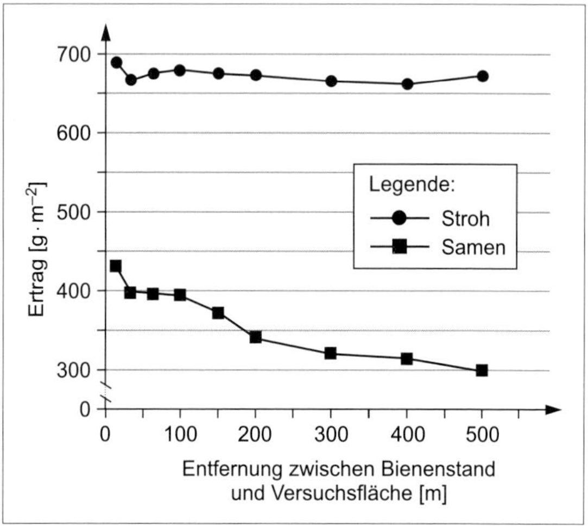


Am Rand eines großen Rapsfeldes wurde zur Rapsblüte im Mai ein Bienenstock aufgestellt. Andere Völker der Honigbiene waren nicht vorhanden. In bestimmten Abständen zu diesem Bienenstock wurden in dem Feld Versuchsflächen von einem Quadratmeter Größe abgesteckt. Kurz vor der Ernte im Juli wurde für diese Parzellen jeweils der Ertrag an Samen und Stroh (getrocknetes oberirdisches Pflanzenmaterial) ermittelt. Weitere Beobachtungen waren, dass mit zunehmender Entfernung zwischen Versuchsfläche und Bienenstand immer weniger Honigbienen auf den Pflanzen in den Versuchsflächen gesichtet wurden. Die am weitesten entfernte Parzelle wurde nicht mehr von Honigbienen dieses Stocks aufgesucht.

*Verändert aus:*
*https://www.erwerbsimkerbund.at/die-bestaeubungsleistung-der-honigbiene+2500+1137132. (Letzter Zugriff am 20.08.2018).*

## M 5 Monokulturen

In Monokulturen wird auf einem meist großflächigen Gebiet über mehrere Jahre hinweg die gleiche Nutzpflanze angebaut. Konkurrierende Pflanzenarten werden gezielt bekämpft. Die hohe Pflanzendichte in einer Monokultur bedingt ein saisonales Überangebot an Nahrung für Insekten. Außerhalb der relativ kurzen Blühphase der Nutzpflanzen bezeichnet man Monokulturen aufgrund der bestehenden Artenarmut als „grüne Wüsten". Sie sind des Weiteren sehr anfällig für Schädlingsbefall. Daher werden oft Pestizide zur Vorbeugung oder Bekämpfung von Schädlingsplagen eingesetzt. Viele der Pestizide verteilen sich in oder auf allen Pflanzenteilen sowie im Nektar und den Pollen. Sie wirken häufig auch auf die bestäubenden Insekten, indem sie diese oder ihre Larven schädigen oder töten. Auch können einige dieser Mittel den Orientierungssinn von Bienen beeinträchtigen.

*Zusammengestellt und verändert aus:*
*Garibaldi, L. A. et al.: From research [...] pollinators. In: Frontiers and Ecology and the Environment 12 (2014), S. 439–445.*
*Enzinger, S.: Bienen in Gefahr! In: Unterricht Biologie 404 (2015), S. 10–15.*

## M 6 Bienensterben

Alle in Deutschland lebenden Bienenarten ernähren sich ausschließlich von süßen Pflanzensäften, insbesondere von Blütennektar. Für die Eiweißversorgung sind sie auf Blütenpollen angewiesen. Einige Arten, wie z. B. die Westliche Honigbiene, bilden Staaten. Weil die Westliche Honigbiene Futtervorräte in Form von Honig anlegt, wird sie von Imkern gehalten. Der Honig wird im Spätsommer geerntet. Alle anderen Bienenarten werden als Wildbienen bezeichnet. Sie leben zumeist als Einzelgänger und sind, anders als die Honigbienen, mehr oder weniger stark auf bestimmte Blütenpflanzen als Nahrungsquellen angewiesen. Seit einigen Jahren beobachtet man ein verstärktes Bienensterben. Darunter fasst man die gehäuften Verluste von Bienenvölkern sowie das zunehmende Verschwinden vieler Wildbienenarten zusammen. Als eine mögliche Ursache des Bienensterbens wird die Zunahme von Monokulturen angesehen. Diesbezüglich wurden umfangreiche Untersuchungen mit Bienenvölkern durchgeführt, deren Befunde im Folgenden dargestellt sind:

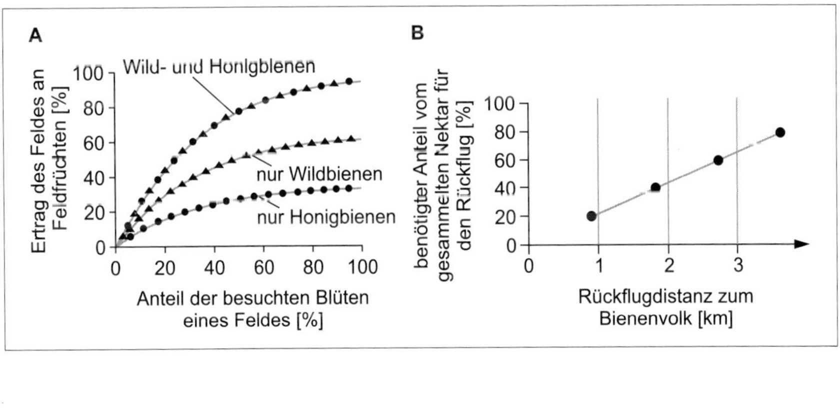

**C:** relative Wachstumsraten von Honigbienenvölkern mit 16 000 Arbeiterinnen:

| Standort des Honigbienenvolkes | Gifteinsatz | relative Wachstumsrate innerhalb von 30 Tagen [%] |
|---|---|---|
| vielfältige Landschaft | nein | 50 |
| vielfältige Landschaft | ja | 0 |
| Monokultur | ja | −45 |

*Zusammengestellt und verändert aus:*
*Cresswell, J. E. et al.: Comment on "A common pesticide decreases foraging success and survival in honey bees". In: Science 337 (2012), S. 1 453.*
*Garibaldi, L. A. et al.: From research […] pollinators. In: Frontiers and Ecology and the Environment 12 (2014), S. 440.*
*Enzinger, S.: Bienen in Gefahr! In: Unterricht Biologie 404 (2015), S. 10–15.*

## M 7 Die Tanzsprache der Honigbienen

Alle Arten von Honigbienen leben in Staaten und haben Tanzsprachen entwickelt, die sie dazu nutzen, um Mitglieder in ihrem Bienenstock über Nahrungsquellen zu informieren. Gesucht werden diese Ressourcen von Kundschafterbienen. Das sind etwa 5 % der gesamten Arbeiterinnen, die relativ alt sind und fast das Ende ihrer Lebensspanne erreicht haben.
Kehren die Kundschafterinnen zum Stock zurück, würgen sie etwas Nektar aus ihrem Honigmagen hervor, der von anderen Arbeiterinnen aufgenommen wird. Auf diese Weise werden die anderen Bienen über die Art der Nahrungsquelle informiert. Nun tanzt die Kundschafterin auf den senkrechten Waben bestimmte Muster.
Die Tanzform und die jeweils dabei ausgeführten Bewegungen werden von den anderen Sammelbienen wahrgenommen, wodurch sie über Lage und Entfernung einer Nahrungsquelle informiert werden. Die Ergiebigkeit der Nahrungsquelle wird durch die Intensität der ausgeführten Bewegungen vermittelt.
Nachforschungen zeigten, dass Honigbienen die Tanzsprache nicht lernen, sondern dass diese Verständigung angeboren ist. Auch erkannte man, dass die Arten, die in dunklen Höhlen nisten, auch die beim Tanz entstehenden Geräusche wahrnehmen, um den vorgetanzten Bewegungsmustern folgen zu können. Durch den Tanz wird eine der Ergiebigkeit der Nahrungsquelle entsprechende Anzahl von Sammelbienen zum Aufsuchen der entdeckten Nahrungsquelle animiert.

*Verändert aus:*
*Hedewig, R.: Tanzen mit System – die Evolution der Bienentänze. In: Unterricht Biologie 260 (2000), S. 20.*

## M 8 Evolutive Entwicklung der Honigbienen

### M 8a Möglicher Stammbaum für die evolutive Entwicklung der Honigbienen

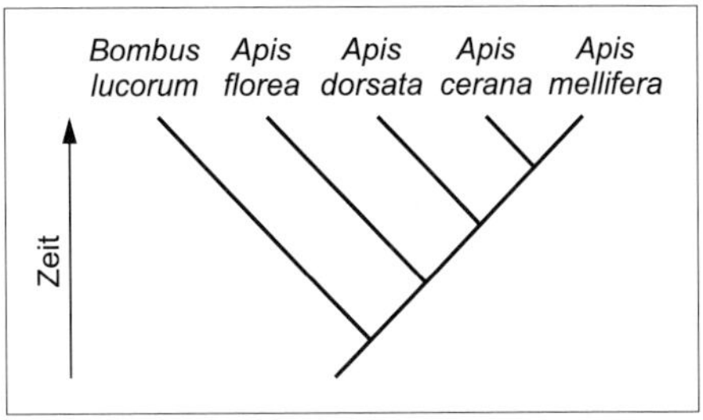


Der Stammbaum zeigt eine Möglichkeit für die evolutive Entwicklung von vier Arten Honigbienen (Gattung Apis) und einer Hummelart (Gattung Bombus). Er wurde mit der indirekten Methode erstellt. Dabei vergleichen die Forscher die Verhaltensweisen heute lebender Arten, z. B. die Tanzsprache oder das Bauen der Nestwaben, miteinander und beziehen dabei auch andere Informationen, wie z. B. die Verbreitungsgebiete, mit ein. Je entfernter die Verwandtschaft von Arten ist, die ein übereinstimmendes Verhalten zeigen, desto länger muss das Verhaltensmerkmal schon existieren.

*Zusammengestellt und verändert aus:*
*Woher stammt das Verhalten? Hören der Hummeln hilft bei Evolutionsforschung vom 17.09.2014, http://www.scinexx.de/dossier-detail-178-7.html. (Letzter Zugriff am 24.08.2018).*
*Dyer, F. C.: The biology of the dance language. In: Annu. Rev. Entomol. 47 (2002), S. 934.*

### M 8b Unterschiede in der Basensequenz der DNA bei verschiedenen Bienenarten

Die Basensequenzen wurden für einen 641 Basenpaare langen DNA-Abschnitt bei vier Honigbienenarten (Gattung Apis) und bei *Bombus lucorum*, einer Hummelart, bestimmt. Die Anzahl der Unterschiede in der Basensequenz wurde jeweils für zwei dieser Arten bestimmt.

| | ***Apis mellifera*** | ***Bombus lucorum*** | ***Apis florea*** | ***Apis dorsata*** | ***Apis cerana*** |
|---|---|---|---|---|---|
| ***Apis mellifera*** | 0 | | | | |
| ***Bombus lucorum*** | 132 | 0 | | | |
| ***Apis florea*** | 93 | 120 | 0 | | |
| ***Apis dorsata*** | 72 | 123 | 89 | 0 | |
| ***Apis cerana*** | 49 | 126 | 90 | 70 | 0 |

*Verändert aus:*
*Cornuet, J. et al.: Mitochondrial DNA variability in honeybees and its phylogeographic implications. In: Apidologie 22 (1991), S. 634.*

## Lösungsvorschlag

Die Aufgabe beinhaltet die folgenden Themen:
- Neurobiologie: Aktionspotenzial, Erregungsübertragung an Synapsen, Wirkung von Neurotoxinen
- Ökologie: interspezifische Beziehungen, anthropogene Einflüsse, Monokulturen, zeitliche und soziale Fallen
- Evolutionsbiologie: phylogenetischer Stammbaum

1.1 **TIPP** *Anforderungsbereich: I, Bewertungseinheiten: 14*

Für die Bearbeitung dieser reproduktiven Aufgabe fertigen Sie zunächst eine beschriftete Grafik, die den Verlauf eines Aktionspotenzials darstellt, an. Achten Sie dabei auf den zeitlichen Bezug und eine korrekte Achsenbeschriftung. Anschließend machen Sie die ablaufenden Prozesse mithilfe Ihrer Kenntnisse aus dem Unterricht verständlich.

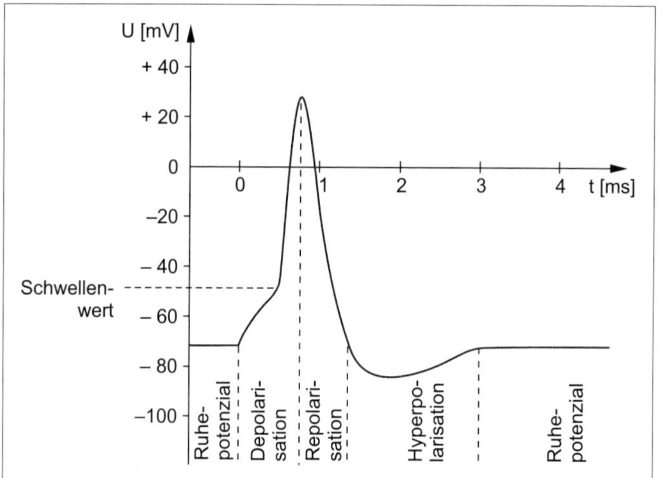


Ein Aktionspotenzial ist ein Alles-oder-nichts-Signal, das bei elektrisch erregbaren Zellen der Signalweiterleitung dient. Zunächst kommt es z. B. durch äußere Reizung der Axonmembran lokal zu einer Ladungsverschiebung, die zu einer Abnahme der im Ruhezustand vorliegenden Potenzialdifferenz führt. Erreicht diese Depolarisation einen bestimmten Schwellenwert (ca. –50 mV), so wird ein Aktionspotenzial ausgelöst, das immer den gleichen Verlauf (Alles-oder-nichts-Signal) aufweist. Bei Erreichen eines Schwellenwerts kommt es zur Öffnung spannungsgesteuerter $Na^+$-Ionenkanäle, die als integrale Proteine in der Membran eingelagert sind. Aufgrund des $Na^+$-Ionengradienten strömen $Na^+$-Ionen in das Axoninnere ein, sodass die Zelle stärker depolarisiert und die Permeabilität der Membran für $Na^+$-Ionen weiter erhöht wird. Durch diese positive Rückkopplung öffnen sich sehr rasch alle in diesem Bereich vorhandenen $Na^+$-Ionenkanäle, es kommt zu einem schlagartigen $Na^+$-Ioneneinstrom. Dieser zieht im Vergleich zum Ruhepotenzial eine Ladungsumkehr an der Membran nach sich, im Axoninneren überwiegt die positive Ladung. Zeitverzögert zu den $Na^+$-Ionenkanälen öffnen sich spannungsgesteuerte $K^+$-Ionenkanäle. Dies bewirkt einen verstärkten $K^+$-Ionenausstrom entlang des $K^+$-Ionengradienten und des elektrischen Gradienten, der aufgrund des Überschusses an negativer Ladung an der Membranaußenseite entsteht. Zeitgleich schließen sich die spannungsgesteuerten $Na^+$-Ionenkanäle, wodurch der $Na^+$-Ioneneinstrom zum Erliegen kommt. Der Ausstrom von $K^+$-Ionen zieht eine erneute Ladungsumkehr nach sich, d. h., die Membran wird repolarisiert. Da die Membranpermeabilität für $K^+$-Ionen nur langsam wieder abnimmt, sinkt das Membranpotenzial kurzzeitig auf einen negativeren Wert als im Ruhezustand, man spricht von einer Hyperpolarisation. $Na^+$-$K^+$-Ionenpumpen tragen dazu bei, die ursprüngliche Ionenverteilung des Ruhepotenzials wiederherzustellen, indem sie durch aktiven Antiport, d. h. unter ATP-Verbrauch, 3 $Na^+$-Ionen aus der Zelle heraus und 2 $K^+$-Ionen hinein transportieren. Die spannungsabhängigen $Na^+$-Ionenkanäle sind für kurze Zeit nach ihrem Schließen nicht aktivierbar, sodass sich die Membran während dieses als Refraktärzeit bezeichneten Zeitraums nicht erneut depolarisieren lässt.

1.2 **TIPP** *Anforderungsbereiche: II – III, Bewertungseinheiten: 16*

Wenn Sie hier die Wirkung des Nervengiftes auf die spannungsgesteuerten $Na^+$-Ionenkanäle und die AP-Frequenz erklären, gehen Sie zunächst Schritt für Schritt die Aussagen der Diagramme durch. Beachten Sie dabei genau, an welchen Stellen der Neurone die Messungen vorgenommen wurden.

Nach axonaler Reizung des Neurons A wird an einer Messstelle (A), die kurz vor einer Synapse liegt, ein Aktionspotenzial registriert und die intrazelluläre $Na^+$-Ionenkonzentration gemessen. Wird Neuron A an einer Stelle kurz vor dem Endknöpfchen für kurze Zeit dem Einfluss von Flumethrin ausgesetzt, steigt die $Na^+$-Ionenkonzentration nach axonaler Reizung fast doppelt so hoch wie im Normalfall an. Auch dauert das anschließende Absinken der Konzentration, die Repolarisation, insgesamt länger. Das lässt vermuten, dass das Gift die Öffnungszeit der spannungsgesteuerten $Na^+$-Ionenkanäle erhöht.
Im synaptischen Spalt, der auf das synaptische Endknöpfchen von Neuron A folgt, steigt die Acetylcholin-Konzentration bei Giftzugabe im Vergleich zum Regelfall um fast das Dreifache an. Daraus lässt sich schließen, dass die Depolarisation (infolge $Ca^{2+}$-Ioneneinstroms) nach Flumethrinbehandlung länger anhält. Infolgedessen verschmelzen mehr transmittergefüllte Vesikel mit der präsynaptischen Membran, und die Konzentration an Acetylcholin im synaptischen Spalt liegt deutlich höher als unter Normalbedingungen.

Am Axon des nachgeschalteten Neurons B wird bei Flumethrin-Gabe (an Neuron A, nach dessen Reizung) eine höhere Aktionspotenzialfrequenz gemessen als ohne Gifteinfluss. Dies erklärt sich dadurch, dass der erhöhte Acetylcholingehalt im synaptischen Spalt die ligandengesteuerten $Na^+$-Ionenkanäle in der postsynaptischen Membran von Neuron B länger geöffnet hält, wodurch der nachfolgende $Na^+$-Ioneneinstrom stärker ausfällt. Am Soma bzw. an der Somamembran von Neuron B entsteht ein höheres erregendes postsynaptisches Potenzial (EPSP) als unter Kontrollbedingungen. Dieses EPSP, das sich elektrotonisch bis zum Axonhügel ausbreitet, löst dann entsprechend auch eine höhere Aktionspotenzialfrequenz aus.

**1.3** **TIPP** *Anforderungsbereiche: II – III, Bewertungseinheiten: 12*

Beachten Sie, dass zur Lösung dieser Aufgabe inhaltsbezogene Kompetenzen (Präadaption) erforderlich sind, die in der gymnasialen Oberstufe (gemäß KC) nicht mehr vermittelt werden. Bei der Vorbereitung auf die Abiturprüfung kann diese Aufgabe daher unberücksichtigt bleiben.

Zwei Gruppen von jeweils 30 Milben aus unterschiedlichen Populationen und Gebieten wurden mit Flumethrin behandelt. Während von den Milben aus Gebiet A nur etwa 5 Tiere infolge der Giftbehandlung starben, waren es bei den Milben aus Gebiet B mit ca. 25 Individuen deutlich mehr. Die höhere Sterblichkeitsrate der Milbenpopulation B zeigt, dass Flumethrin hier deutlich stärker wirkt als innerhalb der Population A. Einige Individuen beider Populationen zeigen in den Basensequenzen der Gene, die für $Na^+$-Ionenkanalproteine codieren, geringfügige Unterschiede. Wenn diese Mutationen eine veränderte Proteinstruktur hervorrufen, sodass das Nervengift die $Na^+$-Ionenkanalproteine nicht mehr beeinflussen kann, besitzen diese Tiere einen Selektionsvorteil, sobald sie dem Gift ausgesetzt sind.
Da Individuen mit veränderten Basensequenzen in beiden Populationen bereits vor der Giftbehandlung zu finden waren, handelt es sich bei diesen Basensequenzänderungen um Präadaptationen, die Resistenz gegen das Nervengift verleihen. Wären diese Erbgutveränderungen nicht bereits bei einigen Individuen beider Populationen vorhanden gewesen, wären alle Tiere durch das Gift abgetötet worden. Die Tatsache, dass bei den beiden Populationen die Sterblichkeitsrate nach dem Gifteinfluss unterschiedlich hoch ausfiel, lässt sich so erklären, dass die Zahl der Individuen mit der veränderten Basensequenz in Population B höher war als in Population A.

2.1 **TIPP** *Anforderungsbereich: I, Bewertungseinheiten: 10*

Hier können Sie zwei beliebige Beispiele, die Ihnen aus dem Unterricht bekannt sind, wählen, um die genannten interspezifischen Wechselwirkungen verständlich zu machen.

Unter Parasitismus versteht man eine Wechselbeziehung zwischen zwei Organismen unterschiedlicher Arten, bei der ein Partner (Parasit) auf Kosten des anderen Partners (Wirt) lebt. So saugen z. B. Blattläuse den nährstoffreichen Pflanzensaft von Gefäßpflanzen und können dadurch deren Vitalität und Wachstum beeinträchtigen.
Eine Symbiose ist eine Lebensgemeinschaft zwischen zwei Organismen unterschiedlicher Arten, aus der beide Partner einen Nutzen ziehen. So stellen z. B. Flechten eine Lebensgemeinschaft aus Pilz(en) und Algen dar. Dabei erhält der Pilz von den fotosynthetisch aktiven Algen Kohlenhydrate für die eigene Energiegewinnung, während die Algen vom Pilz gegen die Außenwelt und vor Austrocknung durch die Versorgung mit Wasser geschützt werden.

2.2 **TIPP** *Anforderungsbereiche: I – II, Bewertungseinheiten: 10*

Machen Sie sich bei der Auswertung des Diagramms klar, dass jeweils zwei Datenpunkte (Stroh und Samen) einer Versuchsfläche zugeordnet sind. Die vergleichende Betrachtung dieser Werte ermöglicht es Ihnen, auf die Bedeutung der Bienen für den Ernteertrag zu schließen.

Die Untersuchung zeigt, dass mit zunehmendem Abstand des Bienenstocks zur Versuchsfläche die Menge an produzierten Rapssamen kontinuierlich sinkt. So beträgt der Ernteertrag an Rapssamen in der Parzelle, die am dichtesten an dem Bienenstock lag, etwa 440 g pro Quadratmeter. In einem Abstand von 30 bis 100 m liegt der Ernteertrag der Parzellen bei 400 bis 390 g/m$^2$, bis zu einem Abstand von 500 m sinkt er auf 300 g/m$^2$. Im Vergleich dazu schwankt der Ertrag an Stroh für alle untersuchten Zellen im Bereich von 660 bis 690 g/m$^2$, sodass im Durchschnitt von einer konstanten Menge an Stroh gesprochen werden kann.
Diese Ergebnisse lassen sich so erklären, dass das Wachstum der Pflanzen auf allen untersuchten Flächen im Mittel gleich gut war, was aus der ermittelten Masse an getrocknetem, oberirdischem Material (Stroh) hervorgeht. Der geringere Ernteertrag an Rapssamen in größerer Entfernung zum Bienenstock lässt sich hingegen auf abnehmende Bestäubungsraten durch die Bienen zurückführen. M 4 zufolge wurden mit zunehmender Entfernung des Bienenstocks von den Rapsparzellen immer weniger Bienen auf den Pflanzen beobachtet und die am weitesten vom Bienenstock entfernte Zelle wurde gar nicht mehr von Bienen aus diesem Volk besucht. Die Bienen aus dem Stock fliegen somit bevorzugt die Rapspflanzen als Nahrungsquelle an, die dicht am Bienen-

stock liegen. Da sie bei der Nahrungsaufnahme die besuchten Pflanzen gleichzeitig bestäuben, ist der Ertrag an Samen bei diesen Pflanzen höher als bei weiter entfernt wachsenden Rapspflanzen.

2.3 **TIPP** *Anforderungsbereiche: II – III, Bewertungseinheiten: 15*

Stellen Sie die Informationen in M 5 zu denjenigen in M 6 so in Zusammenhang, dass sich eine zeitliche und eine soziale Falle erkennen lassen. Da es sich besonders bei M 6 um ein komplexes Informationsgefüge handelt, sollten Sie sich im Vorfeld einen Stichwortkatalog zu den Kernaussagen erstellen. Auf dieser Basis können Sie dann die Fallen verdeutlichen. Zusätzlich kann es sinnvoll sein, wenn Sie die Materialbezüge in Ihrem Text explizit vermerken.

In Monokulturen werden häufig Pestizide eingesetzt, die Pflanzen vor möglichem Schädlingsbefall schützen und mit den Kulturpflanzen konkurrierende „Unkräuter" unterdrücken, um so den Ernteertrag zu erhöhen. Die gegen Schädlinge eingesetzten Pestizide können jedoch auch die Vitalität von Bienen beeinträchtigen (M 5). Tatsächlich zeigen Honigbienenvölker in der Nähe von Monokulturen eine negative Wachstumsrate (M 6C), sodass betroffene Völker mittelfristig aussterben. Auch die Zahl an Wildbienen wird durch den Gifteinsatz reduziert (M 6).
Handelt es sich bei der Monokultur um Pflanzen, die auf Insektenbestäubung angewiesen sind, so führt die durch die Pestizide bedingte Verringerung des Insektenbestands zeitlich verzögert zu einer Abnahme des Ernteertrags, da Bestäuber fehlen und die Kulturpflanzen infolgedessen weniger Samen produzieren. Zusätzlich verringert sich durch den Einsatz der Herbizide das Nahrungsangebot von Wildbienen durch Vernichtung anderer Wildpflanzen, was das Sterben der Wildbienen noch verstärkt und damit auch die genannte zeitliche Falle. Dabei sind die Auswirkungen des Aussterbens der Wildbienenarten deutlich gravierender als diejenigen des Wegfalls der Honigbienen: Der Ernteertrag bei Fehlen der Wildbienen fällt um etwa 60 % geringer aus, während er bei Fehlen von Honigbienen um ca. 35 % vermindert wird (M 6A).
Der Einsatz von Pestiziden führt bei Honigbienen zu gravierenden Sterberaten (M 6C). Bieten Monokulturen während der Blütezeit diesen Bienen noch eine lohnende Nahrungsquelle, müssen die Bienen im Anschluss an die kurze Blühphase eine größere Entfernung zu alternativen Nahrungsquellen zurücklegen. Infolgedessen verbrauchen die Honigbienen für den Rückflug zum Bienenstock den Großteil des gesammelten Nektars. So werden bei einer Entfernung der Blütenpflanzen von 3 km zum Bienenstock 2/3 des gesammelten Nektars verbraucht (M 6B), sodass weniger Honig gebildet werden kann. Der Vorteil des Pestizideinsatzes für den Ernteertrag der Landwirtinnen und Landwirte bedingt somit letztlich einen verringerten Honigertrag für die Imker*innen, was einer sozialen Falle gleichkommt. Ebenso stellt die höhere Vitalität der Monokulturpflanzen durch den Pestizideinsatz eine soziale Falle dar, insofern sie indirekt die Sterberate der Honigbienen erhöht.

3.1 **TIPP** *Anforderungsbereich: II, Bewertungseinheiten: 10*

Unterscheiden Sie hier, welche unmittelbaren, physiologischen Voraussetzungen für den zielgerichteten Flug der Bienen notwendig sind (proximate Erklärung) und welchen evolutionsbiologischen Nutzen (ultimative Erklärung) dieser zielgerichtete Flug für die Bienen hat.

Die unmittelbare, proximate Erklärung für den zielgerichteten Flug der Sammelbienen zu den Nahrungsquellen ist die Wahrnehmung der Tanzbewegungen, die die Kundschafterinnen des Bienenvolks nach ihrer Rückkehr im (dunklen) Bienenstock ausführen, sowie der dabei entstehenden Geräusche. Da sie Aufschluss über Lage und Entfernung der Futterquelle geben, werden die Sammlerinnen zum gezielten Ausfliegen animiert.
Indem die Kundschafterinnen genaue Informationen über die Art und Ergiebigkeit der Nahrungsquelle vermitteln, wird eine der Nahrungsquelle entsprechende Zahl an Sammelbienen veranlasst, zum Sammeln von Nektar auszufliegen. Die ultimate Erklärung des zielgerichteten Flugs liegt daher darin, dass der Nahrungserwerb des Bienenvolks so effizient wie möglich gestaltet wird. Das bedeutet, dass der Nutzen (Nahrungsgewinn) des Verhaltens für das Bienenvolk die Kosten (z. B. Nährstoffverbrauch durch den Rückflug zum Stock) höchstmöglich übersteigt. Auf diese Weise wird eine besonders gute Versorgung der Brut möglich, sodass es zu einer Erhöhung der reproduktiven Fitness und zu einem Wachstum des Bienenvolks kommen kann.

3.2 **TIPP** *Anforderungsbereiche: I–II, Bewertungseinheiten: 16*

In dieser Teilaufgabe sind zwei Arbeitsaufträge enthalten. Achten Sie bei der Beschreibung auf eine strukturierte und fachsprachlich korrekte Wiedergabe der im Stammbaum dargestellten Verwandtschaftsbeziehungen. Beim anschließenden Basensequenzvergleich beginnen Sie am besten mit der höchsten bzw. geringsten Anzahl an Unterschieden.

*Beschreiben:* Die in dem Stammbaum genannten vier Bienenarten und die Hummelart lassen sich auf eine gemeinsame Ursprungsart zurückführen. Die Population dieser Ursprungsart spaltete sich in zwei Teilpopulationen auf, die sich, vermutlich geografisch isoliert, unterschiedlich weiterentwickelten, bis sie letztlich reproduktiv isoliert waren. Aus einer der beiden Entwicklungslinien entstanden über einen langen Zeitraum hinweg die heutigen Hummeln (darunter die Art *Bombus lucorum*). Die zweite Linie entwickelte sich zur Ursprungsart der vier genannten Bienenarten weiter. Durch eine erneute Aufspaltung dieser Entwicklungslinie entstanden wieder zwei Teilpopulationen. Aus einer von ihnen bildete sich die heutige Art *Apis florea*, während die andere zur Ursprungsart der heutigen Arten *Apis dorsata*, *Apis cerana* und *Apis mellifera* wurde. Auch in der Vorfahrenpopulation dieser drei Bienenarten führte vermutlich eine geografische Isolation zur Aufspaltung in zwei Teilpopulationen. Während

aus einer von ihnen später die rezente Bienenart *Apis dorsata* hervorging, bildete die andere die Vorfahrenpopulation von *Apis cerana* und *Apis mellifera*. Durch Aufspaltung dieser Entwicklungslinie entstanden schließlich die beiden letztgenannten rezenten Arten.
Die beschriebenen Aufteilungen der Populationen der jeweiligen Ursprungsarten traten dabei in gleichen Zeitabständen auf.

*Prüfen:* Der Basensequenzvergleich der genannten Arten zeigt die meisten Unterschiede zwischen den Bienenarten und der Hummelart (120 bis 132 Unterschiede). Das spricht dafür, dass sich die Entwicklungslinie dieser Hummelart bereits recht früh von der gemeinsamen Stammlinie abspaltete und eigenständig weiterentwickelte. Bei den Bienenarten weist der Basensequenzvergleich die größten Unterschiede zwischen *Apis florea* und den anderen drei Arten auf (89 bis 93 Unterschiede). Es lässt sich daher schlussfolgern, dass sich die Entwicklungslinie von *Apis florea* als erste von der gemeinsamen Stammlinie abspaltete. Von den restlichen drei Bienenarten zeigt *Apis dorsata* mit 70 bis 72 Unterschieden in der Basensequenz zu *Apis cerana* und *Apis mellifera* mehr Differenzen als die beiden letztgenannten untereinander (49). Das lässt vermuten, dass sich die Entwicklungslinien der beiden letztgenannten Arten am spätesten voneinander trennten, also erst, nachdem sich die Gruppe der *Apis dorsata*-Vorfahren von der gemeinsamen Linie abgespalten hatte. Diese Ergebnisse stehen in keinerlei Widerspruch zu den Angaben im Stammbaum und bestätigen diesen daher.

BE

## EICHENMISCHWÄLDER – FASZINIERENDE WUNDERWERKE DER NATUR

Unter den in Europa heimischen 24 Eichenarten dominieren in unseren Wäldern nur zwei Arten: die Stiel- und die Traubeneiche. Die Stieleiche, deren Früchte an Stielen heranwachsen, dringt im Gegensatz zur Traubeneiche wesentlich weiter nach Osteuropa vor. Doch ganz gleich, wo eine Eiche Wurzeln schlägt: Sie ist für andere Lebewesen von großem Wert. Allein etwa 400 Schmetterlingsarten und Hunderte weitere Insektenarten leben direkt oder indirekt von der Eiche. Hinzu kommen zahllose Pflanzenarten. Auch der Sauerklee ist eine Pflanzenart, die in Eichenwäldern vorkommt. Da die Früchte der Eiche, die Eicheln, besonders nahrhaft sind, war es bis ins 19. Jahrhundert sogar üblich, Schweine in die Wälder zu treiben, damit sie sich an den Eicheln satt fressen konnten.
Im Folgenden sollen Sie sich mit ökologischen, stoffwechselbiologischen und immunbiologischen Aspekten bei ausgewählten Arten in Eichenmischwäldern auseinandersetzen.

### 1 Ökologische Aspekte bei Eichenwäldern

**1.1** Beschreiben Sie die Schichtungsdiagramme eines Eichenmischwaldes und eines reinen Fichtenforstes in M 1 a vergleichend.
Erklären Sie anhand von M 1 a und M 1 b die unterschiedliche Ausprägung der unteren Schichten im Eichenmischwald und im reinen Fichtenforst. 16

**1.2** Vergleichen Sie die Ökogramme von Stieleiche und Traubeneiche in M 2 a. Begründen Sie anhand von M 2 a und M 2 b die Verbreitung der beiden Eichenarten. 18

### 2 Ökologische und stoffwechselbiologische Aspekte beim Wald-Sauerklee

**2.1** Beschreiben Sie den typischen Bau eines Sonnenblattes sowie anhand von M 3 a die Unterschiede zu dem Blatt des Wald-Sauerklees. 14

**2.2** Erläutern Sie den Mechanismus der Blattkissenbewegungen beim Wald-Sauerklee anhand von M 3 b. 11

**2.3** Begründen Sie die unterschiedlichen Kohlenstoffdioxidaufnahmen von Wald-Sauerklee und Brunnenkresse bei verschiedenen Lichtintensitäten anhand von M 3 c. 13

## 3 Ökologische und immunbiologische Aspekte in Zusammenhang mit Zecken

∗ **3.1** Erläutern Sie M 4a im Hinblick auf die typischen Vorgänge bei der spezifischen Immunabwehr des Menschen. 15

**3.2** Erklären Sie die in M 4b dargestellten Schwankungen der Individuenzahlen von Streifenhörnchen und Zeckennymphen. 10

∗ **3.3** Entwickeln Sie eine Hypothese hinsichtlich des Verlaufs der relativen Komplementkonzentration (M 4c) nach Erst- und Zweitinfektion. 6

* Aufgabe stellt Anforderungen, die nach dem aktuellen KCGO (Stand 2017) nicht mehr prüfungsrelevant sind.

## M 1 Vertikaler Aufbau mitteleuropäischer Wälder

### M 1a Schichtungsdiagramme

Deckungsgrad: Bedeckung der untersuchten Waldfläche durch die jeweilige Schicht in % der Gesamtfläche

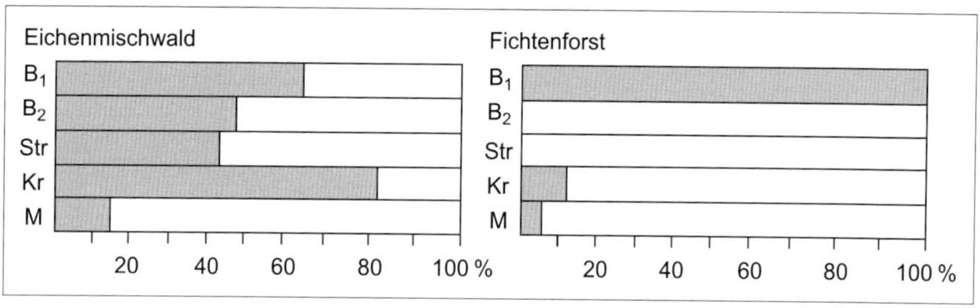


### M 1b Aufbau eines Mischwaldes und Nutzung der Lichtmenge für die Fotosynthese

Die Zahlen geben die Lichtmenge in % an, die von den Pflanzen in den Schichten genutzt wird.

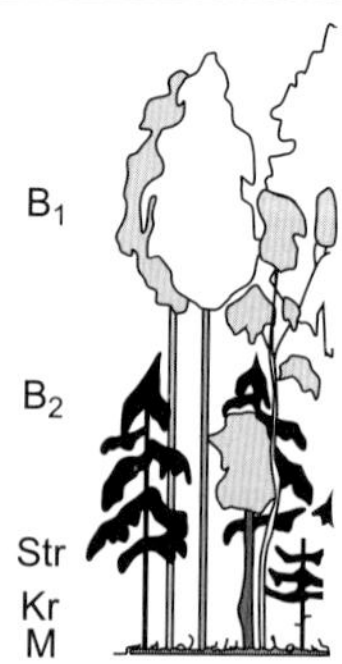


| | | |
|---|---|---|
| | ungenutztes Licht, Reflexion an den äußeren Blättern der Baumschicht | 10 % |
| $B_1$ | 1. Baumschicht | 79 % |
| $B_2$ | 2. Baumschicht | |
| Str | Strauchschicht | 7 % |
| Kr | Krautschicht | 2 % |
| M | Moosschicht | 2 % |

*Zusammengestellt und verändert aus: Larcher, W.: Ökophysiologie der Pflanzen. Verlag Eugen Ulmer GmbH & Co., Stuttgart (2001), S. 49.*
*Hofmeister, H. et al.: Ökologie der Wälder. Gustav Fischer Verlag, Stuttgart (1995), S. 9.*

## M 2 Stiel- und Traubeneichen

### M 2a Ökogramme von Stieleiche und Traubeneiche

Ökogramme stellen die Lebensbereiche einer Baumart in Abhängigkeit von Bodenfeuchte und Säuregehalt dar.

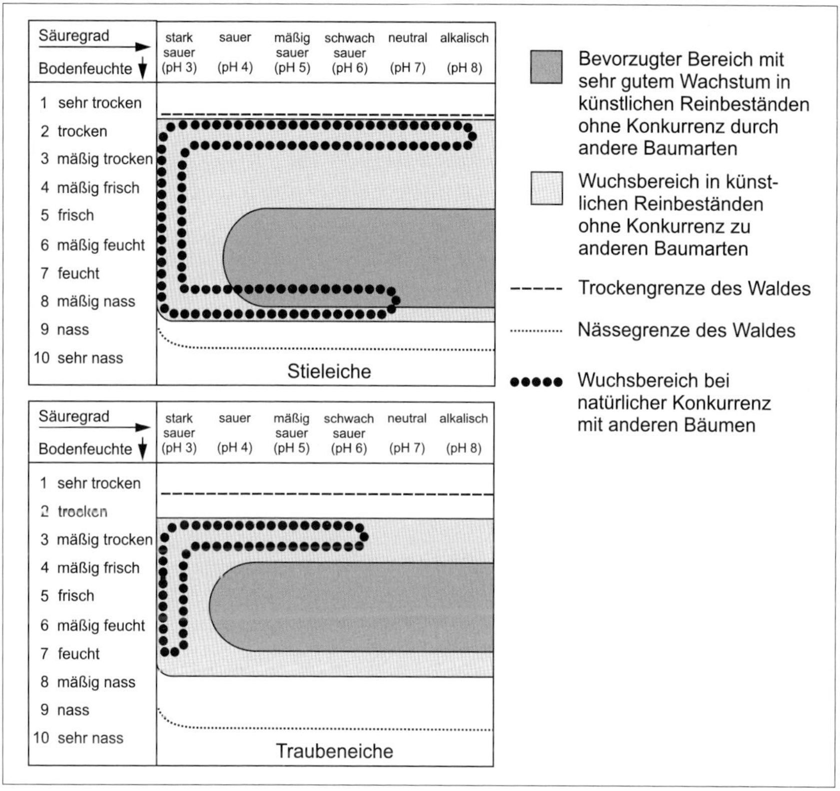


*Verändert aus:*
*Bartsch, N., Röhrig, E.: Waldökologie – Einführung für Mitteleuropa. Springer-Verlag, Berlin & Heidelberg (2016), S. 71.*

## M 2b Die natürliche Verbreitung von Stiel- und Traubeneiche in Europa

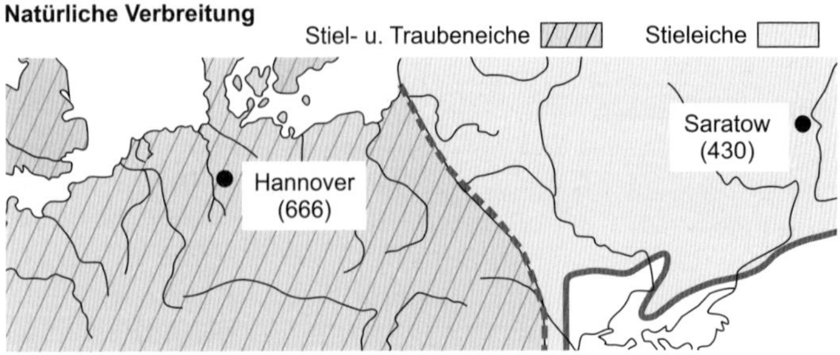


**Standortansprüche (Auswahl):**

Traubeneiche:
Spätfrost: hohe Empfindlichkeit
Gesamtwärme: wärmebedürftig
Winterkälte: empfindlich

Stieleiche:
Spätfrost: mäßige Empfindlichkeit
Gesamtwärme: wärmebedürftig
Winterkälte: mäßig empfindlich

Die Zahlen geben die durchschnittliche Niederschlagsmenge pro Jahr in L / m$^2$ an.

*Zusammengestellt und verändert aus:*
*Twenhöven, F. L.: Untersuchungen im Blätterwald. In: Unterricht Biologie 253 (2000), S. 42–43.*
*Professur für Waldbau und Professur für Forstschutz & Dendrologie der ETH Zürich: Mitteleuropäische Waldbaumarten. Eidgenössische Technische Hochschule Zürich, Zürich (2002), S. 172–177 und S. 184–188.*
*www.de.climate-data.org/location/6333 (letzter Zugriff am 28.08.2018).*
*www.de.climate-data.org/location/467 (letzter Zugriff am 28.08.2018).*

## M 3 Angepasstheiten beim Wald-Sauerklee *(Oxalis acetosella)*

## M 3a Informationen und Blattquerschnitt zum Wald-Sauerklee *(Oxalis acetosella)*

**Informationen**

Der Sauerklee ist eine Schattenpflanze. Das lang gestielte Laubblatt ist dreiteilig, kleeartig gefiedert. Der Wald-Sauerklee kommt am Boden schattiger Wälder vor. Die Blätter, die eine vergleichsweise große Oberfläche besitzen, sind dünn und haben nur eine sehr schwach ausgeprägte Cuticula.
Vakuolen sind in der Skizze zur Vereinfachung nicht dargestellt.

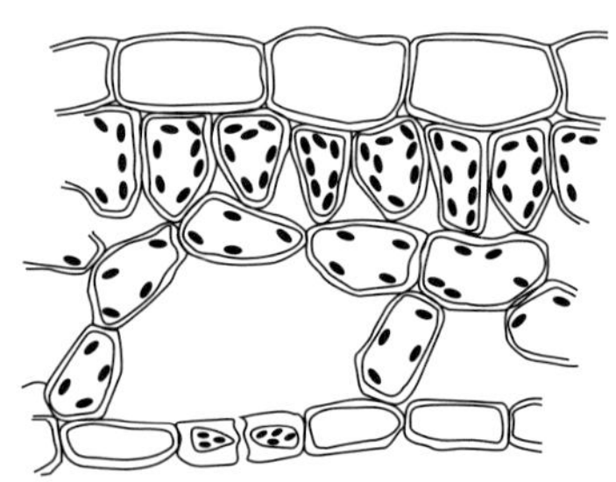

*Zusammengestellt und verändert aus:*
*Zentralabiturkommission 2019: Skizze des Blattquerschnitts durch ein Blatt von Oxalis acetosella.*
*Simons, P.: Pflanzen in Bewegung. Birkhäuser-Verlag, Basel (1994), S. 172–180.*
*Lundegårdh, H.: Zur Physiologie und Ökologie der Kohlensäureassimilation. In: Biologisches Zentralblatt, Band 42, Verlag von Georg Thieme, Leipzig (1922), S. 337–349.*

## M 3b Die Blattkissenbewegung beim Wald-Sauerklee

Die Blätter des Sauerklees hängen nachts herunter und richten sich am Tage bei Licht auf. Diese Bewegungen werden durch spezielle Zellen, die Blattkissenzellen, ermöglicht, die entlang der Mittelrippe der Sauerkleeblätter sitzen. Strömt Wasser bei Tageslicht aus den benachbarten Zellen in die Blattkissenzellen ein, verdicken sich die Blattkissenzellen zunehmend, was zum Aufklappen der Blätter führt. Bei Dunkelheit sind die Blätter eingeklappt. Das Wasser strömt demnach aus den Blattkissenzellen bei beginnender Dunkelheit aus. Die Blattkissenzellen haben dann einen geringen Zellinnendruck und die Blätter hängen dann herunter. So liegen die Blätter mit ihren Blattunterseiten gegeneinander. Die Vakuole ist in der Skizze zur Vereinfachung nicht dargestellt.

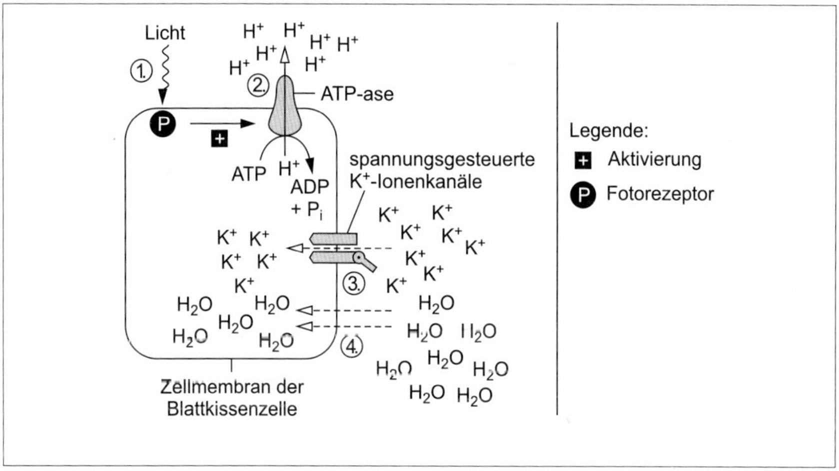


*Verändert aus:*
*Simons, P.: Pflanzen in Bewegung. Birkhäuser-Verlag, Basel (1994), S. 172–180.*

## M 3c Kohlenstoffdioxidaufnahme bei einer Schatten- und einer Sonnenpflanze

Der Wald-Sauerklee blüht von April bis Juni. Es handelt sich um die schattenverträglichste heimische Pflanzenart (M 3 a).
Die Brunnenkresse ist eine typische Sonnenpflanze. Sonnenpflanzen sind an Standorte mit sehr starker Sonnenstrahlung angepasst. Das Laubblatt der Brunnenkresse ist ein ausgeprägtes Sonnenblatt.

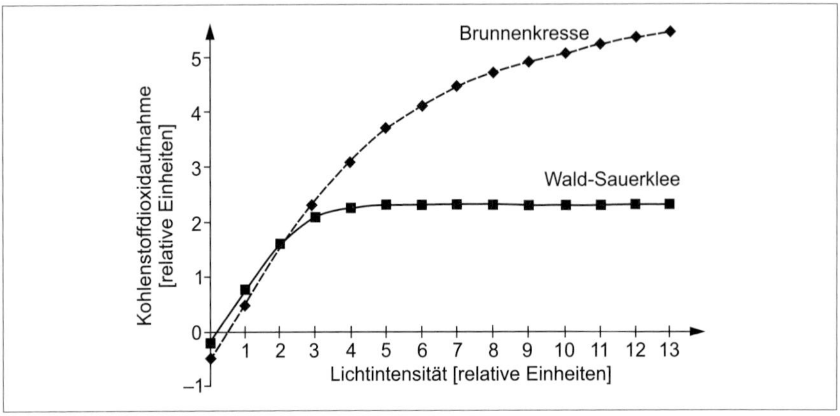


*Verändert aus:*
*Lundegårdh, H.: Zur Physiologie und Ökologie der Kohlensäureassimilation. In: Biologisches Zentralblatt, Band 42, Verlag von Georg Thieme, Leipzig (1922), S. 337–349.*

## M 4 Zecken – Überträger der Lyme-Borreliose

### M 4a Verlauf einer typischen Immunantwort

Die Abbildung zeigt den Verlauf einer typischen Immunantwort im Körper eines Menschen nach erstmaligem Kontakt mit dem Antigen A. Nach 60 Tagen erfolgte ein erneuter Kontakt mit dem Antigen A sowie erstmals mit dem Antigen B. Über den gesamten Zeitraum wurde regelmäßig die Antikörperkonzentration im Blutserum ermittelt.

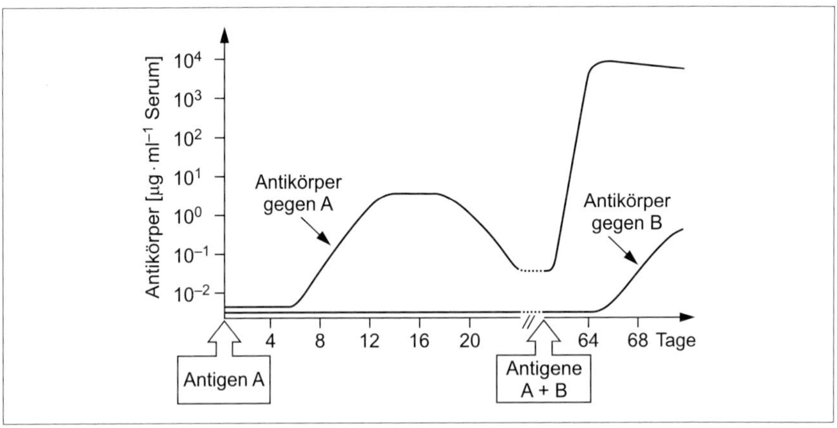


*Verändert aus:*
*Murphy, K. et al.: Janeway Immunbiologie. Spektrum Akademischer Verlag, Heidelberg (2009), S. 36.*

**M 4 b** **Streifenhörnchen und Zecken**

Streifenhörnchen leben in nordamerikanischen Eichenmischwäldern. Sie ernähren sich insbesondere von Eicheln. In so genannten „Mastjahren" bringen die Eichen besonders viele Eicheln hervor.
In Nordamerika gehören Streifenhörnchen zu den bevorzugten Wirten für die Blut saugenden Zecken der Art *Ixodes scapularis*. Jedes Entwicklungsstadium der Zecke (Larve–Nymphe–ausgewachsene Zecke) muss vor der Weiterentwicklung einmal Blut von einem Wirbeltier aufnehmen. Die Entwicklungsdauer der Zecken beträgt durchschnittlich zwei Jahre: ein Jahr bis zur Nymphe und ein Jahr bis zum ausgewachsenen Tier. Folgende Daten wurden in einem Langzeitexperiment ermittelt:

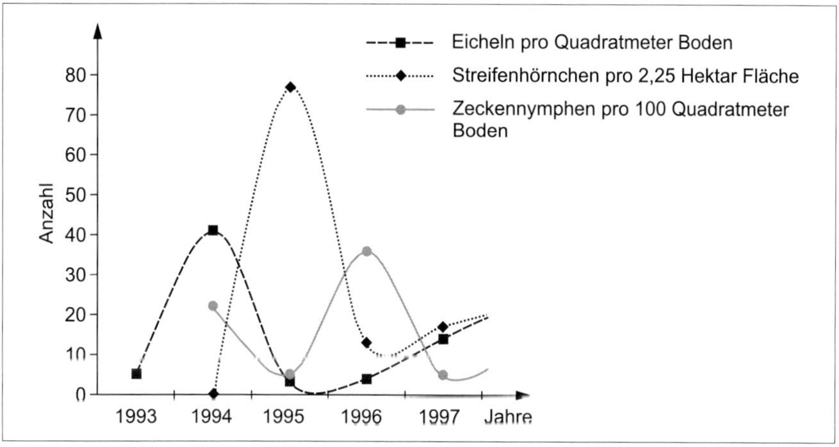


*Verändert aus:*
*Ostfeld, R. S. et al.: Climate, deer, rodents, and acorns as (…) in lyme-disease risk. In: PLoS Biol 4 (2006), S. 1 058–1 068.*

**M 4 c** **Die Lyme-Borreliose und das Komplementsystem**

**Informationen zur Borreliose**

Die Lyme-Borreliose ist eine Krankheit, die von Bakterien der Art *Borrelia burgdorferi* verursacht und von Zecken übertragen wird. Wenn ein Mensch von einer infizierten Zecke gebissen wird, kann sich um den Biss herum eine Hautrötung bilden, die sich kreisförmig ausbreitet. Nach einiger Zeit verschwindet diese Hautrötung auch ohne Behandlung wieder. In sehr schweren Fällen kann es ohne Behandlung zu Lähmungen und dauerhaften Schädigungen des Zentralnervensystems kommen.

**Informationen zum Komplementsystem**

Fresszellen nehmen körperfremde Stoffe auf und schließen diese in membranumschlossene Vesikel ein. Nach Verschmelzung dieser Vesikel mit Lysosomen bauen die Verdauungsenzyme der Lysosomen das körperfremde Material ab. Die Aufnahme der körperfremden Stoffe in die Fresszellen wird durch spezielle Proteine verstärkt, die sich in den verschiedenen Körperflüssigkeiten von Säugetieren befinden. Diese speziellen Proteine werden in ihrer Gesamtheit als Komplementsystem bezeichnet. Ihre Konzentration verändert sich nach dem Eindringen von körperfremden Stoffen. Die Proteine des Komplementsystems lagern sich an die körperfremden Stoffe an und markieren sie. Dadurch werden sie von den Fresszellen mithilfe spezifischer Rezeptormoleküle leichter erkannt. Dieser Abbauprozess, z. B. von Borreliose-Erregern, wird somit deutlich verstärkt und die Vermehrung dieser Bakterien wird verringert.

*Zusammengestellt und verändert aus:*
*Jaenicke, J. (Hrsg.): Materialien zum Kursunterricht, Angewandte Biologie. Aulis Verlag, Köln (2005), S. 258.*
*Murphy, K. et al.: Janeway Immunbiologie. Spektrum Akademischer Verlag, Heidelberg (2009), S. 81–85.*

## Lösungsvorschlag

Die Aufgabe beinhaltet die folgenden Themen:
- Ökologie: Struktur und Wechselbeziehungen im Ökosystem Mischwald, abiotische und biotische Faktoren im Ökosystem Wald, Standortansprüche und Angepasstheiten von Pflanzen, Populationsschwankungen in Parasit-Wirt-Systemen
- Stoffwechselbiologie: Bau und Funktion grüner Blätter, Einfluss abiotischer Faktoren auf den Stoffwechsel grüner Blätter, Bau und Funktion von Zellmembranen

**TIPP** **Allgemeine Hinweise zur Lösung der Aufgabe**

In dieser Aufgabe sollen Sie anhand von Feldbeobachtungen und experimentell ermittelten Daten verschiedene Waldökosysteme vergleichend erfassen sowie morphologische und physiologische Angepasstheiten von Pflanzenarten untersuchen. Außerdem sollen Sie die Populationsschwankungen in einem Parasit-Wirt-System eines Eichenmischwaldes erklären.
Verschaffen Sie sich zunächst einen Überblick über die vorgelegten Materialien und Aufgabenstellungen. Orientieren Sie sich dann bei Ihrer Bearbeitung exakt an den jeweiligen Operatoren unter Einbeziehung der eingrenzenden Hinweise, um die verlangte Tiefe bei der Durchdringung des Arbeitsmaterials und damit den möglichen Zeitrahmen nicht zu überschreiten.
Beachten Sie, dass die immunbiologischen Themengebiete aufgrund der aktuellen Anforderungen des KCGOs nicht mehr prüfungsrelevant sind.

1.1 **TIPP** *Anforderungsbereiche: I – II, Bewertungseinheiten: 16*

Ausgehend von Materialien zur vertikalen Strukturbeschreibung von zwei typischen mitteleuropäischen Wäldern mithilfe von Schichtungsdiagrammen sollen Sie zunächst nur deren unterschiedlichen Aufbau beschreiben. Nutzen Sie im zweiten Arbeitsauftrag die Daten zur Lichtnutzung der verschiedenen Schichten im Mischwald aus M 1 b, um die Unterschiede im Deckungsgrad zwischen den beiden Waldtypen erklären zu können.

*Beschreiben:* Die Schichtungsdiagramme der beiden Waldtypen zeigen beträchtliche Unterschiede im Deckungsgrad der verschiedenen Schichten: Die Baumschicht B1 des Eichenmischwaldes weist mit etwa 65 % einen geringeren Deckungsgrad als B1 im Fichtenforst mit 100 % auf. B2 bedeckt im Eichenmischwald etwa 48 % der Waldfläche, während B2 im Fichtenforst gänzlich fehlt. Der Deckungsgrad der Strauchschicht im Eichenmischwald beträgt etwa 45 %. Im Fichtenforst fehlt auch diese Schicht ganz. Die Krautschicht hat im Eichenmischwald mit ca. 82 % einen erheblich höheren Deckungsgrad als im Fichtenforst, wo er nur ca. 12 % beträgt. Der Deckungsgrad der Moosschicht ist im Eichenmischwald mit 15 % etwa dreimal so hoch wie derjenige im Fichtenforst mit ca. 5 %.

*Erklären:* Anhand von M 1 a lässt sich erkennen, dass die mittleren und unteren Schichten im Eichenmischwald deutlich stärker ausgebildet sind als im Fichtenforst, den nur gering ausgeprägte Kraut- und Moosschichten kennzeichnen. Eine Erklärung hierfür liefert die Lichtmenge, die den einzelnen Schichten im Eichenmischwald zur Verfügung steht und demnach für das Pflanzenwachstum genutzt werden kann. Die beiden Baumschichten B1 und B2 lassen noch 11 % der auf den Wald insgesamt treffenden Lichtmenge durch. Diese Lichtmenge reicht für die Fotosynthesevorgänge und damit das Wachstum der Strauch-, Kraut- und Moosschicht aus. Bezüglich des Fichtenforstes ist zu vermuten, dass aufgrund des ganzjährig geschlossenen und dichteren Kronendachs eine wesentlich kleinere Lichtmenge als im Eichenmischwald durchgelassen wird und den Boden erreicht. Der stark begrenzte Lichteinfall reicht daher für die Ausbildung einer Strauchschicht im Fichtenforst nicht aus, sondern ermöglicht nur das Vorkommen einer wenig ausgeprägten Kraut- bzw. Moosschicht.

**1.2** **TIPP** *Anforderungsbereiche: II – III, Bewertungseinheiten: 18*

Beachten Sie auch in dieser Teilaufgabe, dass sie aus zwei aufeinander bezogenen Arbeitsaufträgen besteht. Sie sollen zunächst den Inhalt von Ökogrammen zu zwei verschiedenen Eichenarten (M 2 a) erfassen und miteinander vergleichen. Anschließend müssen Sie die Informationen zur Verbreitung der beiden Eichenarten in Europa sowie zu deren Standortansprüchen (M 2 b) mit den Aussagen der Ökogramme kausal verknüpfen. Verschaffen Sie sich daher zunächst einen gedanklichen Überblick über die Aussagen und Bezüge beider Materialien, bevor Sie die Arbeitsaufträge nacheinander bearbeiten.

*Vergleichen:* Die Ökogramme zeigen die Standortansprüche von Stieleiche und Traubeneiche bezogen auf die Bodenfaktoren Feuchte und Säuregrad.
Betrachtet man die Wuchsbereiche ohne Konkurrenz zu anderen Baumarten, d. h. in künstlichen Reinbeständen, so können beide Arten bei Säuregraden des Bodens von pH 3 bis pH 8 gedeihen. Bezogen auf die Bodenfeuchte toleriert die Stieleiche in künstlichen Reinbeständen mäßig nasse bis trockene Böden, während die Traubeneiche auf feuchten bis mäßig trockenen Böden wachsen kann.
Die bevorzugten Bereiche mit sehr gutem Wachstum in künstlichen Reinbeständen sind bezogen auf den Säuregrad des Bodens mit Werten von pH 4 bis pH 8 für beide Arten deckungsgleich. Im Hinblick auf die Ansprüche an die Bodenfeuchte gibt es erneut kleine Unterschiede: Für ein sehr gutes Wachstum benötigt die Stieleiche eine Bodenfeuchte von frisch bis mäßig nass, die Traubeneiche hingegen eine Bodenfeuchte von mäßig frisch bis feucht.

Im Hinblick auf das Wachstum der beiden Eichenarten bei natürlicher Konkurrenz mit anderen Baumarten gibt es einige Unterschiede. Die Stieleiche wird unter diesen Bedingungen auf trockene Böden jeden Säuregrads, auf stark saure Böden (im Rahmen der tolerierten Bodenfeuchte) sowie auf mäßig nasse Böden mit pH-Werten von pH 3 bis pH 6 verdrängt. Die Traubeneiche wird bei natürlicher Konkurrenz noch stärker beschränkt: Sie ist dann nur auf stark sauren Böden sowie mäßig trockenen Böden mit pH-Werten von pH 3 bis pH 6 zu finden.
Insgesamt zeigt die Traubeneiche in Bezug auf die Bodenfaktoren Feuchte und Säuregehalt ein engeres Toleranzspektrum und Wachstumsvermögen als die Stieleiche. In Konkurrenz zu anderen Baumarten werden aber beide Eichenarten in die „Randzonen" ihrer potenziellen Wuchsbereiche verdrängt, d. h. vor allem auf Bereiche, die nicht die von ihnen bevorzugten Bedingungen aufweisen.

*Begründen:* Während sowohl Trauben- als auch Stieleiche in Mitteleuropa gleichermaßen vorkommen, ist nur die Stieleiche auch in Nordosteuropa verbreitet. Dies lässt sich damit begründen, dass die Stieleiche gegenüber der stärkeren Winterkälte und den in Osteuropa häufiger auftretenden Spätfrösten weniger empfindlich ist. Außerdem wächst die Stieleiche im Gegensatz zur Traubeneiche auch auf trockeneren Böden, die in Osteuropa aufgrund der geringeren Niederschlagsmengen häufiger sind. Die mäßig trockenen bis feuchten Böden Mitteleuropas werden hingegen von beiden Baumarten in ähnlicher Weise ertragen.

2.1 **TIPP** *Anforderungsbereiche: I–II, Bewertungseinheiten: 14*

In dieser Aufgabe geht es um strukturelle Angepasstheiten der Blätter verschiedener Pflanzen an den Faktor Licht im Ökosystem Wald. Rufen Sie zunächst Ihre Kenntnisse zur Beschreibung der typischen Struktur eines Sonnenblattes ab und stellen Sie dann hierzu die Unterschiede des Blattes der Schattenpflanze *Oxalis* heraus. Beachten Sie dabei neben dem Blattquerschnitt auch die Textinformationen in M 3a.

Folgende Strukturelemente zeichnen ein typisches Sonnenblatt im Querschnitt aus:
- Die obere, einschichtige Epidermis ist von einer Cuticula bedeckt.
- Darunter liegt ein häufig mehrschichtiges Palisadenparenchym, dessen Zellen viele Chloroplasten aufweisen und das meist kleine Interzellularräume enthält.
- Nach unten schließt sich ein mehrzelliges Schwammparenchym an, dessen Zellen eine kleinere Anzahl von Chloroplasten enthalten und das meist große Interzellularräume aufweist.
- Den Abschluss nach unten bildet eine Epidermis mit Spaltöffnungen und einer Cuticula.

Im Gegensatz zum typischen Sonnenblatt hat das Blatt von *Oxalis* eine vergleichsweise große Oberfläche und die obere Epidermis besteht aus großvolumigen Zellen mit schwach ausgeprägter Cuticula. Das Palisadengewebe ist nur einschichtig und ebenso schwach ausgeprägt wie das darunterliegende Schwammparenchym. Die untere Epidermis ist wesentlich dünner als die obere Epidermis, enthält ebenfalls Spaltöffnungen und wird durch eine dünne Cuticula abgeschlossen.

2.2 **TIPP** *Anforderungsbereiche: II – III, Bewertungseinheiten: 11*

In dieser Teilaufgabe sollen Sie sich mit einer besonderen physiologischen Angepasstheit der Sauerkleeblätter an den Tag- und Nachtrhythmus der Lichteinstrahlung befassen. Um den Mechanismus dieser Blattkissenbewegung wiederzugeben, achten Sie darauf, die Textinformationen gezielt und schlüssig mit den Inhalten im Ablaufschema in M 3b zu verknüpfen.

Die Blätter von *Oxalis* strecken sich am Tage bei Lichteinstrahlung mit ihrer Blattoberfläche dem Licht entgegen und hängen nachts bei Dunkelheit herunter. Diese Bewegungen werden durch Blattkissenzellen ermöglicht, die entlang der Mittelrippe der Blätter lokalisiert sind. Die Abbildung in M 3b veranschaulicht den molekularen Mechanismus, der zum Aufklappen der Blätter führt:

1. Der Fotorezeptor P, der in die Zellmembran der Blattkissenzelle integriert ist, absorbiert Licht.
2. Durch die Lichtabsorption wird eine ATPase aktiviert, die ATP spaltet. Mithilfe der dabei freigesetzten Energie können $H^+$-Ionen nach außen transportiert werden, sodass außerhalb der Zelle die Zahl positiver Ladungsträger zunimmt und daher das Membranpotenzial negativer wird.
3. Aufgrund der Potenzialänderung öffnen sich spannungsgesteuerte $K^+$-Ionenkanäle. Da außerhalb der Blattkissenzellen und in den Nachbarzellen eine höhere Konzentration an $K^+$-Ionen vorliegt, diffundieren diese entlang des Konzentrationsgefälles in die Blattkissenzellen.
4. Die erhöhte Konzentration an $K^+$-Ionen bewirkt, dass auch Wasser osmotisch in die Blattkissenzellen diffundiert und dort den Innendruck erhöht. Die Zellen verdicken sich daraufhin und die Blätter klappen auf, sodass ihre Oberfläche dem Licht ausgesetzt ist.

Bei Lichtmangel kommt der Prozess allmählich zum Stillstand. $K^+$-Ionen und in der Folge Wasser diffundieren verstärkt aus den Blattkissenzellen heraus, der Zellinnendruck nimmt ab und die Blätter hängen wieder herunter.

**2.3** **TIPP** *Anforderungsbereich: II, Bewertungseinheiten: 13*

Beachten Sie bei dieser Teilaufgabe, dass für die unterschiedliche Kohlenstoffdioxidaufnahme von Wald-Sauerklee und Brunnenkresse bei unterschiedlichen Lichtintensitäten eine Begründung verlangt wird. Eine ausführliche Beschreibung der Kurvenverläufe wird nicht erwartet. Sie sollten daher, ausgehend von den Lichtintensitäten, jeweils die artspezifischen Unterschiede in den einzelnen Bereichen der Kurven erfassen und punktuell erklären. Greifen Sie dabei auch auf Ihre Kenntnisse zur typischen Struktur von Sonnen- und Schattenblättern zurück.

Bei einer Lichtintensität von 0 ist für beide Pflanzen keine Fotosynthese möglich. Da die Pflanzen jedoch Zellatmung betreiben, wird Kohlenstoffdioxid nach außen abgegeben und beide Pflanzen haben daher eine negative $CO_2$-Bilanz. Wegen ihrer größeren Zelldichte in den Blättern produziert die Brunnenkresse mehr Kohlenstoffdioxid als der Wald-Sauerklee.
Am Lichtkompensationspunkt der Pflanzen gleichen sich Fotosyntheserate und Zellatmungsrate und damit auch die Kohlenstoffdioxidaufnahme und -abgabe aus. Dieser Punkt wird vom Sauerklee wegen seiner geringeren Zelldichte und besseren Effektivität seines Fotosyntheseapparats schon bei einer geringeren Lichtintensität erreicht als von der Brunnenkresse.
Der Wald-Sauerklee erreicht die maximale Kohlenstoffdioxidaufnahme bei einer Intensität von etwa 4 relativen Einheiten (rE), d. h., ab dieser Lichtintensität ist die Fotosyntheseleistung in den Blättern maximal und bleibt konstant. Die Brunnenkresse erreicht die maximale Kohlenstoffdioxidaufnahme erst bei einer Lichtintensität von weit mehr als 14 rE. Dies liegt daran, dass ihre Blätter ein mehrschichtiges Palisaden- und Schwammparenchym mit einer wesentlich größeren Chloroplastendichte aufweisen als die Blätter des Sauerklees. Zur maximalen Aktivierung des gesamten Fotosyntheseapparats ist daher eine größere Eindringtiefe des Lichts nötig, die erst bei höheren Lichtintensitäten realisiert werden kann.
Insgesamt erreichen Sonnenpflanzen wie die Brunnenkresse bei hohen Lichtintensitäten eine deutlich stärkere Fotosyntheseleistung als Schattenpflanzen wie der Wald-Sauerklee.

**3.1** **TIPP** *Anforderungsbereich: I, Bewertungseinheiten: 15*

Zur Lösung dieser Aufgabe sind inhaltsbezogene Kompetenzen (Immunbiologie) erforderlich, die in der gymnasialen Oberstufe (gemäß KC) nicht mehr vermittelt werden. Bei der Vorbereitung auf die Abiturprüfung kann diese Aufgabe daher unberücksichtigt bleiben.

Etwa sechs Tage nach Zuführung des Antigens A erfolgt ein Anstieg von ca. 5 ng/ml auf ca. 5 µg/ml der Anti-A-Antikörperkonzentration bis etwa zum 13. Tag. Bei dieser Immunreaktion kommt es im Organismus zunächst zur Aufnahme des Antigens durch

Makrophagen und zu einer Präsentation von Bruchstücken des Antigens auf deren Oberfläche. In der Folge wird eine Aktivierung von spezifischen T-Helfer-Zellen eingeleitet, die dann die Umwandlung und die Vermehrung spezifischer B-Zellen zu Plasmazellen bewirken. Diese bilden fortlaufend Antikörper gegen das Antigen A und geben sie ins Serum ab. Ab etwa dem 12. bis etwa zum 18. Tag bleibt die Antikörperkonzentration auf einem konstant hohen Niveau. Sind die meisten Antigene in Antigen-Antikörper-Komplexen gebunden, sinkt die Antikörperproduktion und die Konzentration an freien Antikörpern im Serum nimmt demzufolge bis zum 24. Tag stark ab, auf ca. 0,1 µg/ml. Gleichzeitig werden spezifische B-Gedächtniszellen gegen das Antigen A gebildet.
Wird der Organismus nach ca. 60 Tagen einer Kombination aus den Antigenen A und B ausgesetzt, nimmt die Konzentration der Anti-A-Antikörper bereits am Folgetag stark zu und erreicht schon nach vier Tagen mit annähernd 10 mg/ml eine vielfach höhere Konzentration als nach dem Erstkontakt mit Antigen A. Dies ist darauf zurückzuführen, dass aufgrund der vorhandenen spezifischen B- und T-Gedächtniszellen gegen Antigen A recht schnell eine große Zahl spezifischer Plasmazellen gebildet wird, die sofort mit der Antikörperproduktion und -freisetzung beginnen. Auf diese Weise werden die Antigene A wesentlich schneller als beim Erstkontakt unschädlich gemacht. Die Antigene B können von den Anti-A-Antikörpern jedoch nicht inaktiviert werden. Die Immunreaktion gegen das Antigen B läuft daher mit Initiierungsphase und Antikörperproduktion ähnlich ab wie beim Erstkontakt mit dem Antigen A.

3.2 **TIPP** *Anforderungsbereich: II, Bewertungseinheiten: 10*

Diese ökologisch orientierte Teilaufgabe thematisiert typische Populationsschwankungen verschiedener Arten im Eichenmischwald. Achten Sie auch hier darauf, dass keine Beschreibung der einzelnen Kurven verlangt ist, sondern dass Sie die Schwankungen der Kurven miteinander in Beziehung setzen sollen, indem Sie die kausalen Zusammenhänge erfassen. Beachten Sie auch die Informationen und zeitlichen Angaben im Materialtext.

Im Eichenmischwald sind die beschriebenen drei Arten durch interspezifische Beziehungen miteinander verknüpft: Die Streifenhörnchen ernähren sich vorwiegend von den Eicheln, während sie gleichzeitig den Blut saugenden Zecken als bevorzugte Wirte dienen.
Im Mastjahr 1994 produzierten die Eichen besonders viele Eicheln (ca. 40 pro $m^2$ Boden), sodass sich die Streifenhörnchen sehr gut ernähren konnten und bis zum folgenden Jahr, 1995, ein starkes Populationswachstum von 0 auf ca. 76 Tiere pro angegebener Flächeneinheit zeigten. Diese hohe Wirtsdichte kam den Zecken zugute, deren Nymphenpopulation ein Jahr später, 1996, aufgrund der einjährigen Entwicklungsdauer der Nymphen ein Maximum ihrer Dichte von ca. 35 Tieren pro 100 $m^2$ Boden aufwies. Da jedoch 1995 und 1996 nur sehr wenige Eicheln produziert wurden (ca. 4 pro $m^2$ Boden), fiel die Zahl der Streifenhörnchen bis 1996 wieder stark ab, auf ca. 11

Tiere pro Flächeneinheit. Als Folge dieser sinkenden Zahl der Streifenhörnchen als Wirtsorganismen nahm dann wiederum zeitversetzt die Zahl der Zeckennymphen bis zum Jahr 1997 deutlich ab, auf ca. 4 Tiere pro 100 $m^2$ Boden.

**3.3** **TIPP** *Anforderungsbereich: III, Bewertungseinheiten: 6*

Zur Lösung dieser Aufgabe sind inhaltsbezogene Kompetenzen (Immunbiologie) erforderlich, die in der gymnasialen Oberstufe (gemäß KC) nicht mehr vermittelt werden. Bei der Vorbereitung auf die Abiturprüfung kann diese Aufgabe daher unberücksichtigt bleiben.

Dringen die Borreliose-Erreger erstmals bei einem Stich einer infizierten Zecke in den Organismus ein, werden sie dort (zum Teil) als körperfremde Stoffe von Fresszellen aufgenommen und in Verdauungsvesikeln abgebaut. Dieser Aufnahme- und Abbauprozess wird durch Proteine des Komplementsystems verstärkt. Die Proteine lagern sich an die körperfremden Stoffe an und machen sie so für Fresszellen leichter erkennbar. Nach Eindringen der Erreger erhöht sich daher vermutlich die Konzentration der Proteine des Komplementsystems. Klingt die Infektion ab, sinkt die Konzentration durch Abbau der Proteine vermutlich wieder.
Kommt es zu einer erneuten Infektion mit denselben Erregern, wird die Konzentration der Proteine des Komplementsystems vermutlich in ähnlichem Maße wie bei der ersten Exposition wieder ansteigen. Ein deutlich schnellerer und höherer Anstieg der Konzentration bei der Zweitinfektion ist unwahrscheinlich, da es keine Gedächtniszellen zur Produktion der Proteine des Komplementsystems gibt.

BE

## KAFFEE – DIE ALLTAGSDROGE KOFFEIN

Koffein ist das meistbenutzte Aufputschmittel. Wir nehmen es täglich zu uns, um die Müdigkeit abzuschütteln. Koffein zeigt aber auch unerwünschte Nebenwirkungen. Wie Koffein diesen Muntermachereffekt und andere Wirkungen ausübt, konnte inzwischen geklärt werden. Kaffee ist unter Kulturbedingungen meist ein niedriger Busch. Innerhalb der Gattung *Coffea* besteht eine große Artenvielfalt. Der Blattbau und die Fotosyntheseleistung von Kaffeepflanzen wurden im Hinblick auf die Erhöhung des Ernteertrags eingehend untersucht.
Im Folgenden sollen Sie sich mit neurobiologischen, stoffwechselbiologischen und evolutionsbiologischen Aspekten im Zusammenhang mit Kaffeepflanzen auseinandersetzen.

### 1 Neurobiologische Aspekte: Wirkungsweise von Koffein

**1.1** Stellen Sie in einer beschrifteten Skizze die Abfolge der Vorgänge an einer Synapse mit Acetylcholin als Transmitter nach Ankunft eines Aktionspotenzials dar. 10

**1.2** Erläutern Sie die Wirkmechanismen von Noradrenalin und Adenosin und ihre Folgen für die Transmitterausschüttung an erregenden Synapsen im Gehirn (M 2a und M 2b). Begründen Sie anhand von M 2c die physiologische Wirkung von Koffein (M 1). 23

**1.3** Entwickeln Sie eine Hypothese, weshalb bei hohem Kaffeegenuss über Wochen hinweg dessen anregende Wirkung nachlässt (M 1, M 2c und M 2d). 7

### 2 Stoffwechselbiologische und ökologische Aspekte beim Kaffeestrauch

**2.1** Beschreiben Sie den Bau eines Laubblatts beim Hochlandkaffee anhand von M 3a (A). 9

**2.2** Erklären Sie unter Bezug auf M 3a (A und B) die in M 3a (C) dargestellten Anpassungen im Blattbau in vollem Sonnenlicht vergleichend zu denen im Schatten. 8

**2.3** Werten Sie die Daten aus M 3b (A) zur Fotosyntheserate beim Hochlandkaffee im Hinblick auf limitierende Faktoren aus. 9

**2.4** Erläutern Sie die in M 3b (B) und (C) dargestellten Befunde bei Kaffeepflanzen. 15

## 3 Evolutionsbiologische Aspekte: Artenvielfalt beim Kaffee

**3.1** Vergleichen Sie die genetischen Distanzen in M 4a ausgehend von der Gruppe MAS. 6

**3.2** Prüfen Sie für jede der in M 4b dargestellten Hypothesen zur Entstehung der Artenvielfalt innerhalb der Gattung *Coffea*, inwiefern die jeweilige Hypothese im Einklang mit den genetischen Distanzen in M 4a steht oder ihnen widerspricht. 19

## M 1 Die Alltagsdroge Koffein

Koffein wirkt anregend und macht wach. Es steigert die Konzentrations- und Leistungsfähigkeit. Allerdings steigert es die intellektuelle Leistungsfähigkeit nicht über ein „normales Grundniveau" hinaus. Der regelmäßige und häufige Kaffeekonsum eines Menschen ist auf seine Gewöhnung an die stimulierenden Effekte des Koffeins zurückzuführen. Andererseits wird Kaffee auch deshalb konsumiert, um Entzugserscheinungen, wie beispielsweise Kopfschmerzen, Nervosität und Konzentrationsstörungen, zu vermeiden. Diese können auftreten, wenn die gewohnte Koffeinmenge nicht aufgenommen wird. Koffein wird enzymatisch abgebaut und verliert daher mit fortschreitender Zeit an Wirkung. Eine zunächst unterdrückte Müdigkeit tritt dann schneller und verstärkt ein.

*Verändert aus:*
*Schulenberg, W., Westendorf-Bröring, E.: Die Droge Koffein. In: Unterricht Biologie 194 (1994), S. 44–49.*

## M 2 Der molekulare Wirkmechanismus von Koffein an Synapsen

### M 2a Wirkmechanismus von Noradrenalin

Noradrenalin wird im Nebennierenmark gebildet. Es bindet an einen erregenden Rezeptor der Axonmembran. Auf molekularer Ebene führt dies zu einer Abfolge chemischer Reaktionen an erregenden Synapsen im Gehirn.

**HINWEISE:** Das G-Protein kann zerfallen. Die Untereinheiten des erregend wirkenden und des hemmend wirkenden G-Proteins sind frei entlang der Membraninnenseite beweglich und können an verschiedenen Orten wirksam werden. Das Enzym Proteinkinase A führt bei Aktivierung u. a. zu einer Erhöhung der Transmitterproduktion sowie zu einer verstärkten Transmitterfreisetzung an erregenden Synapsen im Gehirn.

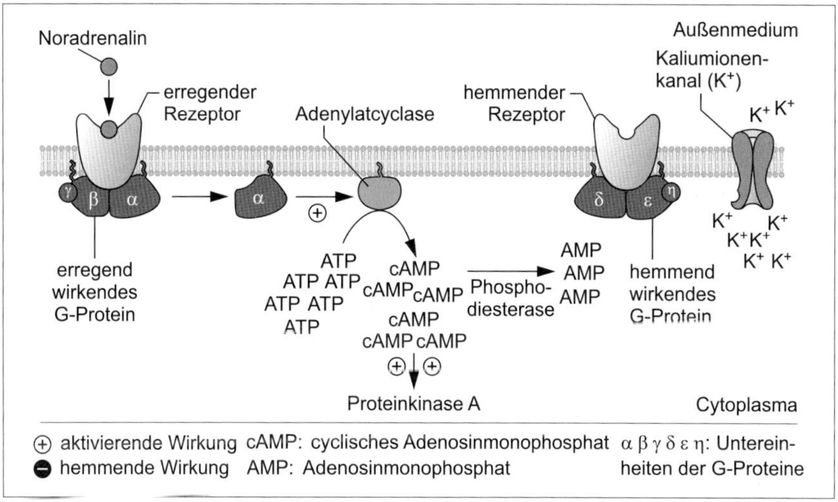


*Zusammengestellt und verändert aus:*
*Bear, M. F. et al.: Neurowissenschaften. Spektrum Akademischer Verlag, Hamburg (2008), S. 180–183.*
*Schulenberg, W., Westendorf-Bröring, E.: Die Droge Koffein. In: Unterricht Biologie 194 (1994), S. 44–49.*

**M 2b** **Wirkmechanismus von Adenosin**

Bei erhöhter Gehirnaktivität wird im Gehirn viel Adenosin gebildet. Adenosin wird aus den Nervenzellen im Gehirn transportiert und kann sich an Bindungsstellen G-Protein-gekoppelter hemmender Rezeptoren binden. Dies führt unter anderem dazu, dass der Mensch ermüdet. Auf diese Weise wird das Gehirn vor Überlastung geschützt. Die folgende Grafik zeigt die Wirkung von Adenosin auf die in M 2a dargestellte Axonmembran einer Zelle in Anwesenheit von Noradrenalin:

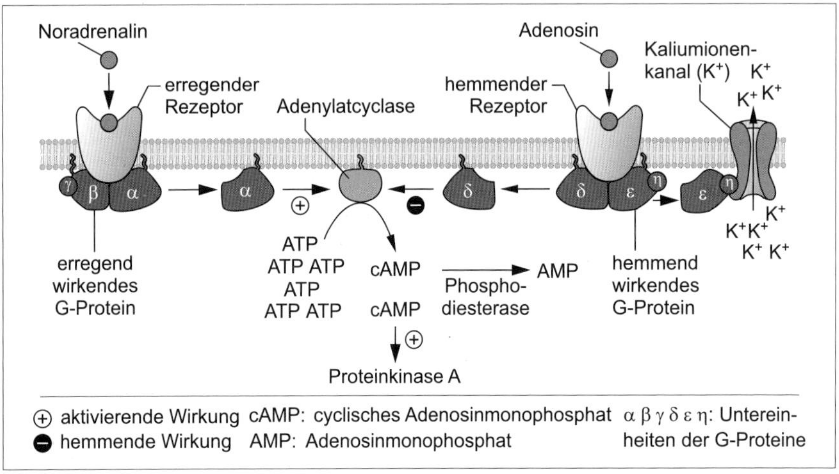


*Zusammengestellt und verändert aus:*
*Bear, M. F. et al.: Neurowissenschaften. Spektrum Akademischer Verlag, Hamburg (2008), S. 180–183.*
*Schulenberg, W., Westendorf-Bröring, E.: Die Droge Koffein. In: Unterricht Biologie 194 (1994), S. 44–49.*

## M 2c Wirkmechanismus von Koffein

Die folgende Grafik zeigt die Wirkung von Koffein auf die in M 2b dargestellte Axonmembran einer Zelle in Anwesenheit von Noradrenalin und Adenosin:

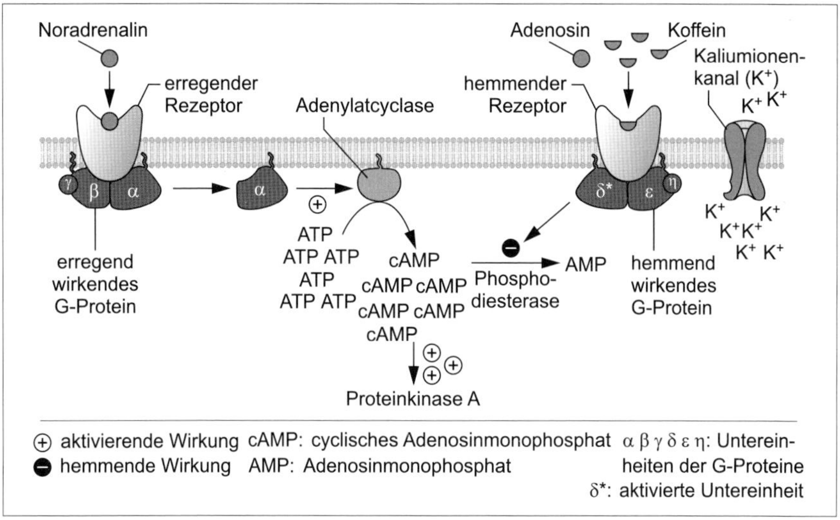


*Zusammengestellt und verändert aus:*
*Bear, M. F. et al.: Neurowissenschaften. Spektrum Akademischer Verlag, Hamburg (2008), S. 180–183.*
*Schulenberg, W., Westendorf-Bröring, E.: Die Droge Koffein. In: Unterricht Biologie 194 (1994), S. 44–49.*

## M 2d Experimente zur Koffeintoleranz an Ratten

Bei sehr hohen Koffeindosen können Schlaflosigkeit, Herzrasen und Nervosität auftreten. Trotzdem vertragen viele Menschen viel Kaffee, weil sie an hohe Koffeindosen gewöhnt sind. Diese Koffeintoleranz wurde modellhaft bei Ratten untersucht: Verabreichte man Ratten täglich Koffeinmengen, die etwa zwei bis drei Tassen Kaffee entsprachen, rannten die Tiere zu Beginn der Versuchsreihe stundenlang im Käfig umher. Bereits nach wenigen Tagen zeigten sie dieses Verhalten trotz gleicher Koffeingabe nicht mehr. Die Untersuchung der Gehirne dieser Ratten ergab, dass sich an den Neuronen wesentlich mehr Adenosinrezeptoren befanden als bei unbehandelten Ratten. Grundsätzlich gilt, dass bezüglich aller Stoffe im Körper eines Organismus ein homöostatisches Gleichgewicht angestrebt wird. Dies kann ganz allgemein beispielsweise durch eine Veränderung der Rezeptorendichte geschehen.

*Verändert aus:*
*Schulenberg, W., Westendorf-Bröring, E.: Die Droge Koffein. In: Unterricht Biologie 194 (1994), S. 44–49.*

## M 3 Der Hochlandkaffee *(Coffea arabica)*

### M 3a Anpassungen beim Hochlandkaffee *(Coffea arabica)*

**A: Querschnitt durch ein Blatt aus dem Außenbereich der Krone (schematisch)**

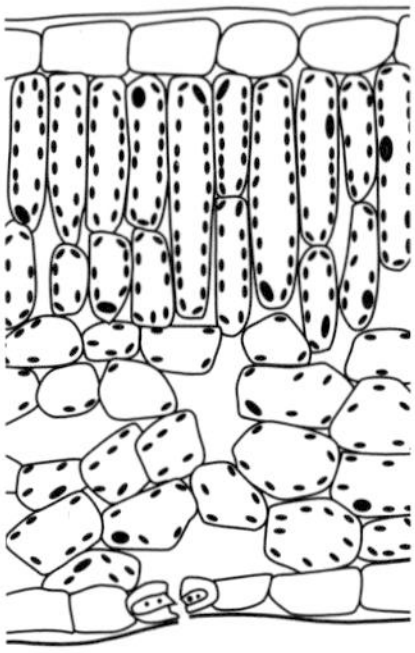

Vakuolen sind in der Skizze zur Vereinfachung nicht dargestellt.

**B: Informationen**

Der Hochlandkaffee entstand im Schatten tropischer Wälder. Heutzutage wird dieser Kaffee im Hochland Brasiliens unter voller Sonne wirtschaftlich angebaut, da er sich an diese Bedingungen anpasst und eine höhere Produktion aufweist. Um diese Anpassungsfähigkeit näher zu untersuchen, wurde eine Studie durchgeführt. Ziel dieser Studie war es, die Anatomie von *Coffea arabica*-Blättern im Schatten von Straucherbsen *(Cajanus cajan)* und unter Vollsonnenbedingungen zu untersuchen. Die Ergebnisse sind nachfolgend unter C dargestellt.

**C: Blattstrukturen**

| Blattstruktur | im Schatten | in vollem Sonnenlicht |
|---|---|---|
| Dicke der Cuticula | 4,50 µm | 5,45 µm |
| Dicke des Palisadengewebes | 50,30 µm | 78,60 µm |
| Dicke des Schwammgewebes | 147,00 µm | 156,65 µm |
| Anzahl der Spaltöffnungen pro $mm^2$ | 138 | 208 |

*Zusammengestellt und verändert aus:*
*Moreis, H. et al.: Modifications on leaf anatomy of Coffea arabica caused by shade of pigeonpea (Cajanus cajan). In: Brazilian Archives of Biology and Technology 47 (2004), S. 863–871.*
*Zentralabiturkommission 2020: Skizze des Querschnitts durch ein Blatt von Coffea arabica L.*

## M3b Untersuchungen zur Produktivität von Hochlandkaffee

Um die Produktivität von Kaffeepflanzen zu untersuchen und damit Rückschlüsse auf optimale Anbaubedingungen zu treffen, wurden umfangreiche Untersuchungen durchgeführt.

**A:** Einfluss der Konzentration von Kohlenstoffdioxid in der Umgebungsluft außerhalb des Blattes bei konstant hoher Lichtintensität

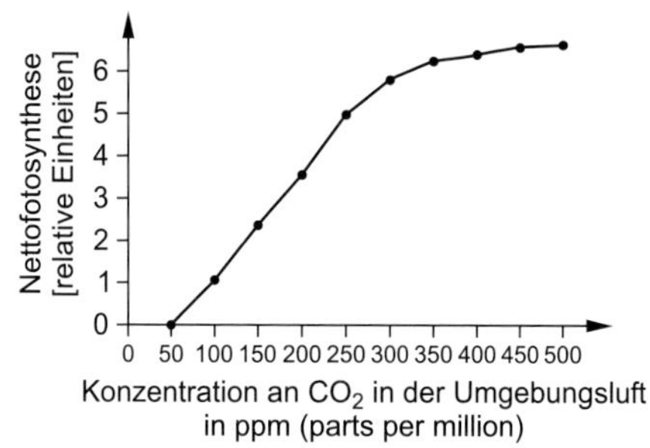


**B:** Nettofotosynthese im Tagesverlauf

Die höchsten Temperaturen werden von mittags bis nachmittags erreicht. Die Spaltöffnungen sind bei Temperaturen oberhalb von 24 °C weitgehend geschlossen.

| Uhrzeit | Nettofotosynthese [mg $CO_2 \cdot dm^{-2} \cdot min^{-1}$] |
|---|---|
| 8–9 | 4,42 |
| 9–10 | 7,34 |
| 10–11 | 8,20 |
| 11–13 | 5,67 |
| 13–15 | 5,67 |

**C:** Konzentration von Kohlenstoffdioxid im Inneren des Blattes bei einer Temperatur von 20 °C

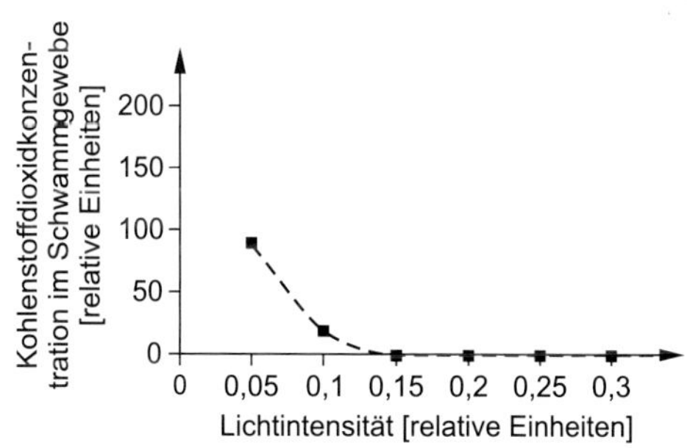


*Zusammengestellt und verändert aus:*
*Bierhuizen, J. F. et al.: Studies on productivity of coffee: I. Effect of light, temperature and $CO_2$ concentration on photosynthesis of Coffea arabica. In: Acta Bot. Neerl. 2 (1968).*
*Bierhuizen, J. F. et al.: Studies on productivity of coffee: II. Effect of soil moisture on photosynthesis and transpiration of Coffea arabica. In: Acta Bot. Neerl. 2 (1969).*

## M 4 Artbildung innerhalb der Gattung *Coffea*

### M 4a Genetische Distanzen, berechnet aus Plastiden-DNA verschiedener Gruppen

Plastiden-DNA-Sequenzen wurden mit Computern ausgewertet. Ausgewählte genetische Distanzen wurden in eine grafische Darstellung umgesetzt. Vereinfachend wurden mehrere nah verwandte Arten der Gattung *Coffea* aus Gründen der besseren Vergleichbarkeit in Gruppen (z. B. MAS oder EA) zusammengefasst.

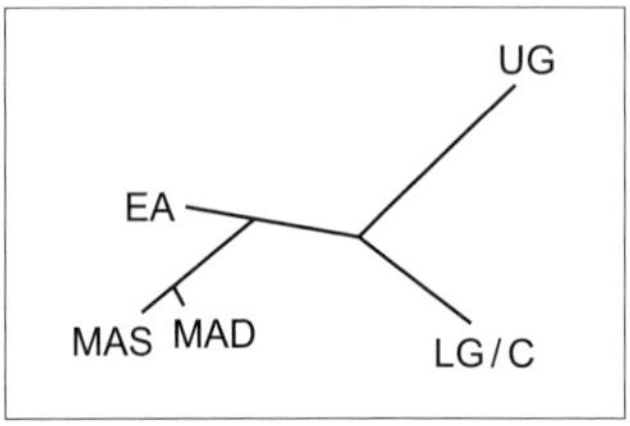


**Hinweis:** Die Länge der Strecken zwischen zwei Gruppen ist ein Maß für die Anzahl der Unterschiede in den Sequenzen der jeweiligen Plastiden-DNA bei den heute lebenden Arten.

*Verändert aus:*
*Maurin, O. et al.: Towards a phylogeny for Coffea (Rubiaceae): Identifying well-supported lineages based on nuclear and plastid DNA sequences. In: Annals of Botany 100 (2007), S. 1 565–1 583.*

### M 4b Hypothesen zur Artbildung innerhalb der Gattung *Coffea* in Afrika und Madagaskar

**Hinweis:** Graue Flächen kennzeichnen das Vorkommen von Arten der Gattung *Coffea*, schwarze Flächen die schwerpunktmäßigen Vorkommen der entsprechenden in M 4a genannten Gruppen.

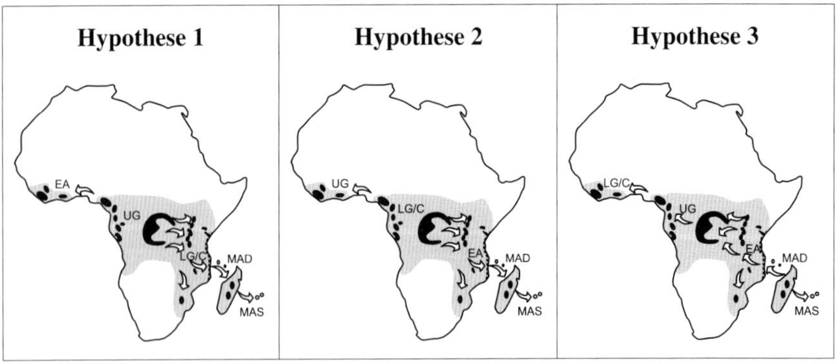


*Zusammengestellt und verändert aus:*
*Anthony, F. et al.: Adaptive radiation in Coffea subgenus Coffea L. (Rubiaceae) in Africa and Madagascar. In: Plant. Syst. Evol. 285 (2010), S. 51–64.*
*Maurin, O. et al.: Towards a phylogeny for Coffea (Rubiaceae): Identifying well-supported lineages based on nuclear and plastid DNA sequences. In: Annals of Botany 100 (2007), S. 1 565–1 583.*

## Lösungsvorschlag

Die Aufgabe beinhaltet die folgenden Themen:

- Neurobiologie: Bau und Funktion chemischer Synapsen mit Informationsübertragung in und zwischen Zellen, Neurotransmitter und ihre Wirkungsweise, Beeinflussung der Synapse durch neuroaktiven Stoff, Signaltransduktion
- Stoffwechselbiologie: Homöostase, Fotosyntheseprozesse im Zusammenhang mit Prozessen der Zellatmung
- Ökologie: Sonnen- und Schattenblätter mit Standortanpassungen, begrenzende Standortfaktoren
- Evolutionsbiologie: stammesgeschichtliche Verwandtschaft auf der Grundlage von DNA-Sequenzunterschieden, Artbildung

1.1 **TIPP** *Anforderungsbereiche: I – II, Bewertungseinheiten: 10*

Achten Sie bei der Erstellung Ihrer Skizze darauf, dass die molekularen Prozesse, die bei einer Erregungsübertragung ablaufen, in ihrem Zusammenspiel deutlich werden. Legen Sie Ihre Zeichnung groß genug an und beschriften Sie sie leserlich.

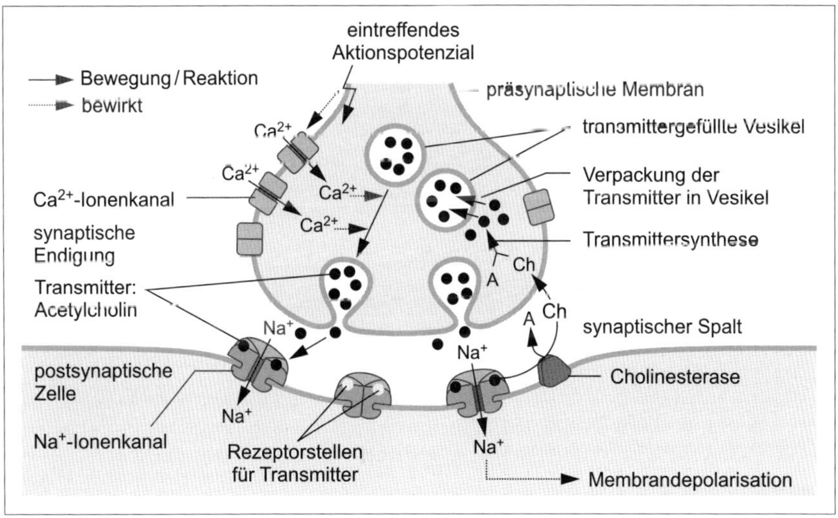

1.2 TIPP *Anforderungsbereiche: II–III, Bewertungseinheiten: 23*

Veranschaulichen Sie zunächst die Wirkungen von Noradrenalin und Adenosin auf Neurone im Gehirn, indem Sie die Darstellungen in den Materialien durch zusätzliche Informationen verständlich machen. Auf dieser Basis können Sie anschließend anhand von M 2c die in M 1 beschriebene physiologische Wirkung von Koffein auf ihre Ursache zurückführen. Zu erwähnen, dass es bei der durch Noradrenalin ausgelösten Signaltransduktion zur Signalverstärkung kommt, ist nicht zwingend verlangt.

*Erläutern:* Noradrenalin bindet in Gehirnzellen an erregende Rezeptoren in der Axonmembran, die auf der Membraninnenseite jeweils an ein erregend wirkendes G-Protein gekoppelt sind. Durch diese Bindung wird die α-Untereinheit des G-Proteins abgespalten und diffundiert entlang der Membran zur membranassoziierten Adenylatcyclase. Dieses Enzym wird durch die α-Untereinheit aktiviert und katalysiert daraufhin die Umwandlung von ATP in cAMP. Bereits dieser Prozess stellt eine Signalverstärkung dar, da eine einmal aktivierte Adenylatcyclase eine Vielzahl an cAMP-Molekülen herstellt. Durch die cAMP-Moleküle wird eine Proteinkinase A aktiviert, die wiederum eine verstärkte Transmitterproduktion sowie eine erhöhte Transmitterfreisetzung an erregenden Synapsen bewirkt. Die durch Noradrenalin ausgelöste Reaktionskaskade führt somit zu einer Signaltransduktion mit erheblicher Verstärkung. Als Folge davon wird bei einer Erregungsübertragung der betroffenen Nervenzelle das übertragene Signal ebenfalls deutlich verstärkt. Das produzierte cAMP wird letztlich durch das Enzym Phosphodiesterase in AMP umgewandelt, wodurch eine dauerhafte Aktivierung der Proteinkinase unterbunden wird.
Infolge erhöhter Gehirnaktivität vorhandenes Adenosin bindet parallel zu Noradrenalin an hemmende Rezeptoren in der Axonmembran, die jeweils an ein hemmend wirkendes G-Protein gekoppelt sind. Die Bindung des Liganden führt zum Zerfall des G-Proteins in seine Untereinheiten. Die δ-Untereinheit bewegt sich zur an der Membraninnenseite gebundenen Adenylatcyclase und hemmt diese. Dadurch wird die enzymatische Umwandlung von ATP in cAMP begrenzt und infolgedessen auch die Aktivität der Proteinkinase vermindert. Adenosin schränkt auf diese Weise die verstärkte Transmitterproduktion durch Noradrenalin ein und damit auch die bei einer Erregung freigesetzte Transmittermenge. Dieser Effekt wird dadurch gesteigert, dass die ε-Untereinheit des G-Proteins, die mit der η-Untereinheit verbunden bleibt, zu $K^+$-Ionenkanälen diffundiert, wo die η-Untereinheit an speziellen Bindungsstellen andockt. Dies bewirkt die Öffnung dieser Kanäle, sodass $K^+$-Ionen entlang ihres Konzentrationsgradienten aus dem Axon ausströmen. Die resultierende Hyperpolarisation der Membran bewirkt, dass ein eintreffendes erregendes Potenzial am Axonhügel höher sein muss, um den Schwellenwert zu überschreiten, damit hier überhaupt ein Aktionspotenzial entsteht und eine Erregung weitergeleitet wird. Adenosin hemmt also die axonale Weiterleitung einer Erregung, sodass auch dadurch einer durch Noradrenalin verstärkten Transmitterausschüttung entgegengewirkt wird.

*Begründen:* Aufgenommenes Koffein konkurriert mit Adenosin um die Bindungsstellen an den hemmenden G-Protein-gekoppelten Rezeptoren der Axonmembran. Anders als Adenosin bewirkt es jedoch eine Aktivierung der δ-Untereinheit des G-Proteins, die infolgedessen das Enzym Phosphodiesterase im Axoninneren hemmt. Das bei gleichzeitiger Wirkung von Noradrenalin enzymatisch gebildete cAMP wird dann kaum mehr zu AMP umgewandelt und die cAMP-Konzentration bleibt dauerhaft auf einem hohen Niveau, sodass es zu einer besonders starken Aktivierung der Proteinkinase A kommt. Eine Öffnung von $K^+$-Ionenkanälen findet bei der Koffeinbindung nicht statt und auch eine Hemmung der Adenylatcyclase unterbleibt, da keine Abspaltung der hemmenden G-Protein-Untereinheiten erfolgt. Somit wird bei einer Erregung der Nervenzelle die Erregbarkeit des Axons nicht herabgesetzt und die durch Noradrenalin letztlich verstärkte Transmitterausschüttung infolge erhöhter Transmitterproduktion wird durch Koffein noch weiter verstärkt.
Vor diesem Hintergrund ist das in M 1 angeführte verminderte Müdigkeitsgefühl durch Koffeinkonsum auf eine Hemmung der Adenosinwirkung sowie eine Verstärkung des Noradrenalineinflusses zurückzuführen. Auch die Konzentrations- und Leistungssteigerung lässt sich mit dieser Ursache-Wirkungs-Beziehung erklären.

1.3 **TIPP** *Anforderungsbereich: III, Bewertungseinheiten: 7*

In dieser Teilaufgabe sollen Sie eine begründete Vermutung darüber aufstellen, weshalb bei längerem hohem Koffeingenuss dessen anregende Wirkung nachlässt. Betrachten Sie dazu zunächst die Informationen über die Untersuchungen zur Koffeintoleranz (M 2 d). Entwickeln Sie auf deren Basis eine Hypothese, die Sie mithilfe der Informationen zur allgemeinen physiologischen Wirkung (M 1) sowie zur molekularen Wirkungsweise des Koffeins (M 2 c) belegen.

Da Untersuchungen an Ratten gezeigt haben, dass bei längerem hohem Koffeinkonsum die Zahl an Adenosinrezeptoren erhöht wird, lässt sich schlussfolgern, dass die erregende Wirkung des Koffeins aus diesem Grund nachlässt. Eine höhere Zahl an Adenosinrezeptoren bedingt eine höhere Wahrscheinlichkeit, dass Adenosin als Konkurrent des Koffeins ebenfalls an diese Rezeptoren binden kann und entsprechend die Noradrenalinwirkung bzw. die Erregungsweiterleitung hemmt. Folglich werden bei einer Erregung der Nervenzelle weniger Transmittermoleküle ausgeschüttet, mit der Konsequenz, dass sich ein Müdigkeitsgefühl schneller einstellt als zu Beginn des Kaffeekonsums. Die Zunahme an Adenosinrezeptoren in der Axonmembran könnte auf der Regulierung des homöostatischen Gleichgewichtszustandes zwischen der Wirkung von Noradrenalin und der von Adenosin beruhen, der durch Koffein auf die Seite von Noradrenalin verschoben wurde. Eine Wiederherstellung des Gleichgewichts erhält dann den Schutz des Gehirns vor Überlastung aufrecht.

2.1 **TIPP** *Anforderungsbereich: I, Bewertungseinheiten: 9*

Achten Sie bei der Beschreibung des schematisch dargestellten Aufbaus des Laubblattes der Kaffeepflanze darauf, strukturiert vorzugehen und sich fachsprachlich korrekt auszudrücken. Die Ausführlichkeit Ihrer Ausführung richtet sich nach dem genutzten Lehrwerk bzw. der unterrichtlichen Besprechung.

Das Laubblatt des Hochlandkaffees zählt zu den bifazialen Blättern, da es eine deutliche Unterscheidung von Blattober- und Blattunterseite zulässt. Auf der Oberseite ist das Blatt durch eine einschichtige, chloroplastenfreie Epidermis begrenzt. Die Zellen dieser Schicht sind relativ groß. Ihre Außenwände sind bedeckt von einer verhältnismäßig dicken Cuticula. Zum Blattinneren folgt ein meist zweischichtiges Palisadenparenchym, das nur wenig Interzellularen aufweist. Daran schließt sich ein an Interzellularen reiches, relativ dickes Schwammgewebe an. Palisaden- und Schwammgewebe sind bezogen auf den Blattquerschnitt etwa gleich dick. Im Gegensatz zum Schwammparenchym besitzen die Zellen des Palisadengewebes jedoch deutlich mehr Chloroplasten. Zur Blattunterseite hin folgt auf das Schwammgewebe eine ebenfalls einschichtige, chloroplastenfreie untere Epidermis, die nach außen auch von einer Cuticula überzogen ist. Im Gegensatz zur oberen Epidermis sind die Zellen geringfügig kleiner. Außerdem finden sich im Unterschied zur oberen Epidermis in der unteren Epidermis Spaltöffnungen mit chloroplastenhaltigen Schließzellen.

2.2 **TIPP** *Anforderungsbereich: II, Bewertungseinheiten: 8*

Hier geht es darum, die im Material genannten anatomischen Anpassungen der Blätter des Kaffeestrauches an hohe Sonneneinstrahlung nachvollziehbar und verständlich zu machen. Stellen Sie dabei die Unterschiede und Gemeinsamkeiten zur Blattstruktur im Schatten heraus.

Blätter, die an eine hohe Sonneneinstrahlung angepasst sind, besitzen eine um etwa das 1,2-Fache dickere Cuticula als Schattenblätter. Da im Lebensraum der Kaffeepflanze die hohe Sonneneinstrahlung meist mit hohen Temperaturen verknüpft ist, schränkt eine dickere Cuticula die nicht regulierbare cuticuläre Transpiration über die Blattoberfläche und damit den Wasserverlust der Pflanze ein.
Dadurch, dass das Palisadengewebe bei Sonnenblättern ca. 1,5-mal dicker ist als bei Schattenblättern, ist die Zahl der Chloroplasten im eigentlichen Assimilationsgewebe deutlich höher. Infolgedessen kann die eingestrahlte Lichtmenge umfassender absorbiert werden, wodurch die Fotosyntheseleistung deutlich gesteigert wird.
Das beim Sonnenblatt ebenfalls dickere Schwammgewebe fördert die Fotosyntheseleistung zusätzlich. Zum einen ist die Zahl der Chloroplasten und damit die Fähigkeit zur Lichtabsorption in diesem Gewebe erhöht, da mehr Schwammzellen vorhanden sind. Zum anderen steigt im Blattinneren die Oberfläche für den Gasaustausch aufgrund von mehr Interzellularen.

An volles Sonnenlicht angepasste Blätter bilden pro $mm^2$ Fläche etwa 1,5-mal mehr Stomata aus. Damit wird die regulierbare Transpiration deutlich verstärkt. Das bedeutet einerseits eine verbesserte $CO_2$-Zufuhr durch verstärkten Gasaustausch, sowie andererseits bei guter Wasserzufuhr die Möglichkeit der Verdunstungskühlung.

2.3 **TIPP** *Anforderungsbereich: II, Bewertungseinheiten: 9*

In dieser Teilaufgabe sollen Sie den Einfluss des $CO_2$-Gehalts der Umgebung auf die Fotosyntheserate der Kaffeepflanze im Zusammenhang mit den diesen Stoffwechselprozess begrenzenden Faktoren darstellen. Vergegenwärtigen Sie sich dazu Ihre Kenntnisse zu den Außenfaktoren der Fotosynthese. Beginnen Sie mit einer Beschreibung der Untersuchungsergebnisse anhand der Grafik und erschließen Sie dann, wodurch die Produktivität der Pflanzen eingeschränkt wird.

Im Diagramm ist die Fotosyntheseleistung von Kaffeepflanzen in Abhängigkeit von der Konzentration an Kohlenstoffdioxid ($CO_2$) in der Umgebungsluft angegeben.
Bei einer $CO_2$-Konzentration, die unter einem Wert von 50 ppm liegt, ist keine Nettofotosynthese messbar. In diesem Fall überwiegen die Prozesse der Zellatmung die Prozesse der Fotosynthese und es wird mehr $CO_2$ abgegeben als aufgenommen.
Erhöht man den $CO_2$-Gehalt der Umgebungsluft kontinuierlich bis auf einen Wert von 450 ppm, nimmt die Nettofotosyntheseleistung zunächst linear und ab ca. 270 ppm nur noch langsam bis auf ca. 6,5 relative Einheiten zu. Je höher die $CO_2$-Konzentration in der Umgebungsluft ist, desto mehr $CO_2$ gelangt durch die Stomata ins Blattinnere. Die Sekundärreaktionen können verstärkt ablaufen, sodass die Fotosyntheserate steigt. Unter diesen Bedingungen überwiegen die Prozesse der Fotosynthese die Prozesse der Zellatmung deutlich. Somit stellt die $CO_2$-Konzentration der Umgebungsluft hier den die Fotosyntheseleistung begrenzenden Faktor dar.
Eine Erhöhung des $CO_2$-Gehalts der Luft über einen Wert von ca. 450 ppm hinaus führt nicht zu einer weiteren Steigerung der Nettofotosyntheseleistung. Das bedeutet, dass bei höheren $CO_2$-Konzentrationen nicht mehr $CO_2$ der limitierende Faktor ist, sondern dass andere Faktoren, z. B. die Lichteinstrahlung oder die Temperatur, für die Begrenzung der Fotosyntheseleistung verantwortlich sein müssen. Die an den Sekundärreaktionen beteiligten Enzyme haben bei diesen vorhandenen Substratmengen ihre maximale Umsatzrate erreicht.

2.4 **TIPP** *Anforderungsbereiche: I – III, Bewertungseinheiten: 15*

Veranschaulichen Sie hier die Befunde zur Nettofotosynthese im Tagesverlauf sowie zur Abhängigkeit der $CO_2$-Konzentration im Blattinneren von der Lichtintensität und machen Sie sie durch zusätzliche Informationen verständlich. Beginnen Sie auch hier mit der Darstellung der wesentlichen Inhalte der Tabelle bzw. des Diagramms, die Sie dann erklären.

Die Daten zur Nettofotosynthese im Tagesverlauf zeigen, dass sich von 8 Uhr am Morgen bis um 11 Uhr am Vormittag die Nettofotosynthese von Kaffeepflanzen von 4,42 auf 8,2 mg $CO_2/dm^2/min$ erhöht, was fast einer Verdopplung entspricht. In den folgenden zwei Stunden sinkt die Nettofotosyntheserate auf 5,67 mg $CO_2/dm^2/min$ und bleibt dann über weitere zwei Stunden bis 15 Uhr konstant.
Im Tagesverlauf steigt von Sonnenaufgang bis zur Mittagszeit die Lichteinstrahlung und damit einhergehend die Umgebungstemperatur der Pflanze. Das bedeutet, dass sowohl die lichtabhängigen, aber nahezu temperaturunabhängigen Primärprozesse als auch die lichtunabhängigen, temperaturabhängigen Sekundärprozesse im Laufe des Vormittags mit zunehmender Intensität ablaufen. Da die Spaltöffnungen bis etwa 11 Uhr geöffnet bleiben, kann die $CO_2$-Aufnahme und damit auch die Fotosyntheseleistung gesteigert werden. Bei konstanter Zellatmung steigt die Nettofotosyntheseleistung somit an. Steigt ab ca. 11 Uhr die Umgebungstemperatur auf über 20 °C, werden die Stomata langsam geschlossen und die $CO_2$-Zufuhr aus der Umgebung wird eingeschränkt bzw. unterbunden. Für die Fotosynthese kann die Pflanze jetzt nur noch das in den Interzellularen vorhandene $CO_2$ verwenden, sodass die Nettofotosyntheseleistung wieder sinkt.
Das Diagramm (C) zeigt die Abhängigkeit der $CO_2$-Konzentration im Blatt von der Lichtintensität bei konstanter Temperatur (20 °C). Bei einer Lichtintensität von 0,05 relativen Einheiten (rE) liegt die $CO_2$-Konzentration im Schwammgewebe relativ hoch bei ca. 85 rE. Mit steigender Lichtintensität sinkt der $CO_2$-Gehalt im Schwammparenchym; bei einer Lichtintensität von 0,15 rE beträgt er null.
Bei einer Lichtintensität von 0,05 rE laufen die Primärreaktionen noch nicht mit optimaler Leistung ab: Das im Blattinneren vorliegende $CO_2$, das aus der Umgebungsluft sowie aus Zellatmungsprozessen stammt, kann noch nicht vollständig für die Sekundärreaktionen verwendet werden, da der Nachschub an Reduktions- und Energieäquivalenten nicht mit maximaler Leistung erfolgt. Ab einer Lichtintensität von 0,15 rE laufen die Primärprozesse der Fotosynthese mit maximaler Rate ab und das mit vermutlich konstanter Rate gebildete und einströmende $CO_2$ wird vollständig assimiliert, sodass es im Gewebe nicht mehr nachgewiesen werden kann.

3.1 **TIPP** *Anforderungsbereich: I, Bewertungseinheiten: 6*

In dieser Teilaufgabe sollen Sie die genetischen Distanzen zwischen fünf verschiedenen *Coffea*-Artgruppen hinsichtlich ihrer Gemeinsamkeiten und Unterschiede untersuchen. Da von der MAS-Gruppe ausgegangen werden soll, genügt es, sich auf die Distanzen zur MAS-Gruppe zu beschränken. Die Angabe konkreter Zahlenverhältnisse oder Werte ist nicht verlangt. Allerdings kann es zur Veranschaulichung hilfreich sein, die einzelnen Streckenabschnitte zwischen den Verzweigungsstellen auszumessen und die so ermittelten Werte tabellarisch aufzulisten.

Von fünf Artgruppen innerhalb der Gattung *Coffea* wurden auf der Grundlage der Plastiden-DNA genetische Distanzen ermittelt. Die geringste genetische Distanz findet sich zwischen den Artgruppen MAS und MAD. Zur Gruppe EA weist MAS einen deutlich größeren genetischen Abstand auf. Noch mehr Unterschiede in der Sequenz der Plastiden-DNA liegen zwischen der Gruppe MAS und der Gruppe LG/C vor; die genetische Distanz dieser beiden Gruppen ist mehr als doppelt so groß wie die Distanz zwischen MAS und EA. Die meisten Unterschiede zu allen angegebenen Gruppen weist die MAS-Gruppe zu UG auf.

3.2 **TIPP** *Anforderungsbereiche: I–III, Bewertungseinheiten: 19*

Hier sollen Sie drei Hypothesen zur Entwicklung der in M 4 a genannten Artgruppen auf ihre innere Logik messen, indem Sie die genetischen Distanzen berücksichtigen. Zeigen Sie dabei für jede der drei Vermutungen eventuelle Widersprüche auf. Eine Tabelle, in die Sie die ausgemessenen genetischen Abstände eintragen, kann Ihnen hilfreich sein. Im folgenden Lösungsvorschlag ist die mutmaßliche Ausbreitung der Vorfahren der Artgruppen zur Veranschaulichung relativ detailliert dargestellt. Diese Ausführlichkeit ist nicht zwingend erforderlich, kann aber die Zusammenhänge klarer machen. Achten Sie jedenfalls darauf, die drei hypothetischen Abstammungsverhältnisse anhand der Skizzen verständlich wiederzugeben.

Voraussetzung für die Entstehung von unterschiedlichen Arten ist die Aufteilung einer Population in Teilgruppen, die sich geografisch und genetisch voneinander isoliert weiterentwickeln. Aufgrund jeweils unterschiedlicher Mutationsereignisse und Selektionsbedingungen erhöht sich die Zahl der Unterschiede zwischen den Genpools der einzelnen Teilpopulationen. Je länger sich die einzelnen Gruppen separiert voneinander weiterentwickeln, umso größer wird die genetische Distanz zwischen ihnen.
Gemäß Hypothese 1 begann die stammesgeschichtliche Entwicklung der Kaffeegattung mit einer Vorfahrengruppe, die in einem Gebiet im westlichen Teil Mittelafrikas heimisch war. Nach einer Teilung in drei Gruppen entstand ein Vorkommensschwerpunkt in Westafrika und ein zweiter im östlichen Mittelafrika. Aus der Teilgruppe im Westen entwickelte sich die heutige Gruppe EA und im östlichen Teil des mittleren Afrikas entwickelten sich die Vorfahren der heutigen Gruppen von LG/C, MAD und MAS, während die verbliebene Teilgruppe zur rezenten Gruppe UG evolvierte. Dies steht im Einklang mit den genetischen Differenzen in M 4 a: Der Abstand zwischen UG und EA ist etwas größer als derjenige zwischen UG und LG/C. Im weiteren Verlauf der Entwicklung teilte sich die Gruppe der Vorfahren der heutigen Gruppen LG/C, MAD und MAS erneut. Während eine Gruppe nach Madagaskar gelangte, verblieb die andere im Osten Mittelafrikas und bildete dort die heutige Gruppe LG/C. Auf Madagaskar entwickelte sich aus der Pflanzengruppe zum einen die rezente Gruppe um MAD und zum anderen die heutige Gruppe MAS, nachdem sich ihre Vorfahren auf kleineren Inseln östlich von Madagaskar etabliert hatten. Die vorliegenden geringen genetischen Distanzen zwischen MAD und MAS unterstützen diese Hypothese ebenfalls, wie auch die Distanz zwischen LG/C und diesen beiden Gruppen. Allerdings widersprechen die genetischen Abstände der Gruppe EA zu diesen beiden Gruppen dieser Theorie. Da diese Differenzen kleiner sind als die Abstände zwischen LG/C

und diesen Gruppen, kann sich die stammesgeschichtliche Trennung von EA und den beiden Gruppen MAD/MAS erst später abgespielt haben, als es die Hypothese vorgibt.
Nach der zweiten Hypothese begann die stammesgeschichtliche Entwicklung der Kaffeegattung ebenfalls mit der Trennung der Vorfahrengruppe in drei Teilpopulationen im östlichen Teil des mittleren Afrikas. Hier entwickelte sich die in den Westen vorgedrungene Teilgruppe zur heutigen Artgruppe UG, aus der in den Osten gelangten Teilpopulation entstanden die Vorfahren der Artgruppen von EA sowie MAD und MAS, während die verbliebene Teilpopulation die rezente Gruppe LG/C bildete. Dies wird durch die genetischen Distanzen der Gruppen unterstützt: Der Abstand von LG/C zu UG ist nur geringfügig größer als zu EA. Die in den Osten vorgedrungene Gruppe teilte sich erneut mit anschließender genetischer Isolation. Die auf dem Festland verbliebene Teilgruppe entwickelte sich zur heutigen Gruppe EA, während die zweite Teilgruppe nach Madagaskar gelangte und dort die Vorfahren der heutigen Artgruppen MAD und MAS bildete. Auch dies wird durch die vorgegebenen genetischen Distanzen unterstützt: So ist der Abstand zwischen MAD und MAS am geringsten und die Tatsache, dass die Abstände dieser Artgruppen zu EA die nächstgrößere Distanz aufweisen, macht es wahrscheinlich, dass MAD/MAS von den Vorfahren von EA abstammen. Zu UG besteht die größte Distanz, was ebenfalls mit der Abstammungstheorie übereinstimmt. Hypothese 2 könnte daher zutreffen.
Nach der dritten Hypothese entwickelten sich die heutigen Kaffeearten ausgehend von einer Vorfahrengruppe auf Madagaskar. Auch hier wird von einer Dreiteilung dieser Vorfahrenpopulation ausgegangen. Während sich eine Teilpopulation nach Verbringung auf weiter östlich liegende Inseln zur rezenten Art MAS entwickelte, führte die Migration einer weiteren Teilgruppe in den östlichen Teil des mittleren Afrikas zur Bildung der Vorfahren von EA, UG und LG/C. Die auf Madagaskar verbliebene Teilpopulation entwickelte sich zur heutigen Artgruppe MAD. Geht man davon aus, dass sich die Abspaltung der Vorfahren von MAS zu einem späteren Zeitpunkt ereignete als die Abspaltung der Teilgruppe, die auf das afrikanische Festland gelangte, so unterstützen die gegebenen genetischen Distanzen diesen Teil der Hypothese. Der genetische Abstand von MAD zu MAS ist sehr gering, was auf eine späte Trennung der beiden Gruppen hinweist. Die genetische Differenz zwischen MAD und EA ist deutlich größer. EA entwickelte sich im östlichen Mittelafrika aus der Teilpopulation, die das afrikanische Festland besiedelte. Eine zweite Teilgruppe der Pflanzen auf dem Festland gelangte in den westlichen Teil im mittleren Afrika, wo sie sich genetisch isoliert zu den Vorfahren der rezenten Artgruppen von UG und LG/C entwickelte. Aus der Population dieser Ahnen entwickelten sich die heutige Gruppe UG und, nach Ausbreitung einer weiteren Gruppe nach Westen, die rezente Artgruppe LG/C. Die genetische Distanz zwischen EA und UG ist jedoch deutlich größer als diejenige zwischen EA und LG/C. Das stellt einen deutlichen Widerspruch zur Hypothese dar, da sich die Abspaltung der Vorfahren von LG/C von gemeinsamen Vorfahren mit EA gemäß den genetischen Distanzen später abgespielt haben müsste als die Trennung der Vorfahren von EA und UG.

BE

## BLATTLÄUSE – GEFÜRCHTETE SCHÄDLINGE

Blattläuse gehören zu den Insekten, die niemand gerne auf seinen Pflanzen sieht. Bei massenhaftem Auftreten dieser Pflanzenschädlinge kann es zu Ernteausfällen kommen. Um die Belastung mit chemischen Schädlingsbekämpfungsmitteln zu minimieren, werden Möglichkeiten der biologischen Schädlingsbekämpfung erforscht und zunehmend eingesetzt. Von besonderem Interesse für die Forscher sind orangefarbene Erbsenläuse, die einen besonderen Stoffwechsel aufweisen. Auch wird die evolutive Entwicklung dieser Tiere intensiv untersucht.
Im Folgenden sollen Sie sich mit ökologischen, stoffwechselbiologischen und evolutionsbiologischen Aspekten bei ausgewählten Blattlausarten auseinandersetzen.

### 1 Ökologische Aspekte bei Blattläusen

**1.1** Beschreiben Sie ganz allgemein, was man unter einer Nahrungskette und einem Nahrungsnetz versteht. 8

**1.2** Analysieren Sie die Informationen in M 1 im Hinblick auf Wechselbeziehungen zwischen Organismen. 11

**1.3** Entwickeln Sie ein Experiment, mit dem die Beeinflussung der Fallreaktion von Erbsenläusen (M 2 a) ermittelt werden kann. 10

**1.4** Beschreiben Sie das in M 2 c dargestellte Diagramm zur Wirksamkeit verschiedener Fressfeinde der Erbsenlaus.
Werten Sie unter Berücksichtigung von M 2 a und M 2 b die in M 2 c dargestellten Befunde im Hinblick auf die Eignung der Käferarten zur biologischen Schädlingsbekämpfung aus. 27

### 2 Stoffwechselbiologische Aspekte bei orangefarbenen Erbsenläusen

**2.1** Skizzieren Sie einen beschrifteten Querschnitt eines Mitochondriums. 6

**2.2** Erläutern Sie unter Bezug auf M 3 a die in M 3 b, Versuch a, dargestellten Befunde in Zusammenhang mit den Befunden zum ATP-Gehalt mit dem chemiosmotischen Modell der ATP-Bildung.
Werten Sie die in M 3 b dargestellten Befunde zu den Versuchen b und c zur Bedeutung des Lichts und zur Bedeutung der Carotinoide für die ATP-Bildung bei den Erbsenläusen im Zusammenhang aus. 24

## 3 Evolutionsbiologische Aspekte bei Erbsenläusen

**3.1** Beschreiben Sie den in M 4a dargestellten Stammbaum. 10

**3.2** Prüfen Sie unter Berücksichtigung von M 4b die in M 4c dargestellten Hypothesen zur Herkunft der Gene für die Carotinoidsynthese von Erbsenläusen. 10

## M 1 Nahrungsbeziehungen auf einem Acker

Pflanzen, wie z. B. Erbsen, Bohnen und Getreide, werden von Blattläusen (z. B. Erbsenlaus) aufgesucht. Die Blattläuse stechen in das Leitbündel und saugen den Pflanzensaft, der neben Kohlenhydraten auch freie Aminosäuren als Stickstoffquelle für die Blattläuse enthält. Durch das Anstechen der Leitbündel kommt es neben direkter Schädigung der Pflanze auch zu einem verminderten Pflanzenwachstum. Die Blattläuse nutzen die aufgenommenen Stickstoffverbindungen zur Bildung lebensnotwendiger Stoffe. Der Großteil der von den Blattläusen aufgenommenen Zucker wird als klebriges Sekret, sogenannter Honigtau, ausgeschieden. Dieser stellt für viele Insekten, z. B. Honigbienen und Schwarze Wegameisen, eine wichtige Nahrungsquelle dar. Die Ameisen reinigen die Blattläuse von dem Honigtau und schützen sie damit vor Infektionen. Auch verteidigen die Ameisen die Blattläuse im Gegenzug gegen viele Fressfeinde, wie z. B. Siebenpunkt-Marienkäfer, die auf Blattläuse als Nahrungsquelle spezialisiert sind.

*Verändert aus:*
*Lampel, G.: Blattläuse, eine wenig beachtete Insektengruppe. In: Bulletin der Naturforschenden Gesellschaft Freiburg 67 (1978), S. 58–63.*

## M 2 Biologische Schädlingsbekämpfung von Erbsenläusen

### M 2a Verhalten von Erbsenläusen in Gegenwart von Fressfeinden

Nähert sich ein Fressfeind einer Erbsenlaus, so lässt sich diese vom Blatt oder Stängel der Pflanze fallen und richtet sich noch in der Luft so aus, dass das Tier auf den Beinen landet. Auf diese Weise können sich die Erbsenläuse unter Umständen bereits beim Fallen an einem tiefer gelegenen Pflanzenteil festklammern oder aber auf dem Boden schnell zur nächsten Pflanze laufen und an dieser hochklettern. Man vermutet, dass die Fallreaktion durch zwei Umwelteinflüsse beeinflusst wird:

1. leichte mechanische Erschütterungen von Pflanzenteilen, die von sich annähernden Fressfeinden verursacht werden,
2. Duftstoffe, die von verwundeten oder alarmierten Erbsenläusen abgegeben werden.

*Verändert aus:*
*Lampel, G.: Blattläuse, eine wenig beachtete Insektengruppe. In: Bulletin der Naturforschenden Gesellschaft Freiburg 67 (1978), S. 58–63.*

**M 2b** **Fressfeinde der Erbsenläuse**

Bei der biologischen Schädlingsbekämpfung werden Populationen der natürlichen Fressfeinde eingesetzt, um Ernteeinbußen durch Pflanzenschädlinge, z. B. Erbsenläuse, zu minimieren. Die Fressfeinde unterscheiden sich bezüglich ihrer Nahrungsspektren und ihrer Orte der Nahrungssuche voneinander:
Der Laufkäfer *Harpalus pennsylvanicus* jagt seine Beutetiere (verschiedene Insekten- und Spinnenarten) ausschließlich auf dem Boden. Der Siebenpunkt-Marienkäfer *(Coccinella septempunctata)* jagt dagegen seine Beutetiere nur auf den Blättern und an den Stängeln der Pflanzen.

*Verändert aus:*
*Losey, J. et al.: Positive predator […] suppression of aphid populations. In: Ecology 79 (1998), S. 2 143–2 152.*

**M 2c** **Experiment zur Wirksamkeit verschiedener Fressfeinde**

Versuchspflanzen wurden in verschiedene Käfige eingepflanzt, in welche keine Fressfeinde oder Erbsenläuse hinein- oder herausgelangen können. In die Käfige wurden verschieden große Populationen von Erbsenläusen eingesetzt. Zu Beginn der Messungen wurden Fressfeinde der Erbsenläuse in die Käfige gesetzt:

1. drei Laufkäfer,
2. drei Siebenpunkt-Marienkäfer,
3. drei Laufkäfer und drei Siebenpunkt-Marienkäfer.

Nach 24 Stunden wurde in allen Käfigen die Anzahl der gefressenen Erbsenläuse bestimmt.

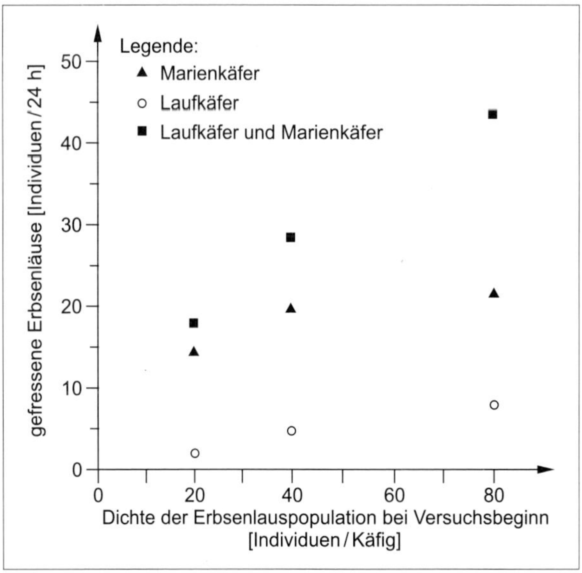


*Verändert nach:*
*Losey, J. et al.: Positive predator […] suppression of aphid populations. In: Ecology 79 (1998), S. 2 143–2 152.*

## M 3 Stoffwechselphysiologische Aspekte bei orangefarbenen Erbsenläusen

### M 3a Die verschiedenen Färbungen der Erbsenlaus *Acyrthosiphon pisum*

Erbsenläuse leben vor allem auf Erbsen- und Bohnenpflanzen und vermehren sich dort bisweilen sehr stark. Die Weibchen gebären im Frühjahr lebende Larven, die alle genetisch identisch zu dem Muttertier sind. Sie wachsen zu erwachsenen Tieren heran, die je nach Umweltbedingungen unterschiedliche Färbungen aufweisen.
So können unter anderem orangefarbene oder auch weiße Individuen entstehen. Die Färbung beruht auf Carotinoiden, die die Blattläuse selbst bilden können. Die gebildeten Farbpigmente befinden sich in einer Zellschicht direkt unter der Körperoberfläche.

*Verändert aus:*
*Valmalette, J. et al.: Light-induced […] in a carotene synthesizing insect. In: Scientific reports 579 (2012), S. 5–7.*

### M 3b Experimente zur Ermittlung der Funktion von Carotinoiden bei der Erbsenlaus

In einer Versuchsreihe wurde untersucht, ob Licht einen Einfluss auf die ATP-Bildung bei Erbsenläusen (M 3 a) hat. Genetisch identische weiße, pigmentlose (Versuch a) und genetisch identische orangefarbene, carotinhaltige (Versuch b) Erbsenläuse wurden mehrere Tage unter Lichteinfluss gehalten. Je eine identisch große Gruppe weißer und orangefarbener Erbsenläuse wurden zeitgleich in Dunkelheit gehalten. Anschließend wurden der $NAD^+$/$NADH+H^+$-Gehalt sowie der ATP-Gehalt in der Matrix der Mitochondrien dieser Tiere bestimmt.

**Versuch a (weiße Erbsenläuse):**

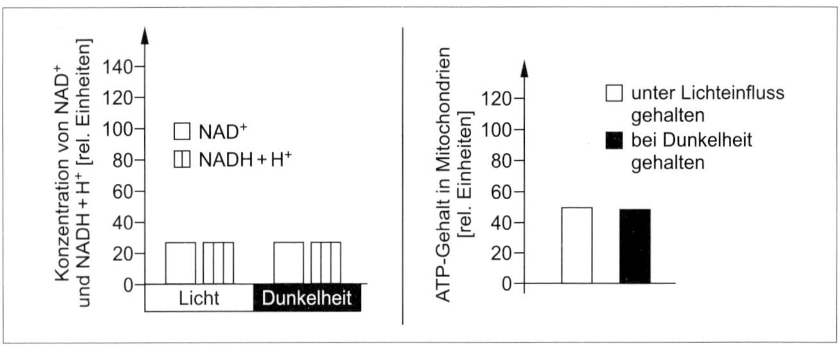

**Versuch b (orangefarbene Erbsenläuse):**

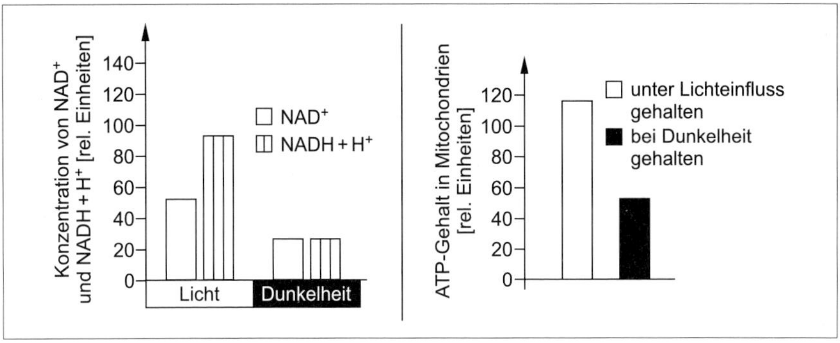


**Versuch c:**

In einem Modellversuch wurden carotinhaltige Extrakte von orangefarbenen Tieren mit dem Redox-Farbstoff Tetrazolium (TCC) versetzt. Dieser Redox-Farbstoff ist im oxidierten Zustand farblos, nach Aufnahme von Elektronen färbt sich der reduzierte Farbstoff rot. Die verschiedenen Ansätze wurden bei Dunkelheit und unter Lichteinfluss untersucht.

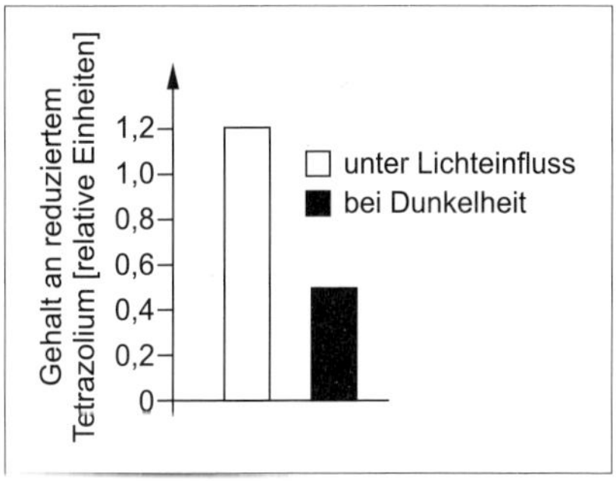


*Verändert aus:*
*Valmalette, J. et al.: Light-induced [...] in a carotene synthesizing insect. In: Scientific reports 579 (2012), S. 5–7.*

## M 4 Evolutionsbiologische Aspekte bei Erbsenläusen

### M 4a Ausschnitt aus dem Stammbaum der Lebewesen

**Hinweise:** Innerhalb jedes Astes existieren zahlreiche weitere Verzweigungen, die nicht dargestellt sind. Der Stammbaum soll lediglich die Verwandtschaft kennzeichnen. Es lassen sich jedoch keine Rückschlüsse auf die genauen Zeitpunkte für die jeweilige Aufspaltung ableiten.

Die Länge der Äste zwischen den Verzweigungen ist zeitlich nicht skaliert.

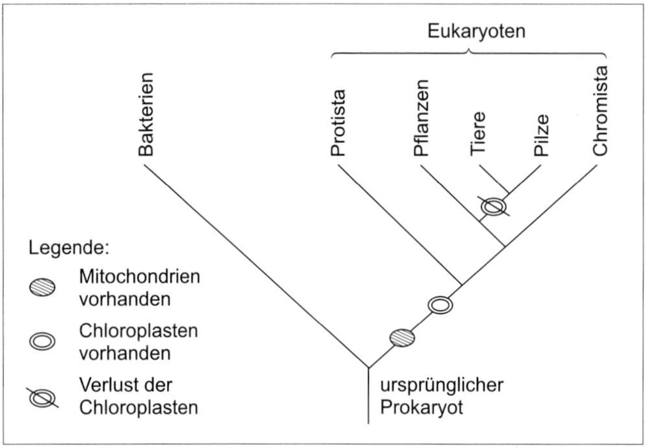


*Verändert aus: Campbell, N.: Biologie. Spektrum Akademischer Verlag, Heidelberg (1997), S. 593.*

### M 4b Informationen zum horizontalen Gentransfer

Tiere können für gewöhnlich keine Carotinoide selbst synthetisieren, sondern müssen diese Stoffe über ihre Nahrung aufnehmen.

Die Fähigkeit der Erbsenläuse zur Bildung der Carotinoide beruht auf der Tatsache, dass im Laufe ihrer Evolution die entsprechenden Gene von anderen Organismen aufgenommen und in das eigene Erbmaterial integriert wurden. Man spricht von einem sogenannten horizontalen Gentransfer. In der Folge können die für die Carotinoidbildung notwendigen Enzyme in den Zellen der Erbsenläuse gebildet werden.

*Verändert aus:*
*Moran, N. et al.: Lateral transfer of genes […] carotinoid production in aphids. In: Science 30 (2010), S. 624–627.*

## M 4 c Horizontaler Gentransfer und Aminosäuresequenzanalyse

Um die Herkunft der Gene zu bestimmen, wurde aus der Vielzahl der an der Carotinoidsynthese beteiligten Proteine nur ein Protein ausgewählt. Bei diesem Protein wurde ein Teil der Aminosäuresequenz (60 Aminosäuren) dieses Proteins der Erbsenlaus bestimmt, mit den entsprechenden Aminosäuresequenzen von Bakterien, Pilzen und Pflanzen verglichen und die Unterschiede ermittelt.

| **Organismus** | Erbsenlaus (Insekt) | *Staphylo. hominis* (Bakterium) | *Ustilago maydis* (Pilz) | *Gibberella fujikuroi* (Pilz) | Ackerschmalwand (Pflanze) |
|---|---|---|---|---|---|
| Erbsenlaus (Insekt) | 0 | 32 | 19 | 22 | 42 |

Im folgenden Stammbaum sind zwei Hypothesen zur Herkunft der Gene grafisch dargestellt.

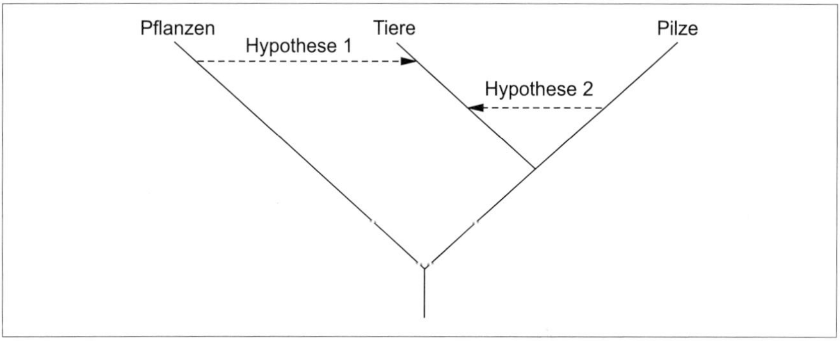


*Zusammengestellt und verändert aus:*
*Moran, N. et al.: Lateral transfer of genes [...] carotinoid production in aphids. In: Science 30 (2010), S. 624–627.*
*https://www.chegg.com (...) aphids-acquire-ability-make-carotenoids-horizontalgene transfer carotenoids-col-q14657917 (zuletzt abgerufen am 17.08.2019).*

## Lösungsvorschlag

Die Aufgabe beinhaltet die folgenden Themen:
- Ökologie: Nahrungsnetze und Nahrungsketten in Ökosystemen, Wechselbeziehungen zwischen Lebewesen, biologische Schädlingsbekämpfung
- Stoffwechselbiologie: Bau und Funktion von Mitochondrien, chemiosmotisches Modell der ATP-Bildung, Stoffwechsel von $NAD^+$ und $NADH + H^+$, Farbanpassungen der Haut mithilfe von Carotinoiden
- Evolutionsbiologie: Erfassung von Stammbäumen, Gentransfer, Homologien auf molekularer Ebene zur Klärung von Verwandtschaft

**TIPP** **Allgemeine Hinweise zur Lösung der Aufgabe**

Am Beispiel von Erbsenläusen als Vertretern der Blattläuse sollen Sie in dieser Aufgabe Möglichkeiten der biologischen Schädlingsbekämpfung analysieren und bewerten, wobei Sie ökologische Kenntnisse zu Nahrungsketten und biologischen Wechselbeziehungen einbringen müssen. Bei den stoffwechselbiologischen Aspekten sollten Sie einen guten Überblick über die Zellatmung und insbesondere die chemischen und energetischen Prozesse bezüglich der Atmungskette in den Mitochondrien haben. Zur Bearbeitung der evolutionsbiologischen Aspekte werden von Ihnen molekularbiologische Kenntnisse zur Erstellung und Bewertung von Aminosäuresequenzanalysen erwartet.
Denken Sie daran, sich schon bei der ersten Durchsicht der Aufgabenstellung und des zu bearbeitenden Materials einen Überblick über den vermutlichen Zeitaufwand für die einzelnen Teilaufgaben zu verschaffen, zumal einige Teilaufgaben durch die Aufspaltung in zwei Arbeitsaufträge relativ komplex angelegt sind.

1.1 **TIPP** *Anforderungsbereich: I, Bewertungseinheiten: 6*

Zeigen Sie in dieser reproduktiv angelegten Einstiegsaufgabe Ihr allgemeines Verständnis zur Bedeutung von Nahrungsketten und Nahrungsnetzen in ökologischen Systemen. Achten Sie dabei auf die Einbindung und korrekte Verwendung der in diesem Kontext relevanten Fachbegriffe.

Nahrungsketten bestehen aus einer Reihe von bestimmten Organismengruppen, zwischen denen in eine Richtung Nährstoffe weitergegeben werden, da die Lebewesen einander als Nahrung bzw. Beute dienen. Am Anfang einer Nahrungskette stehen in der Regel als Primärproduzenten grüne Pflanzen, die mithilfe von Licht aus Wasser und Kohlenstoffdioxid sowie bestimmten Mineralsalzen energiereiche, organische Verbindungen bilden. Diese gelangen über die Primärkonsumenten und weitere Konsumentenstufen bis zu den Endkonsumenten, wobei die jeweils vorhandene Biomasse

pro Stufe für die Ernährung der nachfolgenden Stufe zur Verfügung steht. Dabei wird von Stufe zu Stufe Energie freigesetzt.
In einem Nahrungsnetz sind verschiedene Nahrungsketten vielfältig miteinander verflochten, da sich die meisten Lebewesen von Vertretern verschiedener Arten ernähren und gleichzeitig Organismen mehrerer Arten als Nahrung dienen.

1.2 **TIPP** *Anforderungsbereich: II, Bewertungseinheiten: 11*

Am Beispiel des Lebensraums Acker sollen Sie auf der Grundlage des vorgegebenen Materials einige Wechselbeziehungen der Lebewesen in diesem Ökosystem beispielhaft erfassen. Beginnen Sie dabei am besten mit der Schädigung der Nutzpflanzen durch die Blattläuse und denken Sie bei Ihrer Analyse daran, auch die jeweiligen Typen von interspezifischen Wechselbeziehungen mit den passenden Fachbegriffen zu benennen.

Die Blattläuse schädigen die Ackerpflanzen durch Anstechen der Leitbündel und Aussaugen des zucker- und aminosäurehaltigen Pflanzensafts. Auf diese Weise können sich die Blattläuse durch Aufnahme von Kohlenhydraten als Energiequelle und von Aminosäuren als Stickstoffquelle gut ernähren, bewirken dadurch aber gleichzeitig eine Verminderung des Pflanzenwachstums. Zwischen Blattläusen und Pflanzen besteht demnach eine Parasit-Wirt-Beziehung zum Nachteil der Pflanzen.
Die Blattläuse scheiden einen Großteil des von den Pflanzen aufgenommenen Zuckers als klebrigen Honigtau aus, der von Ameisen als Nahrung genutzt werden kann. Die Ameisen reinigen im Gegenzug die Blattläuse vom klebrigen Honigtau und verteidigen sie gegen Fressfeinde, z. B. Marienkäfer. Da die Beziehung zwischen Ameisen und Blattläusen für Vertreter beider Arten gleichermaßen vorteilhaft ist, handelt es sich um eine Symbiose.
Marienkäfer nutzen Blattläuse als Nahrung, indem sie diese töten und fressen. Zwischen Individuen dieser Arten liegt demnach eine Räuber-Beute-Beziehung vor.

1.3 **TIPP** *Anforderungsbereiche: II – III, Bewertungseinheiten: 10*

In dieser Aufgabe sollen Sie ein eigenes, zielgerichtetes Experiment planen, mit dem die zwei in M 2a formulierten Hypothesen zur Beeinflussung der Fallreaktion von Erbsenläusen überprüft werden könnten. Berücksichtigen Sie dabei auch die Einbeziehung eines Kontrollversuchs.

Zur Klärung, ob die Hypothesen zur Auslösung des Fallverhaltens der Erbsenläuse zutreffen bzw. welche der beiden Hypothesen zutrifft, sind verschiedene Versuchsansätze nötig. Dabei darf sich die Versuchsdurchführung in den verschiedenen Ansätzen nur in jeweils einem Faktor unterscheiden, während alle anderen Parameter konstant bleiben müssen.

In einem möglichen Experiment werden unter gleichen Umweltbedingungen vier gleich große Versuchsgefäße mit derselben Zahl von Pflanzen einer Art und der möglichst gleichen Größe angesetzt. Pro Gefäß wird dann jeweils eine genügend große und identische Zahl von (intakten, unverletzten) Erbsenläusen zugegeben.

- Versuchsansatz 1 dient als Kontrollversuch. Hier erfolgt keine weitere Beeinflussung durch Außenfaktoren.
- Versuchsansatz 2: Die Pflanzen werden durch leichte mechanische Erschütterungen beeinflusst, um die Annäherung von Fressfeinden nachzuahmen. Dies kann z. B. manuell oder durch eine ferngesteuerte Apparatur geschehen. Dabei muss darauf geachtet werden, dass alle Handlungen und Objekte (z. B. ungewollte Bewegungen, Vorrichtungen), abgesehen von den gezielt gesetzten Erschütterungen, auch in den Kontrollversuch eingebunden werden müssen.
- Versuchsansatz 3: In das Gefäß werden Duftstoffe eingeleitet, die von alarmierten bzw. verwundeten Erbsenläusen abgegeben werden. Es könnten auch Extrakte aus solchen Erbsenläusen bzw. verletzte Erbsenläuse selbst zugegeben werden.
- Versuchsansatz 4: In diesem Ansatz werden die Duftstoffgabe und die mechanische Erschütterung kombiniert, um abzuklären, ob oder inwiefern sich die Parameter gegenseitig beeinflussen.

Über einen bestimmten festgelegten Zeitraum wird dokumentiert, wie viele Erbsenläuse pro Gefäß jeweils die Fallreaktion zeigen. Die anschließende Auswertung und der Vergleich der Daten für die einzelnen Gefäße erlauben dann eine Aussage darüber, ob – und ggf. in welchem Ausmaß – die Hypothesen zutreffend sind.

**1.4** **TIPP** *Anforderungsbereiche: I – III, Bewertungseinheiten: 27*

Beachten Sie bei dieser Teilaufgabe zur biologischen Schädlingsbekämpfung, dass es sich um zwei Arbeitsaufträge handelt. Im ersten wird von Ihnen nur eine zusammenfassende Beschreibung der Inhalte des Diagramms ohne Deutung der Daten in M 2 c erwartet, während im zweiten Arbeitsauftrag eine Gesamtbewertung des Materials zu dieser Teilaufgabe erfolgen soll, um die Eignung der beiden Käferarten zur biologischen Schädlingsbekämpfung herauszuarbeiten.

*Beschreiben:* Im dargestellten Versuch wurde der Einfluss unterschiedlicher Fressfeinde auf das Überleben von Erbsenläusen in Ausgangspopulationen mit unterschiedlich großer Dichte ermittelt. Dazu wurde die Zahl der gefressenen Erbsenläuse 24 Stunden nach Zugabe der Fressfeinde bestimmt. Auf der x-Achse des Diagramms sind die anfänglichen Dichten der Erbsenläuse (20, 40 und 80 Tiere), auf der y-Achse die Anzahl der gefressenen Läuse aufgetragen.
Wurden drei Laufkäfer in die Versuchskäfige gesetzt, ergab sich mit zunehmender Erbsenlausdichte ein linearer Anstieg der Zahl gefressener Blattläuse: Von ca. 2 gefressenen Läusen bei 20 eingesetzten Erbsenläusen stieg die Beutezahl auf ca. 5 Tiere bei 40 eingesetzten Erbsenläusen bis auf ca. 8 Tiere bei 80 eingesetzten Erbsenläusen.

Bei Einsatz von drei Marienkäfern zeigte sich ein ungleichmäßiger Anstieg der Zahl gefressener Erbsenläuse von ca. 14 bei 20 eingesetzten Erbsenläusen auf ca. 20 bei 40 eingesetzten Erbsenläusen bis auf ca. 21 bei 80 eingesetzten Erbsenläusen.
Bei Einsatz einer Kombination von je drei Lauf- und Marienkäfern ergab sich mit zunehmender Blattlausdichte ein ebenfalls linearer, etwas stärkerer Anstieg der Zahl gefressener Erbsenläuse von ca. 17 Tieren bei 20 eingesetzten Erbsenläusen auf ca. 28 Tiere bei 40 eingesetzten Erbsenläusen bis auf ca. 43 Tiere bei 80 eingesetzten Erbsenläusen.

*Auswerten:* Laufkäfer sind Bodenjäger und können daher im Versuch nur die wenigen Erbsenläuse erbeuten, die sich zufällig am Boden des Käfigs befinden. Je mehr Erbsenläuse bei zunehmender Populationsdichte auf den Boden fallen, desto größer ist zwar die mögliche Fressrate der einzelnen Laufkäfer; insgesamt tragen die Käfer aber nur relativ wenig zur Dezimierung der Erbsenlauspopulationen bei (da jeweils nur ca. 10 % der Läuse gefressen werden können).
Marienkäfer, die auf den Blättern und Stängeln der Pflanzen Erbsenläuse erbeuten und fressen, erreichen eine deutlich höhere Rate an erjagten Blattläusen als die Laufkäfer. Bei kleineren Ausgangspopulationen von Läusen können die Käfer weit über 50 % der Läuse dezimieren. (Oberhalb einer Ausgangspopulation von 40 Läusen stagniert die Dezimierungsrate, vermutlich da die maximale Fressrate pro Käfer bei etwa sieben Läusen pro Tag liegt.) Die Marienkäfer sind demnach aufgrund ihres Aufenthaltsortes weitaus effektiver bei der Begrenzung des Schadens durch Erbsenblattläuse als die Laufkäfer.
Wenn beide Fressfeindarten gleichzeitig eingesetzt werden, kommt es durch die Kombination zu einer nochmals klar erhöhten Dezimierungsrate, die über die Summe der Fressraten im Einzelversuch hinausgeht und in Abhängigkeit von der Populationsdichte der Erbsenläuse linear ansteigt. Dieser Synergieeffekt ergibt sich vor allem durch die Erhöhung der Wahrscheinlichkeit, dass sich Erbsenläuse aktiv auf den Boden fallen lassen, wenn sie von Marienkäfern bedroht werden. Auf diese Weise erhöht sich die Beutedichte für die Laufkäfer, sodass deren Fressrate steigt.
Insgesamt lässt sich erkennen, dass der gleichzeitige Einsatz beider Käferarten zu einer besonders effektiven biologischen Schädlingsbekämpfung beitragen kann.

2.1 **TIPP** *Anforderungsbereich: I, Bewertungseinheiten: 6*

Die Skizze des Querschnitts eines Mitochondriums sollte je nach dem eingeführten Lehrwerk folgende Strukturen aufweisen und entsprechend beschriftet sein:

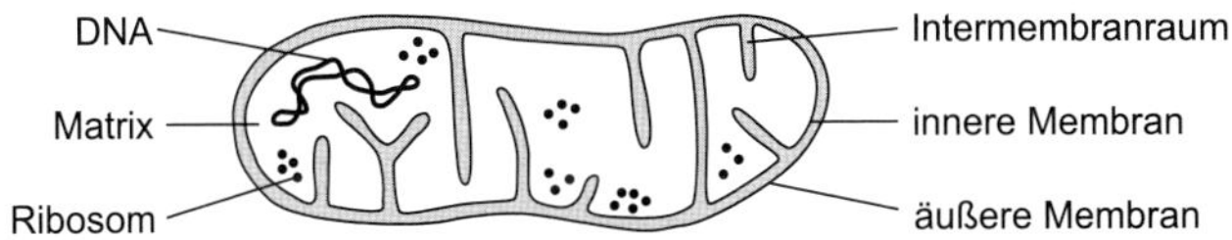

2.2 **TIPP** *Anforderungsbereiche: I – II, Bewertungseinheiten: 24*

Diese stoffwechselphysiologisch orientierte und komplex angelegte Teilaufgabe besteht aus zwei Arbeitsaufträgen, die sich jeweils auf Teile von M 3b beziehen. Verschaffen Sie sich zunächst einen Überblick über das gesamte Material und bearbeiten Sie dann die Arbeitsaufträge entsprechend der vorgegebenen Reihenfolge. Nutzen Sie den ersten Arbeitsauftrag, um den allgemeinen Ansatz der Versuche a und b und dann insbesondere die Ergebnisdarstellung des Versuchs a herauszuarbeiten und Ihre Erkenntnisse bei der Deutung mit dem chemiosmotischen Modell der ATP-Bildung zu verknüpfen. Beachten Sie dazu jeweils die genauen Bezüge der beiden Arbeitsaufträge zu den Details in M 3a und M 3b.

*Erläutern:* In verschiedenen Versuchsreihen mit Erbsenläusen sollte der Einfluss von Licht auf die Konzentration von $NAD^+$ und $NADH + H^+$ sowie von ATP in den Mitochondrien der Erbsenläuse untersucht werden. In einer ersten Versuchsreihe (Versuch a) wurden nur genetisch identische, weiße, pigmentlose Erbsenläuse eingesetzt. Gleich große Gruppen dieser Erbsenläuse wurden für mehrere Tage unter Dauerlicht bzw. in Dunkelheit gehalten. Sowohl unter Lichteinfluss als auch bei Dunkelheit ergab sich eine Konzentration von $NAD^+$ und $NADH + H^+$ von jeweils 25 rel. Einheiten. Der ATP-Gehalt in der Mitochondrienmatrix betrug unter beiden Bedingungen jeweils 50 rel. Einheiten.
Im Zuge der Zellatmung wird in den Mitochondrien nach dem chemiosmotischen Modell der ATP-Bildung durch die Oxidation des $NADH + H^+$ zu $NAD^+$ und den parallel verlaufenden Elektronentransport über die Atmungskette ein Protonen- und Ladungsgradient an der Matrixmembran aufgebaut. Über die ATP-Synthase können die Protonen in die Matrix zurückdiffundieren, wobei Energie freigesetzt wird, die die ATP-Synthase zur Bildung von ATP aus ADP und P nutzen kann. Das Versuchsergebnis zeigt, dass es bei pigmentlosen Erbsenläusen unter Lichteinfluss zu keiner Veränderung der Konzentrationen von $NAD^+$ und $NADH + H^+$ sowie der ATP-Konzentration gegenüber den Verhältnissen bei Dunkelheit kommt. Demnach hat die Belichtung bei pigmentlosen Erbsenläusen auf die Endoxidation in den Mitochondrien keinen Einfluss.

*Auswerten:* In einer weiteren Versuchsreihe (Versuch b) von M 3b wurde der Einfluss von Licht bzw. Dunkelheit auf orangefarbene, carotinoidhaltige Erbsenläuse unter denselben Bedingungen wie in Versuch a untersucht. Bei diesen Erbsenläusen zeigte sich, dass nach mehreren Tagen Dunkelheit wie in Versuch a die Konzentrationen von $NAD^+$ und $NADH + H^+$ bei jeweils 25 rel. Einheiten lagen und die Konzentration von ATP etwa 50 rel. Einheiten betrug. Nach Lichteinwirkung für ebenso viele Tage ergab sich allerdings für $NAD^+$ eine Steigerung des Wertes auf ca. 50 rel. Einheiten und für $NADH + H^+$ eine noch stärkere Erhöhung auf ca. 90 rel. Einheiten. Der ATP-Gehalt zeigte bei Lichteinwirkung mit fast 120 rel. Einheiten ebenfalls einen beträchtlich gesteigerten Wert auf fast das Doppelte gegenüber den Verhältnissen bei Dunkelheit.

In Versuch c zeigt der Modellversuch mit den Carotinoidextrakten aus den orangefarbenen Erbsenläusen, dass nach Zugabe des Redox-Farbstoffs TCC der Gehalt des roten, reduzierten Farbstoffs mit 1,2 rel. Einheiten unter Lichteinfluss einen mehr als doppelt so hohen Wert annahm wie bei Dunkelheit (nur 0,5 rel. Einheiten). Daraus lässt sich schließen, dass Elektronen der Carotinoide unter Lichteinfluss angeregt werden, auf das TCC übertragen werden und dieses zum reduzierten, roten Farbstoff umwandeln.
Bei den orangefarbenen Erbsenläusen kann man daher davon ausgehen, dass ihr Carotinoid durch die Belichtung in gleicher Weise so weit angeregt wird, dass eine lichtinduzierte Elektronenübertragung auf das $NAD^+$ erfolgt und damit eine Reduktion zu $NADH + H^+$ stattfindet. Unter Lichteinfluss steht nun für die weiteren Prozesse der Zellatmung vermehrt $NADH + H^+$ zur Verfügung, sodass den carotinoidhaltigen Erbsenläusen in ihren Mitochondrien eine verstärkte Endoxidation mit einer gesteigerten Produktion von ATP ermöglicht wird.

3.1 **TIPP** *Anforderungsbereiche: I–II, Bewertungseinheiten: 10*

In dieser Teilaufgabe sollen Sie anhand der Skizze in M 4 a einen allgemeinen Stammbaum der Lebewesen mit eigenen Worten wiedergeben. Achten Sie dabei auf eine fachlich präzise Ausdrucksweise.

Ausgangspunkt für die Entwicklung der angegebenen rezenten Lebewesengruppen waren ursprüngliche Prokaryoten. Dieser Prokaryotenstamm spaltete sich in die Entwicklungslinien der Bakterien sowie der Eukaryotenvorläufer mit Zellkern auf. In der Entwicklungslinie dieser eukaryotischen Zellen bildeten sich zunächst Eukaryoten mit Mitochondrien und Chloroplasten, ehe sich die Linie in die Vorläufer der Protisten und die gemeinsamen Vorfahren der übrigen Gruppen aufspaltete. Eine erneute Teilung dieser Vorfahrengruppe führte zu den Vorfahren der Chromisten und den gemeinsamen Vorfahren der Pflanzen, Tiere und Pilze. In einer weiteren Verzweigung entstanden aus dieser Linie die Vorfahren der Pflanzen sowie die gemeinsamen Vorfahren der Pilze und Tiere. Diesen Vorfahren gingen im Laufe der weiteren Entwicklung die Chloroplasten verloren und sie spalteten sich in die Entwicklungslinien der Pilze und der Tiere auf. Schließlich stehen an den Enden der Verzweigungen dieses Stammbaums die heute lebenden Vertreter der verschiedenen Entwicklungslinien.

**3.2** **TIPP** *Anforderungsbereiche: II – III, Bewertungseinheiten: 10*

In der letzten Teilaufgabe geht es darum, die Herkunft der Gene, die bei Erbsenläusen die Enzyme zur Carotinoidsynthese codieren, zu thematisieren. Prüfen Sie dazu die beiden im Stammbaum dargestellten Hypothesen anhand der Aminosäuresequenzunterschiede hinsichtlich ihrer Stichhaltigkeit und Wahrscheinlichkeit. Auf den horizontalen Gentransfer bzw. die Methode der Aminosäuresequenzanalyse brauchen Sie dabei nicht detailliert einzugehen.

Für eine Sequenz von 60 Aminosäuren (AS) eines bestimmten Proteins, das neben vielen anderen Proteinen (Enzymen) zur Carotinoidsynthese u. a. bei gefärbten Erbsenläusen, einer Bakterienart, zwei Pilzarten und einer Pflanzenart beiträgt, wurden zwischen den genannten Arten die Unterschiede ermittelt. Da die AS-Sequenz durch die Basensequenz der Gene codiert wird, lässt sich von der Zahl an Abweichungen in der Aminosäureabfolge auf die Zahl der Unterschiede in der Basensequenz als Folge von Mutationsereignissen schließen. Die Zahl solcher Mutationen und damit die Zahl von Basensequenzunterschieden wird immer größer, je länger sich zwei Populationen nach einer Trennung unabhängig voneinander entwickeln können. Daher kann man anhand der Anzahl von Basensequenzunterschieden auch auf die ungefähre Zeit seit der Trennung der Vorfahren von zwei Arten schließen und damit deren Verwandtschaftsnähe bestimmen. Je geringer aber die Zahl der Unterschiede zwischen den Sequenzen zweier Arten ist, desto ähnlicher ist die Basensequenz und desto größer ist auch vermutlich die Verwandtschaftsnähe der betrachteten Arten.
Die beiden Hypothesen unterscheiden sich dadurch, dass nach Hypothese 1 die Gene für die Carotinoidbildung erst vor relativ kurzer Zeit durch horizontalen Gentransfer von Pflanzen auf die Erbsenläuse übertragen worden sind, während nach Hypothese 2 der horizontale Gentransfer deutlich länger zurückliegt und von Pilzen ausging.
Der Vergleich der Daten zeigt, dass sich die AS-Sequenzen von Pilzen und Erbsenläusen mit 19 bzw. 22 Unterschieden wesentlich ähnlicher sind als die Sequenzen von Pflanzen und Erbsenläusen (42 Unterschiede). Man kann davon ausgehen, dass der Zeitpunkt eines erfolgreichen horizontalen Gentransfers umso später erfolgte, je geringer die Zahl von Unterschieden zwischen den AS-Sequenzen des durch das Gen codierten Proteins bei den betreffenden Arten ist. Die Tatsache, dass sich die AS-Sequenzen von Pflanzen und Erbsenläusen am stärksten, zu über 65 %, unterscheiden, spricht daher gegen Hypothese 1, der zufolge der Gentransfer vor sehr viel kürzerer Zeit stattgefunden haben soll als der Gentransfer von den Pilzen zu den Erbsenläusen (Hypothese 2). Hypothese 2 ist daher wahrscheinlicher als Hypothese 1.

BE

## THEMENBEREICH A: FUNKTIONSZUSAMMENHÄNGE

### Thema A1: Assimilation

Die Kartoffel ist weltweit, besonders aber in Europa und auf dem nordamerikanischen Kontinent, ein bedeutendes Nahrungsmittel. Im Zuge des immer größer werdenden Lebensmittelbedarfs stellt sie nach wie vor ein aktuelles Forschungsobjekt dar. Die Untersuchung der Abhängigkeit der Fotosyntheseleistung dieser Pflanzen von verschiedenen Umweltfaktoren steht dabei im Fokus von wissenschaftlichen Untersuchungen.

**1** Skizzieren Sie ein beschriftetes Schema, welches das wechselseitige Zusammenwirken von Lichtreaktionen (Primärreaktionen) und Calvin-Zyklus (Sekundärreaktionen) sowie Edukte und Produkte von Primär- und Sekundärreaktionen verdeutlicht. 11

**2** Werten Sie die Daten in M 1a zur Untersuchung der Abhängigkeit der Fotosyntheserate der Kartoffelpflanze von den abiotischen Faktoren Licht und Kohlenstoffdioxid-Konzentration aus. Erläutern Sie die Befunde in M 1b zur Transpiration und zur Fotosyntheserate einer Kartoffelpflanze, auch unter Berücksichtigung der Anpassungen an die wechselnden Umweltbedingungen im Laufe eines Tages. 21

## M 1 Abhängigkeit der Fotosynthese von verschiedenen abiotischen Faktoren

### M 1a Abhängigkeit der Fotosyntheserate von Licht und Kohlenstoffdioxid bei Kartoffelpflanzen

In einem Laborversuch wurde die Fotosyntheserate von Kartoffelpflanzen bei verschiedenen Lichtintensitäten bei Kohlenstoffdioxid-Konzentrationen von 350 ppm und 1 000 ppm gemessen. Alle anderen Faktoren wurden während des Versuchs konstant im optimalen Bereich gehalten.

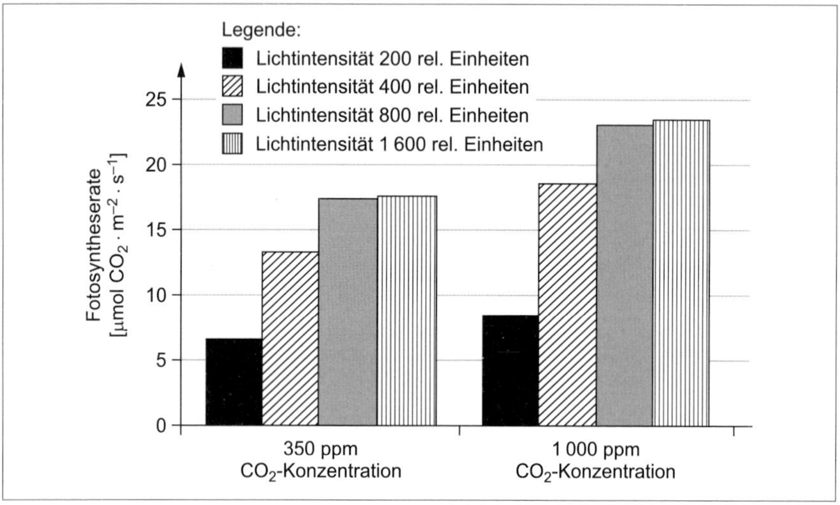


*Verändert aus:*
*Wheeler, R. M., Fitzpatrick, A. H., Tibbitts, T. W.: Potatoes as a crop for space life support: Effect of $CO_2$, irradiance and photoperiod on leaf photosynthesis and stomatal conductance. In: Frontiers in Plant Science 10 (2019), Artikel 1 632.*

## M 1 b **Fotosyntheserate und Transpiration bei Kartoffelpflanzen im Laufe eines Tages**

Auf einem Kartoffelacker wurden die Fotosyntheserate und die Transpiration von Blättern einer Kartoffelpflanze im Laufe eines Sommertages sowie die Lufttemperatur im Bereich der Blätter ermittelt. Der Boden war relativ trocken, Niederschläge traten nicht auf.

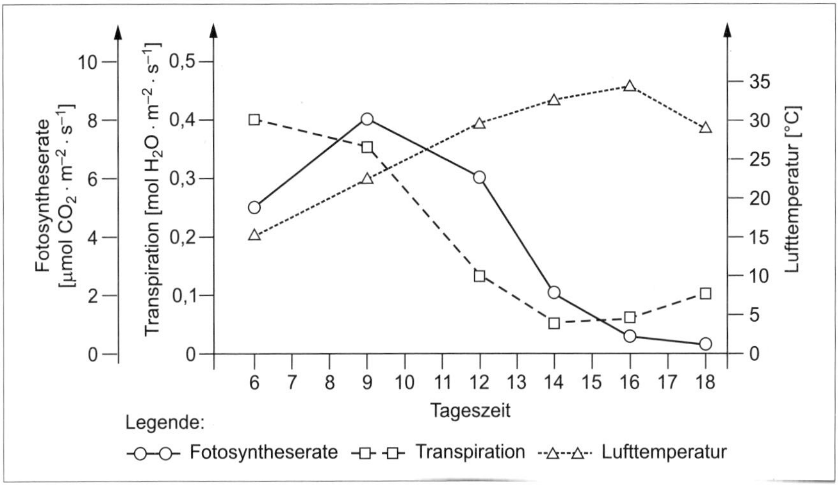


*Verändert aus:*
*Idelberger, C.: Sonnenlicht-induzierte Chlorophyll-Fluoreszenz im Tagesgang in Nutzpflanzenbeständen. Dissertation zur Erlangung des Grades eines Doktors der Agrarwissenschaften, Technische Universität München, München (2010), S. 103–107.*

## Lösungsvorschlag

Die Aufgabe beinhaltet die folgenden Themen:
Stoffwechselbiologie: Primär- und Sekundärreaktionen der Fotosynthese, Abhängigkeit der Fotosyntheseleistung von abiotischen Faktoren (Licht, Kohlenstoffdioxid), Transpiration

1 **TIPP** *Anforderungsbereich: I, Bewertungseinheiten: 11*

Legen Sie bei dieser reproduktiven Teilaufgabe eine übersichtliche und ausreichend große Skizze an. Es wird erwartet, dass Sie das Zusammenwirken der Stoffe der Primär- und Sekundärreaktionen auf das Wesentliche reduziert darstellen.

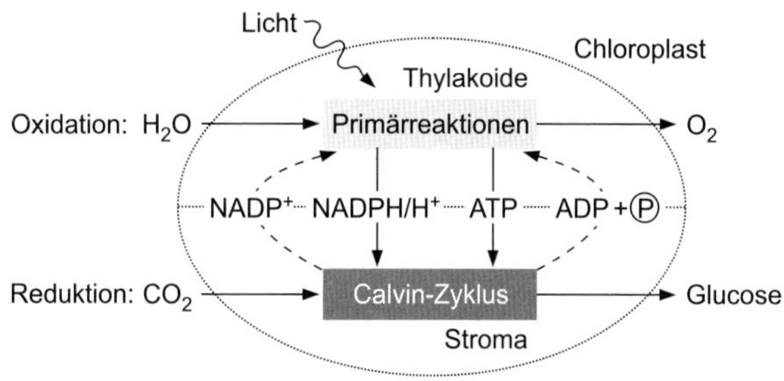


2 **TIPP** *Anforderungsbereiche: II – III, Bewertungseinheiten: 21*

Diese Aufgabe ist zweigeteilt. Im ersten Schritt sollen Sie Versuchsdaten, die zum Einfluss der Lichtintensität und der $CO_2$-Konzentration auf die Fotosyntheserate einer Kartoffelpflanze gewonnen wurden, u. a. mithilfe Ihrer Kenntnisse zur Verschränkung der Primär- und Sekundärreaktionen auswerten. Lassen Sie sich dabei nicht von der in diesem Zusammenhang etwas ungewohnten Darstellung (Balkendiagramm) irritieren. Im zweiten Arbeitsauftrag müssen Sie auf Ihr Wissen zurückgreifen, wie Pflanzen ihren Wasserhaushalt regulieren, um die angegebenen physiologischen Werte der Pflanze unter den sich verändernden Umweltfaktoren (Temperatur, Licht) im Tagesverlauf verständlich zu machen.

*Auswerten:* Bei niedrigem $CO_2$-Gehalt der Umgebung (350 ppm) führt die Verdopplung der Beleuchtungsstärke von 200 auf 400 r. E. annähernd zu einer Verdopplung der Fotosyntheserate (von etwa 6,5 auf 13,5 $\mu mol\ CO_2/m^2/s$). Wird die Lichtintensität erneut verdoppelt (auf 800 r. E.), steigert sich die Fotosyntheseleistung ebenfalls, jedoch in geringerem Maße (von etwa 13 auf 17,5 $\mu mol\ CO_2/m^2/s$). Eine Erhöhung der Beleuchtungsstärke auf 1 600 r. E. steigert die Fotosyntheserate kaum mehr. Liegt in der Umgebung ein höherer $CO_2$-Gehalt vor (1000 ppm), wirkt sich eine stufenweise

Verdopplung der Beleuchtungsstärke in ähnlicher Weise auf die Fotosyntheserate aus. Allerdings liegt die Fotosyntheserate bei höherer $CO_2$-Konzentration für jede Beleuchtungsstärke höher als bei geringerem $CO_2$-Gehalt.
Die Beleuchtungsstärke von etwa 1 600 r. E. gibt somit den Wert der Lichtsättigung an, da eine Steigerung von 800 auf 1 600 r. E. die Fotosyntheseleistung jeweils kaum noch erhöht. Bei dieser Lichtintensität arbeiten alle Fotosysteme der Pflanze mit maximaler Leistung. Eine Erhöhung des $CO_2$-Gehalts führt hingegen bei jeder Lichtintensität zu einem Anstieg der Fotosyntheseleistung, es wird in diesem Bereich also noch kein $CO_2$-Sättigungswert erreicht.
Bei geringen Beleuchtungsstärken können die Primärreaktionen nur eingeschränkt ablaufen. Es werden dann nur relativ wenige Reduktions- und Energieäquivalente gebildet, sodass die Sekundärreaktionen nicht in vollem Umfang ablaufen. Licht ist dann der die Fotosyntheseleistung begrenzende Faktor. Bei hohen Beleuchtungsstärken wird die Fotosyntheserate durch andere Faktoren, z. B. den $CO_2$-Gehalt, die Konzentrationen der Enzyme der Sekundärreaktionen oder die Umgebungstemperatur limitiert.

*Erläutern:* Die Transpiration der Pflanze zeigt um 6 Uhr ihren Höchstwert von 0,4 mol $H_2O/m^2/s$. Bis 9 Uhr fällt der Wert geringfügig auf etwa 0,35 mol $H_2O/m^2/s$ ab und sinkt dann bis etwa 14 Uhr deutlich, auf 0,05 mol $H_2O/m^2/s$. Mit steigender Lufttemperatur im Bereich der Blätter nimmt also die Transpirationsrate ab. Die Pflanze verschließt dazu ihre Stomata am frühen Morgen geringfügig, um einerseits den Wasserverlust zu reduzieren und andererseits noch genügend Kühlung zu ermöglichen. Je wärmer es wird, desto mehr steigt der Wasserbedarf der Pflanze und ihr Risiko, auszutrocknen. Um dem entgegenzuwirken, schließt die Kartoffelpflanze zwischen 9 und 14 Uhr immer mehr Stomata. Ab 14 Uhr steigt die Transpiration wieder an, obwohl die Lufttemperatur weiter zunimmt. Die Pflanze öffnet ihre Stomata wieder etwas, um mithilfe der Transpiration eine Überhitzung zu vermeiden, was durch die Wasserverdunstung an der Blattoberfläche realisiert wird. Ab 16 Uhr sinkt die Lufttemperatur langsam. Die Pflanze öffnet daher ihre Spaltöffnungen vermehrt und die Transpiration steigt bis 18 Uhr wieder bis auf 0,1 mol $H_2O/m^2/s$ an.
Die Fotosyntheserate nimmt von 6 Uhr bis 9 Uhr von 5 auf etwa 8 µmol $CO_2/m^2/s$ zu. Während dieser Zeit ist der Gasaustausch mit der Umgebung noch hoch genug, um die Fotosyntheserate zu erhöhen, was neben dem Temperaturanstieg auch auf die in dieser Zeit steigende Beleuchtungsstärke zurückzuführen ist. Bis 12 Uhr fällt die Fotosyntheserate dann auf etwa 6 µmol $CO_2/m^2/s$, bis 14 Uhr auf 2 µmol $CO_2/m^2/s$. Während dieser Zeit nimmt die Umgebungstemperatur so stark zu, dass die Pflanze ihre Spaltöffnungen immer weiter verschließt, um nicht auszutrocknen. Dadurch findet immer weniger Gasaustausch mit der Umgebung statt und die Fotosyntheserate sinkt, da das für die Assimilation notwendige $CO_2$ nur noch in geringem Maße in die Blätter diffundieren kann und schließlich nur noch aus dem Interzellularsystem im Blattinneren bezogen werden kann. Bis 18 Uhr nimmt die Fotosyntheserate weiter ab (auf ca. 0,3 µmol $CO_2/m^2/s$), allerdings nicht mehr so stark wie zuvor, da durch die geringfügige Zunahme der Transpirationsrate ab 14 Uhr wieder etwas mehr Gasaustausch stattfinden kann.

BE

## THEMENBEREICH A: FUNKTIONSZUSAMMENHÄNGE

### Thema A2: Dissimilation

Die Dissimilationsprozesse in Organismen werden durch Enzyme katalysiert. Viele dieser Prozesse finden im Zellplasma statt. Die letzten Schritte bei der aeroben Energiegewinnung erfolgen in den Mitochondrien, in denen diese Schritte in verschiedenen Kompartimenten ablaufen.

**1** Erläutern Sie den Ablauf einer Enzymreaktion auch unter Bezug auf M 1. 11

**2** Erklären Sie für den Fall intensiver körperlicher Belastung die in M 2 dargestellten Regelungsprozesse im Zusammenhang. 10

**3** Deuten Sie die in M 3 dargestellten Befunde zur Wirkung von Solanin auf die mitochondrialen Permeabilitäts-Transitionsporen. 11

## M 1 Schema einer Enzymreaktion

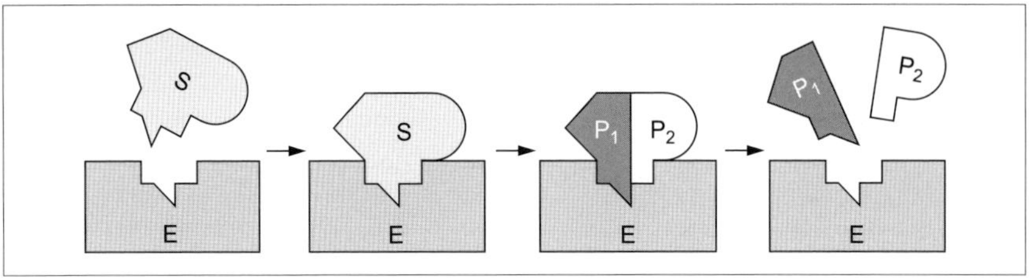


## M 2 Regulation zweier Enzyme der Glykolyse

Die Phosphofructokinase (PFK) und die Pyruvatkinase (PK) sind Enzyme, die verschiedene Teilreaktionen in der Glykolyse katalysieren:
PFK katalysiert eine dieser Teilreaktionen (A) und gilt als ein sogenanntes Schrittmacherenzym. Seine Aktivität ist geschwindigkeitsbestimmend für den gesamten Prozess der Glykolyse. PK katalysiert die letzte Teilreaktion der Glykolyse (B).

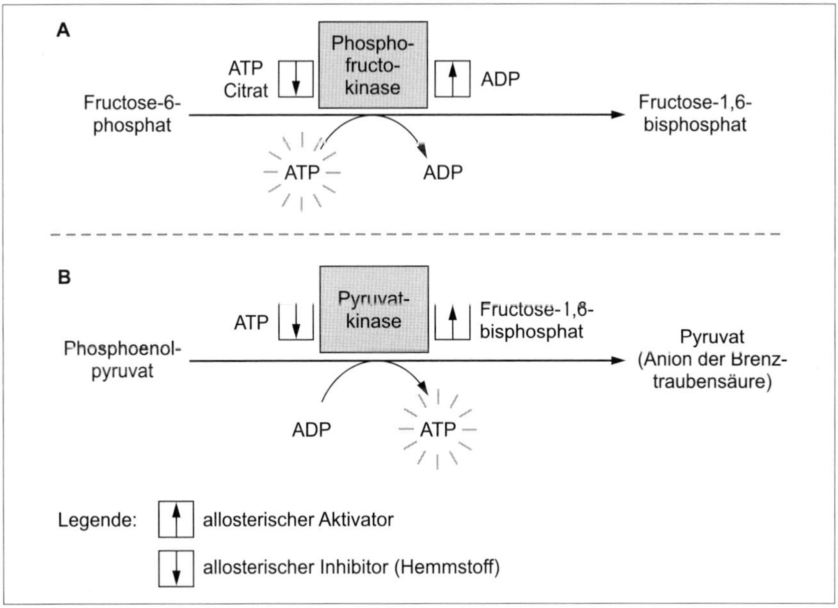


*Verändert aus:*
*Müller-Esterl, W.: Biochemie. Spektrum Akademischer Verlag, Heidelberg (2010), S. 571.*

## M 3 Einfluss von Solanin auf die mitochondrialen Permeabilitäts-Transitionsporen

In der inneren und äußeren Mitochondrienmembran befinden sich verschiedene Proteine, die für Transportprozesse von Bedeutung sind. Unter bestimmten Bedingungen können diese Membranproteine zu sogenannten mitochondrialen Permeabilitäts-Transitionsporen (mPTP) zusammengelagert werden. Diese mPTP verbinden Matrix, Intermembranraum und Zellplasma. Sie sind nicht selektiv, sodass alle kleinen Moleküle und auch Ionen ungehindert diese Poren passieren können. Forscher haben entdeckt, dass einige Substanzen die Öffnung, andere aber auch das Schließen der mPTP auslösen können. Ein solcher Stoff ist das Gift Solanin, welches von Kartoffelpflanzen gebildet wird. In einem Experiment wurde dessen Wirkung auf die Mitochondrien untersucht:
Dazu wurde einem Extrakt aus Zellplasma und Mitochondrien eine bestimmte Menge Glucose zugesetzt. Nun wurden die Veränderungen der Konzentrationen von Glucose, Sauerstoff und ATP im Extrakt für einen bestimmten Zeitraum $\Delta T_1$ ermittelt. Anschließend wurde dem Extrakt eine bestimmte Menge Solanin und zusätzlich auch ADP zugefügt und wiederum die Veränderung der Konzentrationen im nun folgenden Zeitraum $\Delta T_2$ ermittelt.

| | **Glucose-konzentration** | **Sauerstoff-konzentration** | **ATP-Konzentration** |
|---|---|---|---|
| **Veränderungen vor Zugabe von Solanin im Zeitraum $\Delta T_1$** | Abnahme | Abnahme | Zunahme |
| **Veränderungen nach Zugabe von Solanin im Zeitraum $\Delta T_2$** | Abnahme | Abnahme | konstant |

*Zusammengestellt und verändert aus:*
*Gao, Shi-Yong et al.: Effect of solanine on the membrane potential of mitochondria in $HepG_2$ cells and $[Ca^{2+}]_i$ in the cells. In: World Journal of Gastroenterology 12 (2006), S. 3 359–3 367.*
*Maher, S.: Die Rolle der mitochondrialen Permeabilitäts-Transitions-Pore bei der Entstehung des myokardialen Reperfusionschadens. Inauguraldissertation. Justus-Liebig-Universität Gießen, Gießen (2014), S. 13–14.*
*Kuznetsov, A. V. et al.: Crosstalk between mitochondria and cytoskeleton in cardiac cells. In: Cells 9 (2020), S. 8.*

## Lösungsvorschlag

Die Aufgabe beinhaltet die folgenden Themen:
Stoffwechselbiologie: Ablauf von Enzymreaktionen, Prozesse der Zellatmung und ihre Lokalisation in der Zelle, Regulation enzymatischer Reaktionen, Transport durch Mitochondrienmembranen

1

**TIPP** *Anforderungsbereich: I, Bewertungseinheiten: 11*

Beachten Sie bei dieser reproduktiv angelegten Teilaufgabe, dass Sie nicht nur die schematische Darstellung der Enzymreaktion in M 1 beschreiben, sondern auch einige erklärende Hinweise zur prinzipiellen Funktionsweise von Enzymen ergänzen sollten.

In M 1 ist die enzymatisch katalysierte Spaltung eines Substrats in zwei Produkte veranschaulicht. Entsprechend dem Schlüssel-Schloss-Prinzip bindet ein Enzym, meist ein Protein, mithilfe seines aktiven Zentrums passgenau an sein Substrat, sodass sich ein Enzym-Substrat-Komplex bildet. Infolge molekularer Wechselwirkungen zwischen Enzym und Substrat wird dieser Komplex zu einem Enzym-Produkt-Komplex umgewandelt und die Produkte dieser Umwandlungsreaktion können sich von dem Enzym ablösen.
Das Enzym setzt dabei als Biokatalysator die für die Umwandlungsreaktion (und die Ablösung der Produkte) notwendige Aktivierungsenergie herab, sodass die chemische Reaktion schneller ablaufen kann. Enzyme gehen unverändert aus der Reaktion hervor, sodass sie viele Substratmoleküle nacheinander umsetzen können.

2

**TIPP** *Anforderungsbereiche: II – III, Bewertungseinheiten: 10*

In dieser Teilaufgabe sollen Sie einige physiologische Zusammenhänge zwischen körperlichen Belastungen und enzymatisch regulierten Folgereaktionen im Zuge von Teilprozessen der Glykolyse erfassen und erklären. Dazu benötigen Sie einen guten Überblick über den gesamten Ablauf der Dissimilation. Machen Sie sich zunächst mit den Details der beiden in M 2 dargestellten Teilreaktionen der Glykolyse und deren allosterischen Regulationsfaktoren vertraut und überlegen Sie dann, über welche der beteiligten Faktoren körperliche Anstrengungen Einfluss auf den Ablauf der Glykolyse nehmen könnten. Vergessen Sie nicht, auch auf die Rolle des Citrats als allosterischer Faktor einzugehen.

Da körperliche Belastungen mit einem hohen Verbrauch von ATP verbunden sind, sinkt die ATP-Konzentration in den Zellen und die Konzentration an ADP nimmt zu. ADP wirkt als allosterischer Aktivator auf das Enzym Phosphofructokinase (PFK),

sodass vermehrt Fructose-1,6-biphosphat gebildet wird und die Umsatzrate der weiteren Reaktionen der Glykolyse steigt. Durch die körperliche Belastung wird auch die Endoxidation über die Atmungskette in den Mitochondrien gesteigert, sodass viel NADH + $H^+$ verbraucht wird. Zur Nachlieferung dieser Reduktionsäquivalente für die Atmungskette wird der Umsatz von Citrat im Citratzyklus beschleunigt. Infolgedessen steht immer weniger Citrat als allosterischer Hemmstoff der PFK zur Verfügung.
Aufgrund der verminderten ATP- und Citrat- sowie der erhöhten ADP-Konzentration wird daher die PFK-Aktivität erhöht und die Konzentration von Fructose-1,6-biphosphat, das als allosterischer Aktivator der Pyruvatkinase (PK) wirksam ist, nimmt zu. Daher wird auch die PK aktiviert, sodass der Umsatz der letzten Teilreaktion der Glykolyse mit der Bildung des Endprodukts Pyruvat verstärkt wird.

3 **TIPP** *Anforderungsbereiche: II – III, Bewertungseinheiten: 11*

Um die Wirkung des Gifts Solanin auf Membranproteine und Transportprozesse in den Mitochondrien erfassen und deuten zu können, müssen Sie mit der Struktur und der Funktion der Mitochondrien bezüglich der dort ablaufenden Dissimilationsprozesse gut vertraut sein. Verdeutlichen Sie sich zunächst die in M 3 wiedergegebenen Informationen, ohne diese zu beschreiben. Vergleichen Sie dann nacheinander für jeden der drei an den Dissimilationsprozessen beteiligten Faktoren die Ergebnisse der in der Tabelle zusammengefassten Versuche mit und ohne Solaninzugabe. Leiten Sie dann daraus jeweils eine Deutung für die Wirkung des Solanins auf die im Materialtext erläuterten mPTP ab.

Die Glucosekonzentration nimmt mit und ohne Solaninzugabe gleichermaßen ab. Das deutet darauf hin, dass aufgrund der zugesetzten Glucose die Glykolyseprozesse normal ablaufen können.
Auch die Sauerstoffkonzentration nimmt unter beiden Bedingungen ab. Daraus lässt sich schließen, dass die Endoxidation in den Mitochondrien, bei der mithilfe von NADH + $H^+$ Sauerstoff zu Wasser oxidiert wird, auch nach Solaninzugabe ablaufen kann.
Ein Anstieg der ATP-Konzentration ist hingegen nur zu verzeichnen, wenn kein Solanin hinzugegeben wird, während die ATP-Konzentration nach Zugabe von Solanin trotz Zuführung von ADP konstant bleibt. Ohne Solanin baut sich normalerweise aufgrund des Elektronentransports über die Atmungskette und die Oxidation von NADH + $H^+$ ein Protonengradient zwischen Matrix und Intermembranraum auf. Durch Nutzung der in diesem Protonengefälle gespeicherten Energie wird mithilfe der ATP-Synthase in der inneren Mitochondrienmembran ATP gebildet. Da eine ATP-Bildung jedoch offensichtlich nicht mehr stattfindet, wenn Solanin vorhanden ist, kann man davon ausgehen, dass durch Solanin eine ständige Öffnung der mPTP zwischen Intermembranraum und Matrix ausgelöst wird. Hierdurch wird eine freie Diffusion der Protonen über die Reaktionsräume ermöglicht, sodass der Protonengradient aufgehoben wird und eine weitere ATP-Bildung unterbleibt.

BE

## THEMENBEREICH A: FUNKTIONSZUSAMMENHÄNGE

### Thema A3: Neurobiologie

Im Körper höherer Organismen werden Informationen durch ein komplexes System verarbeitet, weitergeleitet und umcodiert. Man versucht, diese Vorgänge mit Modellen zu veranschaulichen.

**1** Erläutern Sie die Vorgänge an einer hemmenden Synapse. 11

**2** Erläutern Sie die in M 1 dargestellten Befunde für die Experimente I und II an den Messstellen A und B.
Beurteilen Sie die Aussagekraft des Modells in M 2 in Bezug auf neuronale Verrechnung und die Umcodierung von Signalen an Synapsen. 21

### M 1 Experimente zur Weiterleitung elektrischer Potenziale

Für die dargestellten Experimente wurde ein Komplex aus drei Neuronen isoliert, um deren Vernetzung untersuchen zu können. Neuron 1 und 2 sind Neuronen, die auf Neuron 3 einwirken. An den Messstellen A und B wird das jeweilige Membranpotenzial gemessen.

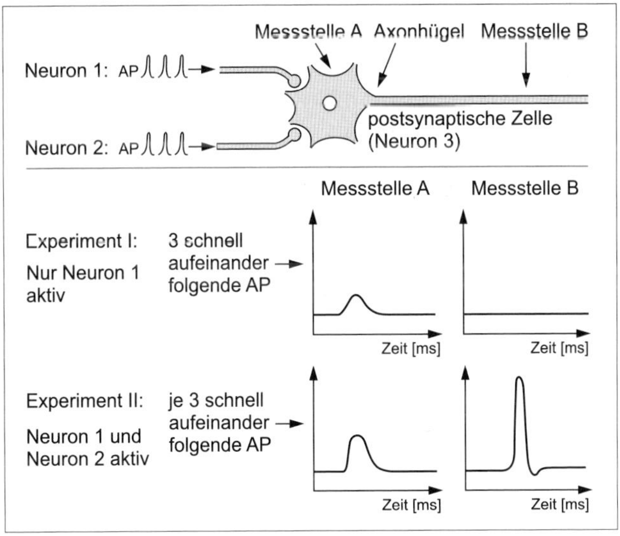


*Verändert aus:*
*Feldermann, D. (Hrsg.): Linder Biologie, Lehrermaterialien Teil 2. Schroedel Verlag GmbH, Braunschweig (2007), S. 205.*

## M 2 Modell zur Veranschaulichung neurobiologischer Konzepte

**HINWEISE:**

1. Gehen Sie davon aus, dass die Wassertemperatur in Becherglas C zu Beginn 18 °C beträgt.
2. Unter dem Begriff Umcodierung versteht man den Wechsel von einer Art der Signalcodierung in eine andere, z. B. elektrische in chemische Signale.

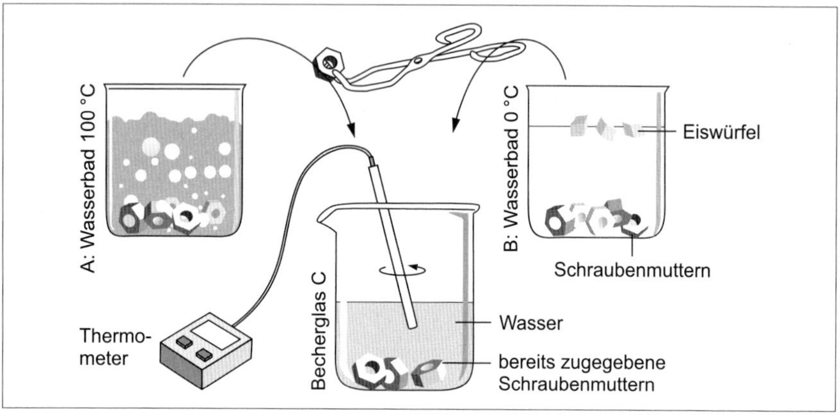


*Verändert aus:*
*Küttner, R. und Nolte, M.: Markl Biologie Experimentebuch. Ernst Klett Verlag, Stuttgart (2011), S. 169.*

## Lösungsvorschlag

Die Aufgabe beinhaltet die folgenden Themen:
Neurobiologie: Erregungsübertragung an der Synapse, Funktion hemmender Synapsen, räumliche und zeitliche Summation, Codierung von Signalen, Aussagekraft von Modellen

1 **TIPP** *Anforderungsbereich: I, Bewertungseinheiten: 11*

Geben Sie hier die Ihnen aus dem Unterricht bekannten Prozesse, die sich nach Eintreffen eines Aktionspotenzials im Endknöpfchen einer inhibitorischen Synapse abspielen, strukturiert, fachsprachlich und chronologisch korrekt wieder. Auf die Verrechnung gegensätzlicher postsynaptischer Potenziale einzugehen, ist nicht gefordert.

Am synaptischen Terminal einlaufende Aktionspotenziale bewirken dort eine Öffnung spannungsgesteuerter $Ca^{2+}$-Ionenporen. Infolgedessen strömen $Ca^{2+}$-Ionen sowohl entlang ihres Konzentrationsgradienten als auch entlang des Spannungsgefälles in das Zellinnere. Dort bewirken Sie ein Verschmelzen der transmittergefüllten Vesikel mit der präsynaptischen Membran und damit die Ausschüttung des Transmitters in den synaptischen Spalt. Die (inhibitorischen) Transmittermoleküle diffundieren zur postsynaptischen Membran, wo sie an spezifische Rezeptorstellen an Chloridionenkanälen binden. Dadurch werden diese Ionenporen geöffnet und $Cl^{-}$-Ionen strömen entlang ihres Konzentrationsgradienten in die postsynaptische Zelle, deren Membranpotenzial hyperpolarisiert wird (Entstehung eines IPSPs). Zeitgleich über eine andere, erregende Synapse eintreffende Signale können daher kein oder nur ein geringes EPSP auslösen, sodass die Informationsübertragung dann mit hoher Wahrscheinlichkeit unterbleibt. Nach kurzer Zeit wird der inhibitorische Transmitter entweder abgebaut oder wieder in die Präsynapse aufgenommen und recycelt.

2 **TIPP** *Anforderungsbereiche: II – III, Bewertungseinheiten: 21*

Der Operator „erläutern“ im ersten Teil der Aufgabe erfordert, dass Sie die Ergebnisse der experimentellen Untersuchung nicht nur wiedergeben, sondern auch auf zellulärer Ebene erklären, indem Sie Ihre Kenntnisse zur Ausbreitung und Summation postsynaptischer Potenziale anwenden. Im zweiten Arbeitsauftrag sollen Sie prüfen, ob und inwiefern das Modell dazu dienen kann, die Summation und die Umcodierung von Signalen zu veranschaulichen. Machen Sie sich dazu zunächst die experimentelle Vorgehensweise klar und gehen Sie bei der Erklärung von einem Becherglas C ohne Schraubenmuttern aus.

*Erläutern:* Im ersten Experiment ist nur Neuron 1, das mit Neuron 3 über eine Synapse verbunden ist, aktiv. Nachdem in Neuron 1 drei Aktionspotenziale (APs) in schneller

Folge ausgelöst wurden, wird am Soma (Messstelle A) von Neuron 3 eine geringfügige Depolarisation des Membranpotenzials gemessen. Diese Depolarisation ist das Ergebnis einer zeitlichen Summation der Potenziale, die die einzelnen APs an der postsynaptischen Membran ausgelöst haben. Das resultierende erregende postsynaptische Potenzial (EPSP) basiert an der (erregenden) Synapse auf einem relativ schwachen Kationeneinstrom. Es breitet sich unter Abschwächung in Richtung Axonhügel aus. Dort ist das Potenzial dann zu gering, um neue APs auszubilden, sodass an Messstelle B keine Spannungsänderung feststellbar ist.
Im zweiten Experiment ist sowohl Neuron 1 aktiv als auch Neuron 2, das ebenfalls mit Neuron 3 über eine Synapse verbunden ist. Zeitgleich wurden in Neuron 1 und Neuron 2 jeweils drei kurz hintereinander folgende APs ausgelöst. Am Soma von Neuron 3 ist daraufhin ein deutlich stärkeres Membranpotenzial messbar als im ersten Experiment. Dies ist darauf zurückzuführen, dass es an beiden Synapsen zu einem Kationeneinstrom in die Postsynapse und damit zur Entstehung postsynaptischer erregender Potenziale kommt, die zeitlich und räumlich summiert werden. Trotz Abschwächung des Signals durch elektrotonische Ausbreitung ist das Potenzial am Axonhügel noch so hoch, dass ein AP generiert wird, das an Messstelle B gemessen werden kann.

*Begründen:* Die neuronale Verrechnung lässt sich mithilfe des Modells in gewissem Maße veranschaulichen. Aufgrund der unterschiedlichen Temperaturen in den beiden Wasserbädern (100 °C und 0 °C) sind die darin befindlichen Schraubenmuttern entsprechend hoch erhitzt bzw. eisgekühlt. Gibt man heiße Muttern aus Glas A in das zunächst nur mit 18 °C kaltem Wasser gefüllte Glas C, erhöht sich dort die Wassertemperatur. Dieser Temperaturanstieg kann mit der Positivierung eines Membranpotenzials, also einer Depolarisation, gleichgesetzt werden, die z. B. an der postsynaptischen Membran bei einer synaptischen Erregungsübertragung entsteht. Die Schnelligkeit, mit der sich eine reale Depolarisation ausbreitet sowie abschwächt, lässt sich jedoch mithilfe langsamer Temperaturänderungen nur bedingt veranschaulichen.
Das Phänomen, dass die Temperatur umso höher steigt, je mehr heiße Muttern zugefügt werden, lässt sich prinzipiell mit dem Prozess der zeitlichen Summation vergleichen, bei der mehrere Potenziale, z. B. EPSPs an einer Postsynapse, miteinander verrechnet werden. Dass neuronale Signale sehr schnell aufeinanderfolgen müssen, um summiert zu werden, lässt sich aufgrund der länger anhaltenden Temperaturerhöhung im Modell allerdings nicht adäquat abbilden.
Die Zugabe sehr kalter Muttern in Becherglas C bewirkt eine Abnahme der Wassertemperatur. Dies kann modellhaft eine Membranhyperpolarisation veranschaulichen. Gibt man gleichzeitig unterschiedlich warme bzw. kalte Muttern aus den Gläsern A und B in Glas C, wird die Wassertemperatur in entgegengesetzte Richtungen beeinflusst. Dieser Vorgang kann mit der neuronalen Verrechnung bei einer räumlichen Summation, z. B. von EPSPs und IPSPs, verglichen werden. Die Notwendigkeit, dass die neuronalen Signale, um verrechnet werden zu können, gleichzeitig eintreffen müssen, kann jedoch auch hier nicht ideal veranschaulicht werden.
Im Hinblick auf die Umcodierung von Signalen, d. h. die Umwandlung von z. B. elektrischen in chemische Signale, lässt sich das Modell nicht nutzen, da hier ausschließlich mit Temperaturveränderungen, also thermischen Veränderungen, operiert wird.

BE

## THEMENBEREICH A: FUNKTIONSZUSAMMENHÄNGE

### Thema A4: Molekularbiologie

Nachdem es lange als unumstößliche Tatsache galt, dass Eigenschaften, die ein Individuum in seinem Leben durch Anpassung erworben hat, nicht an seine Nachkommen vererbt werden, so legen es Kenntnisse der Molekularbiologie nahe, diese Lehrmeinung noch einmal genauer zu prüfen.
Untersuchungen zur Methylierung von Genen, z. B. bei Meerschweinchen, werfen ein neues Licht auf diese Kontroverse.

**1** Beschreiben Sie das Verfahren der Polymerase-Kettenreaktion (PCR). 8

**2** Erläutern Sie anhand von M 1 die Auswirkungen von Hitzestress auf die Proteinausstattung von Meerschweinchen aufgrund von Genregulation. 13

**3** Nehmen Sie anhand von M 2 Stellung zu der Annahme, dass erworbene Eigenschaften vererbt werden können. 11

## M 1 Genregulation durch DNA-Methylierung

Zur Bestimmung der Genregulation bei Meerschweinchen wurden diese einem mehrstündigen Hitzestress ausgesetzt. Vor und nach diesem Stress bestimmte man den Anteil von Nukleotiden mit methylierten Cytosinmolekülen am gesamten Genom sowie die Methylierung dreier Promotoren.

| | **unbehandelt (Kontrolle)** | **hitzebehandelt** |
|---|---|---|
| **Promotor des Gens (I)** | methyliert | keine Methylierung |
| **Promotor des Gens (II)** | keine Methylierung | methyliert |
| **Promotor des Gens (III)** | keine Methylierung | keine Methylierung |
| **Anteil von Nukleotiden mit methylierten Cytosinmolekülen am gesamten Genom** | 10 % | 10 % |

**HINWEIS:** Gen (I), Gen (II) und Gen (III) sind beispielhafte Angaben für verschiedene Gene.

*Verändert aus:*
*Weyrich, A. et al.: Paternal intergenerational (…). In: Molecular Ecology 25 (2015), S. 1 731.*

## M 2 Transkription des Stat3-Gens bei Meerschweinchen

### M 2a Versuchssetting

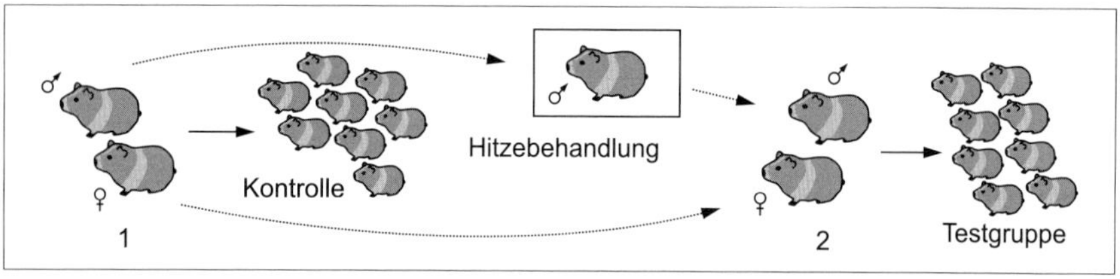


Zur Untersuchung der Fragestellung, ob sich die Folgen einer Hitzebehandlung eines Elterntieres auf die Nachkommen übertragen, hat man die Nachkommen von Meerschweinchen getestet. Die Väter dieser Nachkommen erhielten eine erzwungene Hitzebehandlung, nicht aber die Mütter und die Nachkommen selber. Als Kontrolle dienten dabei Nachkommen derselben Elterntiere, ohne dass die Väter zuvor die Hitzebehandlung durchgemacht hatten. Bei dem Test verglich man (A) den Methylierungsgrad des Stat3-Gens der Nachkommen. Außerdem testete man, (B) wie stark das Stat3-Gen exprimiert wurde. Methylierungen können alle Zellen, also auch die Keimzellen, betreffen.

*Verändert aus:*
*Weyrich, A. et al.: Paternal intergenerational (…). In: Molecular Ecology 25 (2015), S. 1 731.*

**M 2b** **Versuchsergebnisse**

**A: DNA-Methylierung beim Promotor des Stat3-Gens**
Als Methylierungsgrad wird hier der Anteil der Cytosinnukleotide bezeichnet, die methyliert vorliegen.

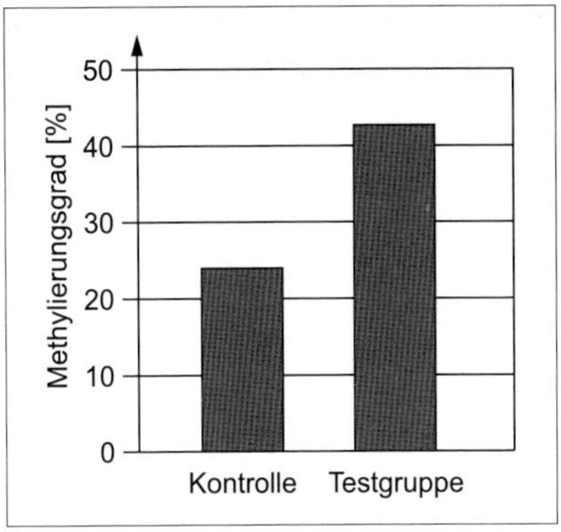


**B: Genexpression des Stat3-Gens**
Die Zahlenangaben geben die mRNA-Menge in Relation zu einem Gen an, das keiner Regulation unterliegt.

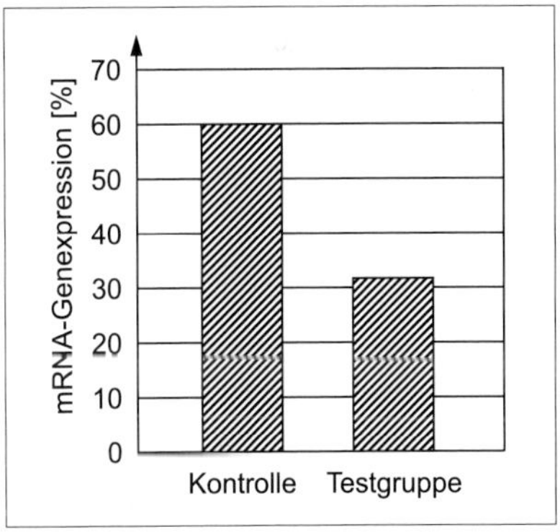


*Verändert aus:*
*Weyrich, A. et al.: Paternal heat exposure (…) Wild guinea pig sons. In: Ecology and Evolution 6 (2016), S. 2 657–2 666.*
*Weyrich, A. et al.: Paternal intergenerational (…). In: Molecular Ecology 25 (2015), S. 1 731.*

## Lösungsvorschlag

Die Aufgabe beinhaltet die folgenden Themen:
Molekularbiologie: Polymerase-Kettenreaktion (PCR), Genregulation bei Eukaryoten, Vererbung erworbener Eigenschaften, epigenetische Mechanismen, DNA-Methylierung, Zusammenspiel zwischen Umwelt und Genom

1 **TIPP** *Anforderungsbereich: I, Bewertungseinheiten: 8*

Achten Sie bei dieser reproduktiv angelegten Einstiegsaufgabe, in der Sie den Ablauf der Polymerase-Kettenreaktion beschreiben sollen, vor allem auf eine strukturierte Darstellung und auf die Verwendung der korrekten Fachbegriffe.

Die PCR ist ein Verfahren zur exakten Vervielfältigung meist relativ kurzer DNA-Abschnitte, z. B. eines Gens. Für die PCR benötigt man eine DNA-Probe, ein Gemisch der vier DNA-Nukleotide, zwei Primer mit kurzen Basensequenzen, die komplementär zum Anfang und zum Ende des zu vervielfältigenden DNA-Abschnitts sind, sowie eine besondere, hitzestabile DNA-Polymerase. Der PCR-Ansatz mit sämtlichen Komponenten wird stark erhitzt (auf ca. 95 °C), sodass sich die DNA in Einzelstränge aufspaltet (Hitzedenaturierung). Bei der anschließenden Abkühlung (auf ca. 55 °C) binden die Primer jeweils über komplementäre Basenpaarung an spezifische Abschnitte der Einzelstränge (Hybridisierung). Bei Erwärmung auf das Temperaturoptimum der DNA-Polymerase (ca. 72 °C) werden, ausgehend von den gebundenen Primern, durch das Enzym neue DNA-Einzelstränge komplementär am alten Einzelstrang synthetisiert und mit diesem zum Doppelstrang verknüpft (identische Replikation).
Die beschriebenen Prozessschritte werden vielfach wiederholt, sodass am Schluss eine große Menge identischer Kopien des gewünschten DNA-Abschnitts vorliegt.

2 **TIPP** *Anforderungsbereiche: I – II, Bewertungseinheiten: 13*

In dieser Teilaufgabe wird vorausgesetzt, dass Ihnen die Bedeutung der Methylierung von Genen bzw. einzelnen Basen der DNA für die Genregulation von Eukaryoten und der Methylierungsgrad als Beispiel epigenetischer Musterbildung bekannt ist. Deshalb müssen Sie neben der zusammenfassenden Beschreibung des Versuchsablaufs und seiner unmittelbaren Ergebnisse auch weiterführend darauf eingehen, welche Folgen die Methylierung bzw. die Nicht-Methylierung einzelner Gene für die Proteinbildung haben.

Um den Einfluss von Hitzestress bei Meerschweinchen auf molekulargenetischer Ebene zu erfassen, wurden der dadurch hervorgerufene Methylierungsgrad der Promotoren von drei verschiedenen Genen sowie der Gesamtanteil methylierter Cytosinmoleküle am Genom bestimmt.

Infolge der Hitzebehandlung kam es teilweise zu Änderungen des Methylierungszustands der Promotoren der untersuchten Gene. Bei Gen I wurde eine Demethylierung bewirkt. Das bedeutet, dass sich die RNA-Polymerase an das betreffende Gen anheften kann und dass über die Translations- und Transkriptionsprozesse Proteine als Genprodukte gebildet werden können. Der Promotor von Gen II wurde methyliert. Das führt dazu, dass Gen II abgeschaltet wird und dass keine Genprodukte gebildet werden. Der methylgruppenfreie Promotor von Gen III blieb durch den Hitzestress unbeeinflusst, also nicht methyliert. Das betreffende Gen bleibt dementsprechend „angeschaltet" und es werden weiterhin Genprodukte gebildet.
Über das gesamte Genom gesehen änderte sich der Anteil der methylierten Cytosinmoleküle trotz der Hitzeeinwirkung nicht. Allerdings veränderte sich, wie beschrieben, das Methylierungsmuster. Demzufolge kann man annehmen, dass sich bei den Tieren durch den Hitzestress das Spektrum der produzierten Proteine verändert.

3 **TIPP** *Anforderungsbereiche: II – III, Bewertungseinheiten: 11*

In dieser Teilaufgabe geht es anhand weiterer Untersuchungen an Meerschweinchen darum, inwieweit sich die molekulargenetisch ermittelten Folgen der Hitzebehandlung auch auf Nachkommen übertragen, ohne dass diese selbst einem Hitzestress ausgesetzt wurden. Man möchte also wissen, ob sich die von den Versuchstieren erworbenen Eigenschaften auf die Nachkommen vererben können. Dazu sollten Sie sich zunächst das „Versuchssetting" verdeutlichen und die in M 2b dargestellten Ergebnisse der Versuchsansätze zusammenfassend wiedergeben. Auf dieser Grundlage können Sie dann eine begründete und differenzierte Stellungnahme zur formulierten Annahme abgeben.

Der Methylierungsgrad des Promotors der Stat3-Gene bei Nachkommen von hitzebehandelten Meerschweinchenmännchen und unbehandelten Meerschweinchenweibchen war fast doppelt so hoch wie derjenige bei Nachkommen von gänzlich unbehandelten Meerschweinchen (ca. 43 % gegenüber ca. 24 %). Bei der Testgruppe, d. h. den unbehandelten Nachkommen von hitzebehandelten Männchen und unbehandelten Weibchen, war die Genexpression der Stat3-Gene im Vergleich zur Kontrollgruppe der Nachkommen unbehandelter Meerschweinchen entsprechend um ca. die Hälfte niedriger (ca. 31 % gegenüber 60 %). Man kann daher vermuten, dass die Tiere der Testgruppe, ohne selbst einem Hitzestress ausgesetzt worden zu sein, eine epigenetisch bedingte Reaktionsfähigkeit gegenüber Hitze besitzen, die sie nur von den hitzebehandelten Vatertieren über deren Spermazellen mit erhöhtem Methylierungsgrad erhalten haben können. Insofern trifft für diesen Fall die Aussage zu, dass erworbene Eigenschaften auf die Nachkommen vererbt werden können. Dies gilt unter der Voraussetzung, dass andere Einflüsse, die das Methylierungsmuster verändern, bei den Versuchstieren ausgeschlossen werden können.

BE

## THEMENBEREICH B: VERNETZTE SYSTEME

### Thema B1: Ökologie

In vielen biologischen Kontexten spielt die Verfügbarkeit von Stickstoff eine zentrale Rolle, z. B. als abiotischer Faktor, der die Artzusammensetzung auf Wiesen beeinflusst. Die Artzusammensetzung auf Wiesen bestimmt wiederum deren ökologischen und ökonomischen Wert.

| | | |
|---|---|---|
| **1** | Erläutern Sie die in M 1 dargestellten Teilprozesse des Stickstoffkreislaufs. | 11 |
| **2** | Erklären Sie die unterschiedlichen Verläufe der Kurven in M 2 unter Berücksichtigung der Nahrung der Organismen. | 11 |
| **3** | Bewerten Sie die intensive Düngung einer ausgehagerten Wiese mit Nitrat aus ökologischer und ökonomischer Perspektive (M 3). | 10 |

**M 1** **Schematische Darstellung des Stickstoffkreislaufs**

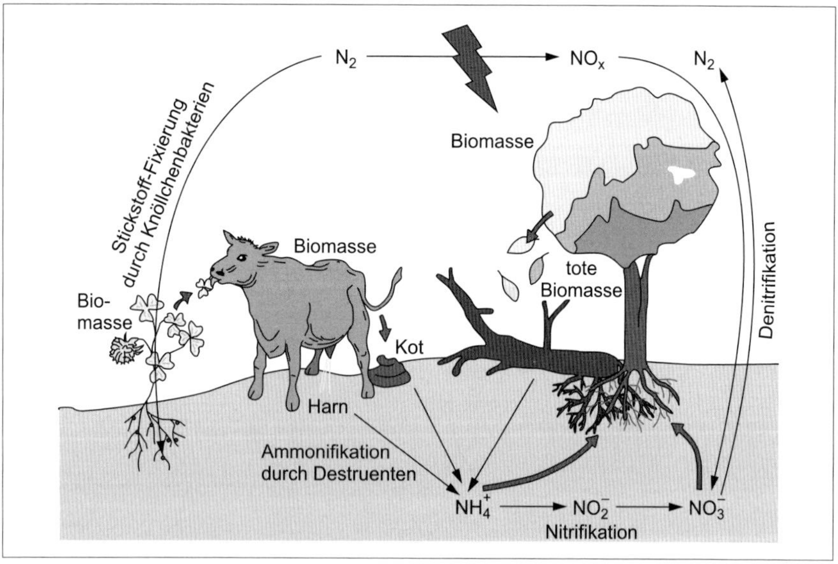


*Verändert aus:*
*Twenhöven, F.: Der Stickstoffkreislauf. In: Unterricht Biologie 447 (2019), S. 3.*

## M 2 Untersuchungen zu Nahrungswegen in einer Wiese

Zur Untersuchung der Nahrungswege in einer Wiese wird auf einer Versuchsfläche radioaktives Phosphat ausgebracht. Das radioaktive Phosphat wird von den Pflanzen aufgenommen und gelangt so in das Nahrungsnetz des Ökosystems. Anschließend misst man die Radioaktivität verschiedener Lebewesen und setzt die Messwerte ins Verhältnis zur Masse der Lebewesen über einen Zeitraum von 35 Tagen.
Verbindungen mit radioaktivem Phosphat können ebenso gut ausgeschieden werden wie Verbindungen mit nicht-radioaktivem Phosphat. Radioaktives Phosphat zerfällt, sodass nach einer Halbwertszeit von etwa 14 Tagen nur noch die Hälfte und nach 28 Tagen nur noch ein Viertel der ursprünglich ausgebrachten radioaktiven Phosphatmenge vorhanden ist.

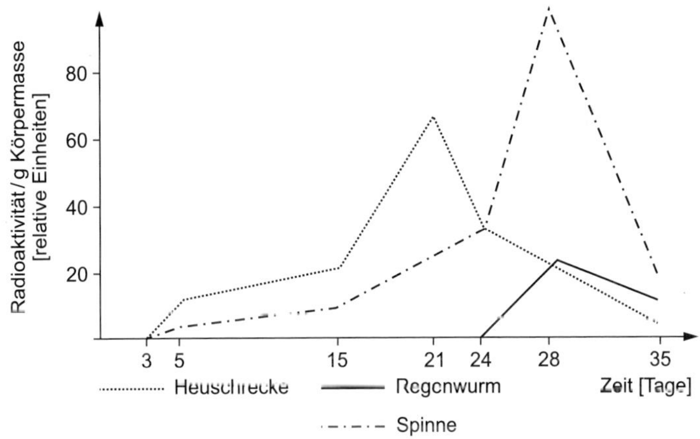


*Verändert aus:*
*Jaenicke, J. (Hrsg.): Materialien-Handbuch Kursunterricht Biologie (Bd. 3 Ökologie). Aulis Verlag Deubner, Köln (1994), S. 426.*

## M 3 Kennarten für artenreiches Grünland im niedersächsischen Tiefland

**Hinweise:** Die Futterwertzahl (FZ) ist sowohl ein Maßstab für die chemische Zusammensetzung des Futters als auch für dessen Verwertung durch das Tier. Die Skala reicht von 1 (sehr geringer Futterwert) bis 9 (sehr hoher Futterwert).
Die Nährstoffzahl gibt an, bei welchem Stickstoffgehalt eine Pflanze auf einer Weide am konkurrenzstärksten ist (ökologisches Optimum). Die Skala reicht von 1 (extrem stickstoffarmer Boden) bis 9 (übermäßig stickstoffreicher Boden).
Auf ausgehagerten Wiesen findet man Pflanzen mit der Nährstoffzahl (NZ) 1–3. Auf Wiesen mit mittlerem Stickstoffgehalt findet man Pflanzen mit der NZ 4–6. Auf Fettwiesen findet man Pflanzen mit der NZ 7–9.

| Art | Nährstoffzahl (NZ) | Futterwertzahl (FZ) |
|---|---|---|
| Feld-Thymian | 1 | 2 |
| Schafschwingel | 1 | 4 |
| Kleines Habichtskraut | 2 | 3 |
| Margerite | 3 | 3 |
| Weiche Trespe | 4 | 4 |
| Honiggras | 5 | 5 |
| Wiesen-Knöterich | 5 | 5 |
| Rotschwingel | 5 | 7 |
| Teufelskralle | 5 | 6 |
| Glatthafer | 7 | 8 |
| Deutsches Weidelgras | 7 | 9 |

*Zusammengestellt und verändert aus:*
*Ellenberg, H. und Leuschner, C.: Vegetation Mitteleuropas mit den Alpen. UTB, Stuttgart (2010), Kap. 27.*
*https://offene-naturfuehrer.de/bflor/BiolFlor (letzter Zugriff am 12. 11. 2020).*

## Lösungsvorschlag

Die Aufgabe beinhaltet die folgenden Themen:
Ökologie: Stickstoffkreislauf, Nahrungswege im Nahrungsnetz, Trophieebenen, Nitratdüngung, Eingriff des Menschen in Ökosysteme

1 **TIPP** *Anforderungsbereich: I, Bewertungseinheiten: 11*

Berücksichtigen Sie bei Ihrer Bearbeitung, dass mit dem Operator „erläutern" nicht nur eine reine Beschreibung der schematischen Darstellung des Stickstoffkreislaufs in M 1 erwartet wird, sondern dass Sie auch einige zusätzliche, vertiefende Informationen zu den Details des Stickstoffkreislaufs einbringen sollen.

Der Luftstickstoff wird einerseits unter Energiezufuhr (z. B. Blitzschlag, Verbrennungsreaktionen, Vulkanausbrüche) zu Stickstoffoxiden umgewandelt und gelangt als Nitrat chemisch fixiert in den Boden. Andererseits kann Luftstickstoff u. a. von symbiotisch mit Pflanzen lebenden Knöllchenbakterien biologisch fixiert werden und steht dann den Pflanzen z. B. in Form von Ammonium zur Verfügung. Nitrat und Ammonium werden in den Pflanzen zum Aufbau von organischen Stickstoffverbindungen genutzt. Herbivore Tiere fressen diese Pflanzen und binden die Stickstoffverbindungen durch ab- und aufbauende Stoffwechselprozesse in ihrer Biomasse. Aus Ausscheidungen der Tiere und toter Biomasse werden die organischen Stickstoffverbindungen durch Destruenten zu Ammonium umgesetzt, das den Pflanzen wieder zur Verfügung steht. Außerdem wird Ammonium im Zuge der Nitrifikation durch bestimmte Bakterien schrittweise zu Nitrit und dann zu Nitrat oxidiert. Das Nitrat kann wieder von Pflanzen verwertet werden oder wird durch denitrifizierende Bakterien zu Luftstickstoff (oder Stickstoffoxiden) reduziert, sodass sich der N-Kreislauf an dieser Stelle schließt.

2 **TIPP** *Anforderungsbereich: II, Bewertungseinheiten: 11*

Diese Aufgabe erfordert, dass Sie sich mit den Trophieebenen des Ökosystems Wiese auskennen und dass Sie die in M 2 erwähnten Organismengruppen diesen Trophiestufen jeweils zuordnen können. Gehen Sie bei Ihrer Erklärung auch auf die unterschiedliche Höhe der Radioaktivität pro Körpermasse ein und berücksichtigen Sie den unterschiedlichen Akkumulationsgrad des Phosphats aufgrund der Nahrung der jeweiligen Organismengruppen.

Die Pflanzen der Wiese nehmen als Produzenten sowohl radioaktiv markiertes als auch nicht-radioaktives Phosphat auf und binden es in ihrer Biomasse. Durch pflanzenfressende Organismen gelangt es dann weiter ins Nahrungsnetz der Wiese und lässt sich in den verschiedenen Stufen eines Nahrungsnetzes nachweisen. Bei Heuschrecken wird drei Tage nach Ausbringung des radioaktiven Phosphats ein deutlicher Anstieg der Radioaktivität pro Körpermasse mit einem Maximum von 65 relativen Einheiten (r. E.) nach 21 Tagen registriert. Die Insekten ernähren sich als Pflanzenfresser oder Primärkonsumenten u. a. von den radioaktiven Pflanzenteilen. Bei Spinnen zeigt sich ebenfalls drei Tage nach Versuchsbeginn ein Anstieg der Radioaktivität, diese nimmt allerdings zunächst langsamer zu als bei Heuschrecken und erreicht dann nach 28 Tagen ein Maximum, das höher liegt als bei den Insekten (ca. 100 r. E.). Dies ist darauf zurückzuführen, dass Spinnen als Sekundärkonsumenten u. a. radioaktiv markierte, tierische Nahrung verwerten. Aufgrund ihrer Position in der Nahrungskette reichert sich bei Spinnen das Phosphat stärker in der Biomasse an als bei den Primärkonsumenten. Bei den zur Trophieebene der Destruenten gehörenden Regenwürmern ist erst 24 Tage nach der Phosphat-Ausbringung ein Anstieg der Radioaktivität messbar, mit einem Maximum von nur 20 r. E. am 28. Tag. Die Würmer ernähren sich als Destruenten von Ausscheidungen und toter Biomasse, die aufgrund des Verdünnungseffekts und der kurzen Halbwertszeit des radioaktiven Phosphats nur noch relativ geringe Mengen der Substanz enthalten. Der verzögerte Anstieg bei den Würmern ist damit zu erklären, dass das Phosphat zunächst in der Biomasse anderer Organismen gebunden wird, bevor ein Abbau radioaktiv markierter organischer Substanz durch diese Destruenten erfolgt. Da radioaktives Phosphat ausgeschieden werden kann und eine Halbwertszeit von etwa 14 Tagen hat, ist es nach 35 Tagen kaum mehr in den Organismen nachzuweisen.

**3** **TIPP** *Anforderungsbereiche: II – III, Bewertungseinheiten: 10*

Machen Sie sich hier zunächst die Bedeutung und Unterschiede der beiden Kennzahltypen anhand der Informationen in M 3 klar. Gehen Sie dann bei Ihren Ausführungen von den in der Tabelle zu M 3 zusammengefassten Befunden aus, um die allmählichen Folgen für das Artenspektrum einer ursprünglich stickstoffarmen (ausgehagerten) Wiese durch intensive Düngung mit Nitrat aus ökologischer bzw. ökonomischer Sicht zu erfassen und zu bewerten. Abschließend können Sie für eine umfassende Bewertung Ihre Argumente auch gewichten, um eine aus Ihrer Sicht tragfähige Empfehlung für einen zukünftigen Umgang mit der Wiese schlüssig abzuleiten.

In der stickstoffarmen Wiese findet man Pflanzenarten mit niedriger Nährstoffzahl (1–3), und auch die Futterwertzahl dieser Pflanzen, die ihre Qualität als Tierfutter klassifiziert, ist nicht sehr hoch (ca. 2–4). Führt man dieser Wiese Nitrat zu, sodass ein mittlerer Stickstoffgehalt im Boden entsteht, werden Arten gefördert, die durch eine mittlere Nährstoffzahl von 4–6 gekennzeichnet sind und eine mittlere Futterwertzahl (4–7) aufweisen. Pflanzen mit niedrigerer Nährstoffzahl werden allerdings verdrängt. Bei weiterer intensiver Zufuhr von Nitratdünger entsteht eine Fettwiese mit hohem Stickstoffgehalt im Boden, in der sich nur Pflanzen mit hoher Nährstoffzahl (7–9) be-

haupten können. Die Artenvielfalt nimmt vermutlich ab, da die Pflanzenarten mit mittlerer Nährstoffzahl verdrängt werden. Die (wenigen) Arten mit hoher Nährstoffzahl besitzen jedoch eine hohe Futterwertzahl.
Aus rein ökologischer Perspektive ergeben sich verschiedene Bewertungsaspekte: Bei Zufuhr von Nitrat auf eine nährstoffarme Wiese werden Pflanzenarten, die an stickstoffarme Böden angepasst sind, verdrängt. Dies könnte die betreffenden Arten generell gefährden, wenn diese Lebensräume zunehmend schwinden. Die Vielfalt an Pflanzenarten auf der Wiese wird jedoch vermutlich durch die leichte Düngung nicht verringert, sondern ggf. sogar etwas erhöht, was eventuell für das Ökosystem dieser Wiese vorteilhaft sein kann. Bei stärkerer Düngung mit Nitrat nimmt die Artenvielfalt jedoch vermutlich ab, da sich bei einer hohen Stickstoffkonzentration im Boden nur relativ wenige Pflanzenarten auf der Wiese durchsetzen können. Außerdem besteht dann die Gefahr, dass durch Ausschwemmungseffekte der Nitratgehalt im Grundwasser ansteigt.
Aus rein ökonomischer Perspektive wird eine Wiese angestrebt, die vor allem durch Pflanzenarten mit relativ hoher Futterwertzahl gekennzeichnet ist. Dies gelingt durch eine verstärkte, intensive Stickstoffzufuhr. Der ökonomische Nutzen, die Ertragsqualität der Wiese, steigt also, wenn intensiv mit Nitrat gedüngt wird.
Für einen Ausgleich zwischen ökonomischer und ökologischer Perspektive wäre es anzustreben, vorsichtig zu düngen, sodass sich der Futterwert der Wiese zwar erhöht, aber die Artenvielfalt nicht verringert und das Grundwasser kaum belastet wird.

BE

## THEMENBEREICH B: ENTWICKLUNGSPROZESSE

### Thema C1: Evolution

Die Merkmale aller Organismen sind Folge zuvor stattgefundener evolutiver Prozesse. Für die Erstellung von Stammbäumen können anatomisch-morphologische Befunde herangezogen werden. Zur Entstehung von Mitochondrien gibt es neben der Endosymbiontentheorie auch alternative Hypothesen.

**1** Stellen Sie an je einem selbst gewählten Beispiel dar, was unter Homologie und was unter Analogie verstanden wird. 6

**2** Entwickeln Sie anhand der Befunde in M 1 einen Stammbaum der vier Pflanzengruppen, indem Sie die in der Tabelle aufgeführten Merkmale A–F heranziehen und im Stammbaum platzieren.
Erklären Sie den von Ihnen entwickelten Stammbaum anhand der Merkmale (M 1). 16

**3** Beschreiben Sie die Sukzessiv-Hypothese zur Entstehung von Mitochondrien (M 2).
Erläutern Sie auch unter Berücksichtigung von M 2, warum die Sukzessiv-Hypothese zur Entstehung von Mitochondrien als unwahrscheinlicher angesehen wird als die Endosymbiontentheorie. 10

## M 1 Anatomisch-morphologische Merkmale ausgewählter Pflanzengruppen

In der folgenden Tabelle sind Befunde zum Vorhandensein (+) oder Fehlen (–) anatomisch-morphologischer Merkmale bei vier ausgewählten Pflanzengruppen dargestellt.

| | **A:** Echte Leit-bündel mit Lignin | **B:** Samen in Fruchtknoten eingeschlossen | **C:** Blütenhülle in zwei Wirteln | **D:** Fruchtblätter Typ 1 | **E:** Fruchtblätter Typ 2 | **F:** Fruchtblätter Typ 3 |
|---|---|---|---|---|---|---|
| *Coniferales* ***(CO)*** | + | – | – | – | – | – |
| *Magnoliales* ***(MG)*** | + | + | – | + | – | – |
| *Liliales* ***(LI)*** | + | + | + | – | + | – |
| *Rosales* ***(RO)*** | + | + | + | – | – | + |

*Zusammengestellt aus:*
*Bresinsky, A. und Kadereit, J. W.: Systematik-Poster: Botanik, 2. Auflage. Spektrum, Heidelberg (2001).*
*Lecointre, G. und Le Guyader, H.: Biosystematik. Springer, Paris (2001), S. 655.*
*Gemeinholzer, B.: Systematik der Pflanzen kompakt. Springer Spektrum, Berlin (2018), S. 133, 136, 168, 180, 232.*

## M 2 Die Sukzessiv-Hypothese

Die Sukzessiv-Hypothese ist eine zur Endosymbiontentheorie alternative Hypothese über die Entstehung und Entwicklung der eukaryotischen Zelle. Nach ihr hat sich eine prokaryotische Zelle aus sich selbst heraus zu einer eukaryotischen Zelle entwickelt. Die folgende Abbildung stellt die Entstehung von Mitochondrien nach der Sukzessiv-Hypothese dar.

**Hinweis:** Die Buchstaben kennzeichnen die zeitliche Abfolge des Vorgangs.

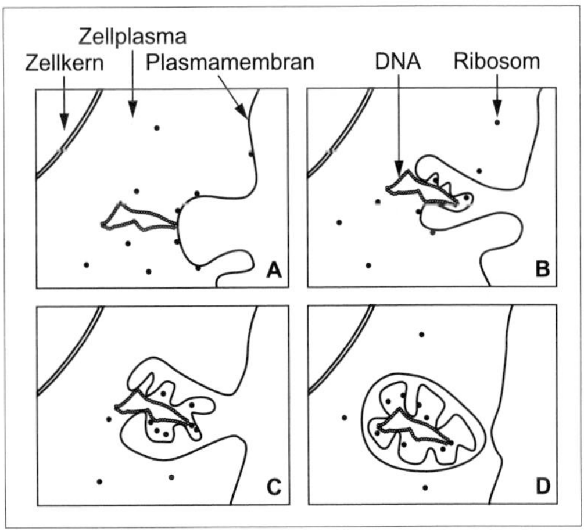


*Verändert aus:*
*Jaenicke, J.: Materialien-Handbuch Kursunterricht Biologie, Band 6, Aulis Verlag Deubner & Co KG, Köln (1997), S. 316.*
*Schwemmler, W.: Mechanismen der Zellevolution [...], De Gruyter, Berlin (1978), S. 161–162, Abb. 7.2.*

## Lösungsvorschlag

Die Aufgabe beinhaltet die folgenden Themen:
Evolutionsbiologie: Homologien und Analogien, Erstellung eines phylogenetischen Stammbaums anhand ursprünglicher und abgeleiteter Merkmale, Endosymbiontentheorie

1 **TIPP** *Anforderungsbereich: I, Bewertungseinheiten: 6*

Greifen Sie in dieser reproduktiven Teilaufgabe auf Ihr Fachwissen zurück, um die Begriffe Homologie und Analogie zu definieren, und wählen Sie zur Veranschaulichung jeweils ein Ihnen bekanntes Beispiel.

Gehen Merkmale bei verschiedenen Organismenarten auf eine gemeinsame Abstammung der Arten zurück und beruhen daher auf Übereinstimmungen in der Erbinformation, spricht man bei diesen Merkmalen von homologen Strukturen. So zeigen z. B. alle Wirbeltiere aufgrund ihres gemeinsamen stammesgeschichtlichen Ursprungs den gleichen Aufbau ihrer Vorderextremitäten.
Im Gegensatz dazu spricht man von Analogien, wenn sich Merkmale bei verschiedenen Arten zwar in Gestalt und Funktion gleichen, aber nicht auf einen gemeinsamen stammesgeschichtlichen Ursprung der Arten zurückgehen und nicht auf einer ähnlichen genetischen Information ihrer Träger basieren, da die Merkmale unabhängig voneinander (aufgrund ähnlicher Selektionsbedingungen) entstanden sind. So ist z. B. die Stromlinienform der Körper von Pinguinen, Delphinen und Fischen, die die Beweglichkeit der Organismen im Wasser unterstützt, ein analoges Merkmal bei diesen Gruppen.

**TIPP** Als Homologien können Sie z. B. auch die bei vielen Insektenarten unterschiedlich ausgeprägten Extremitäten anführen. Weitere Beispiele für Analogien sind die Flügel von Fledermäusen und Vögeln und die Grabbeine von Maulwurf und Maulwurfsgrille.

2 **TIPP** *Anforderungsbereich: II, Bewertungseinheiten: 16*

Wenn Sie anhand der gegebenen Merkmale einen Stammbaum entwerfen, in den Sie die Merkmale entstehungsgeschichtlich einordnen, gehen Sie zunächst von einem ursprünglichen Merkmal aus, das bei allen Gruppen anzutreffen ist. Wenn Sie Ihren Stammbaum anschließend verständlich machen, achten Sie auf eine präzise Ausdrucksweise und Verwendung der Fachsprache. Die Merkmale konkret zu benennen wird nicht verlangt, Sie können auch nur von Merkmal A bis F sprechen.

*Möglicher Stammbaum:*

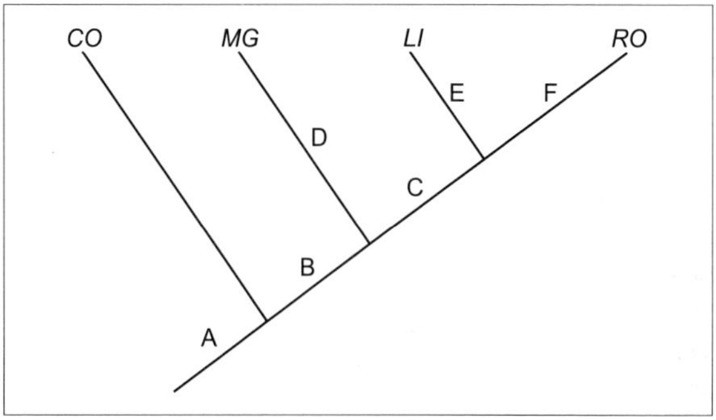


*Erklären:* Da alle angeführten Pflanzengruppen echte Leitbündel (Merkmal A) aufweisen, gehen diese Gruppen vermutlich auf einen gemeinsamen Vorfahren mit diesem ursprünglichen Merkmal zurück. Die Annahme, dass echte Leitbündel viermal unabhängig voneinander entstanden sind, ist wesentlich weniger wahrscheinlich.
Die Gruppe des gemeinsamen Vorfahren spaltete sich in zwei Teilgruppen auf, von denen sich die eine (vermutlich räumlich separiert) zur Gruppe der *CO* entwickelte, während aus der anderen die Vorfahren der Gruppen *MG*, *LI* und *RO* hervorgingen. In dieser Entwicklungslinie entstand Merkmal B (in Fruchtknoten eingeschlossene Samen), das bei allen drei rezenten Gruppen vorkommt. Eine dreimalige parallele Entwicklung des Merkmals ist auch hier kaum wahrscheinlich.
Es kam zu einer erneuten Aufspaltung in zwei Entwicklungslinien. Aus einer ging die rezente Gruppe *MG* hervor. Dabei bildeten sich Fruchtblätter des Typs 1 (Merkmal D) aus, die nur bei den *MG* vorhanden sind. Aus der anderen Entwicklungslinie wurden unter Ausbildung von Merkmal C (Blütenhülle in zwei Wirteln) die gemeinsamen Vorfahren der Gruppen *LI* und *RO*.
Auch in dieser Entwicklungslinie kam es zu einer Aufspaltung. Eine Linie entwickelte sich zur rezenten Gruppe *LI* und bildete dabei Fruchtblätter des Typs 2 (Merkmal E) aus, die nur bei diesem Taxon zu finden sind. Die andere Linie führte zur rezenten Gruppe *RO*, bei der sich Fruchtblätter des Typs 3 (Merkmal F) entwickelten.
Bei den verschiedenen Fruchtblatttypen, den Merkmalen D, E und F, handelt es sich demnach um abgeleitete Merkmale, die sich jeweils nur innerhalb einer Pflanzengruppe entwickelt haben.

3 **TIPP** *Anforderungsbereiche: I und III, Bewertungseinheiten: 10*

Geben Sie zunächst die im Material dargestellte Hypothese strukturiert und unter Verwendung der korrekten fachsprachlichen Begriffe wieder. Für den zweiten Arbeitsauftrag machen Sie sich den Aufbau der Mitochondrien bewusst und überlegen Sie, welche Eigenschaften dieser Organellen sich weniger gut durch die Sukzessiv-Hypothese als durch die Ihnen bekannte Endosymbiontentheorie erklären lassen.

*Beschreiben:* Gemäß der Sukzessiv-Hypothese trat die ringförmige DNA der prokaryotischen Zelle zunächst an einer Stelle in Kontakt mit der Zellmembran. Die Zellmembran begann sich daraufhin nach innen aufzufalten und das DNA-Molekül schrittweise zu umschließen. Dabei wurden auch Cytoplasma und Ribosomen in das entstehende Organell eingebunden. Letztlich entstand so im Zellinneren ein neues Kompartiment mit einer Doppelmembran. Die äußere der beiden umschließenden Membranen war glatt, während die innere Membran, die an vielen Stellen mit der DNA in Berührung stand, stark gefaltet war.

*Erläutern:* Der Sukzessiv-Hypothese zufolge wäre anzunehmen, dass eukaryotische Zellen im Cytoplasma und in den Mitochondrien Ribosomen desselben Typs enthalten. Heute lebende Eukaryoten besitzen jedoch im Cytoplasma andere Ribosomen als in den Mitochondrien (80S- gegenüber 70S-Ribosomen). Daher ist es wahrscheinlicher, dass ganze prokaryotische Zellen von den Vorläuferzellen der eukaryotischen Zellen als Endosymbionten umschlossen wurden, als dass sich die Ribosomen in den beiden Kompartimenten unterschiedlich weiterentwickelten.
Darüber hinaus müssten nach der Sukzessiv-Hypothese die beiden Membranen der Doppelmembran der Mitochondrien einen ähnlichen Aufbau haben. Dies ist jedoch nicht der Fall, die innere und die äußere Mitochondrienmembran haben teilweise unterschiedliche Bestandteile. Dieses Merkmal lässt sich besser durch die Endosymbiontentheorie erklären und macht die Sukzessiv-Hypothese ebenfalls unwahrscheinlicher.

## Niedersachsen Biologie ▪ Abiturprüfung 2022
Erhöhtes Anforderungsniveau

Um Ihnen die Prüfung 2022 schnellstmöglich zur Verfügung stellen zu können, bringen wir sie in digitaler Form heraus.

Sobald die Original-Prüfungsaufgaben 2022 freigegeben sind, können sie als PDF auf der Plattform **MyStark** heruntergeladen werden (Zugangscode vgl. Farbseiten vorne im Buch).

**Prüfung 2022**

**www.stark-verlag.de/mystark**

PRÜFUNGS-ANGST

# STOPP DIE PANIK

*Mit der Fußsohlen-Methode*

Prüfungen können Angst- und Fluchtsituationen sein. Dein Körper schüttet Adrenalin aus und dämpft das Gefühl in den Füßen. Z. B. beim Weglaufen ist es gut, wenn man die Füße nicht spürt. Eine Prüfung ist aber **keine Gefahrensituation**. Signalisiere deinem Körper, dass du nicht weglaufen musst, und bring das Gefühl in deine Füße zurück:

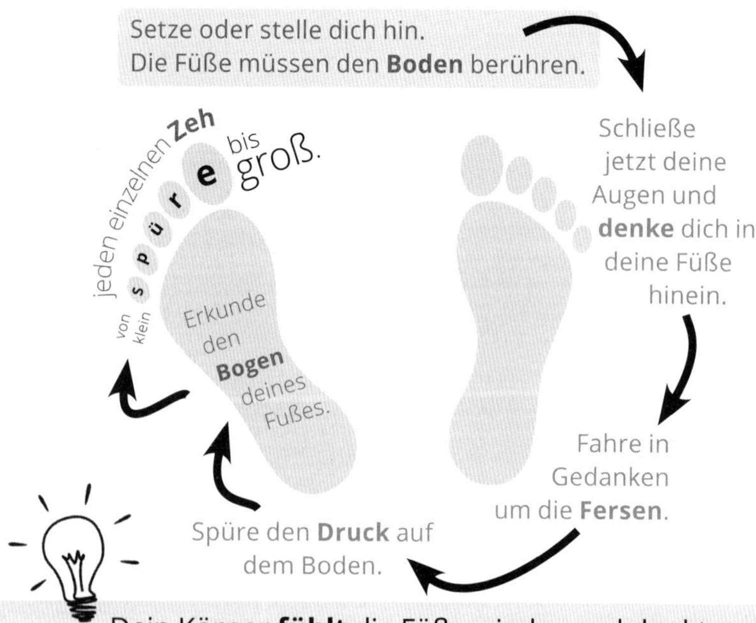


Dein Körper **fühlt** die Füße wieder und denkt, er sei in keiner Panik-Situation, sondern in **Sicherheit**.